U0904423

最全最全的
哈佛哲学课

每个生活小烦恼，都是哲学大问题
读完这本书，彻底改变你看待世界的方式

王惠敏 编著

图书在版编目（CIP）数据

最全最全的哈佛哲学课 / 王惠敏编著. — 北京 : 北京联合出版公司，2014.12

ISBN 978-7-5502-3747-6

Ⅰ. ①最… Ⅱ. ①王… Ⅲ. ①人生哲学—通俗读物 Ⅳ. ①B821-49

中国版本图书馆 CIP 数据核字 (2014) 第 218845 号

最全最全的哈佛哲学课

编　　著：王惠敏

责任编辑：徐秀琴

装帧设计：颜森设计工作室

北京联合出版公司出版

（北京市西城区德外大街83号楼9层　100088）

北京慧美印刷有限公司印刷　新华书店经销

字数300千字　710毫米×1000毫米　1/16　21.5印张

2014年12月第1版　2014年12月第1次印刷

ISBN 978-7-5502-3747-6

定价：36.00元

序　哲学——真正的智慧之学

什么是哲学？哲学研究的是什么？哲学和具体科学是什么关系？哲学和我们的生活是什么关系？了解了这些问题，就可以使我们走进哲学，自觉地追求智慧，创造更美的人生。

哲学是时代的制动，每当社会危机重重时，哲学家便会应运而生。尽管人们不大愿意接受哲学，但我们努力以种种通俗易懂的事例让哲学变得易于理解，使人读后顿感轻松和明白。

自然界变化万千，社会错综复杂，有时会使人感到像走在一片茂密的森林之中，浮云遮望眼，云深不知处，正确的路在何方？这时我们就需要照亮前进方向的理性和智慧的明灯，而哲学就是这样一门给人智慧、使人聪明的学问。

哲学作为智慧之学，能够指导我们更好地去思考我们与自身、他人、自然的关系，促使我们认真地思考自身以及周边的情和物。可以说，正是哲学在自觉或不自觉地影响着我们的人生和生活。

哲学不是高高地悬浮于空中的思想楼阁，只要我们留心思考就会发现，它与我们的生活、与我们置身其中的自然和社会密切相关，影响着我们的学习、工作和生活。具有一定哲学知识的人，就能够更好地认识和处理自身同生活和世界的关系，为认识生活和改变生活提供更明智的指导。

亚里士多德曾说过：“喜欢孤独的人不是野兽就是神灵。”生活在社会中的每个人都避免不了与他人交往。要与他人建立联系，我们就应学会“做人做事”的哲学，这里面就包括了如何沟通的学问以及如何学会尊重。学会“做人做事”的哲学，沟通和交流就会变得容易。

哲学来自人们的现实生活。在现实生活中，我们随时随地都可找到哲学的踪迹，只是因为我们对现实生活太习惯了，因此便觉得不是哲学了。就像有人说，我不喜欢哲学，所以不学哲学、不研究哲学，其实，这本身就是一种哲学。

认识世界、办好事情，都需要智慧，而哲学就具有这种智慧。哲学可以预言，可以怀旧，更可作为一面映照文化的镜子。如果我们认为一个苹果可以切成两半、1+1=2这是常识的话，那么，由此进而探索一分为二或合二为一是宇宙的普遍原理，这便是哲学了。

哲学就是这样一门教人智慧的学问，更是正确的学问。它所提供的不仅仅是一种技能，更是一种解决问题的手段，一个富有智慧的头脑。可以说，从哲学的角度去思考我们与自身、他人、自然和社会的关系，点亮这盏指引生活的明灯，将会使我们生活得更睿智。

哲学的本义就是爱智慧，就是一门给人智慧、使人聪明的学问。学好哲学，就会使我们生活得更幸福、更美好、更睿智！

Con目录tents

第1章 哲学的开始

第2章 哲学的派系

第3章 哲学家的故事

第5章 哲学的思辨

第6章 哲学的语言

第7章 物质与意识

第8章 宗教与科学

第9章 真理和虚妄

第10章 观念与行为

第11章 思想与思维

第15章 幸福与快乐

第16章 公平与公正

第17章 自由与意志

第1章

哲学的开始

哲学，是关于世界观的学说，是自然知识、社会知识、思维知识的概括和总结，是物质文明和精神文明积累、发展和共同作用的结果。物质文明的积累、发展，为社会变革提供了生产力条件；精神文明的积累、发展，为社会变革提供了思想理论条件，而思想理论的最高结晶便是哲学。

哲学的源头——为万物寻找本原

一切存在着的东西由它（本原）而存在，最初由它生成，灭亡后又复归于它，万物虽千变万化，但它始终如一。

——亚里士多德

哲学就是一门追本寻源的学说，它不但要研究人生智慧，而且要研究世界的本原、人的本原、物质的本原和存在的本原。

哲学没有唯一的起源，如果说哲学思想是奇迹般地在世界各地自然发生的，这就显得过于天真了。如果考究有记载的、最古老的哲学起源，那便是古希腊哲学了。

在古希腊一直有着这样一种思维的存在——为万物寻找本原。希腊人认为，世上的万事万物看起来都是变化的，但其中有一件事情是确定的，那就是一定有一种存在，它是万事万物的本原，万物皆来源于它，最后万物也皆回归于它。这种对存在的追求与探索就是哲学诞生的起源之一。

在古希腊哲学思想中，自然哲学家泰勒斯认为万物的本原或始于水，生命和精神都离不开物质而存在；其弟子阿那克西曼德则认为，世界的本原是无限者，而无限者内部又蕴含着对立面，并处在永恒运动之中。阿那克西曼德的学生阿那克西米尼综合了泰勒斯和阿那克西曼德的思想，认为万物的本原是气，是气的稀薄和浓缩形成了万物。

但是，由于早期哲学家对“组成万物的基本元素”这个问题的解释太过抽象，不能令人信服。所以，在这一时期人们便开始重新回头关注世界存在规律的问题。哲学家毕达哥拉斯的回答就独辟蹊径，他通过对颤动的琴弦的研究，发现音阶的音级遵从一定数字比例的规律。于是，毕达哥拉斯便将这个发现推而广之，认为世界万物是以数学的方式存在的。

古希腊探索本原，就是想了解隐藏在宇宙万物背后的“逻各斯”（logos），就是想说出“真理”。不管他们认识世界的方式是否正确，但他们的想法已经有别于迷信，由此便奠定了哲学的讨论范畴。这些古希腊时期的自然哲学家便成了西方最早的哲学家。

这就是早期的哲学。人们对世界的认识，就是在这样一步步前进中发展而来的，从抽象到具体，再从具体到抽象，不同的思想进行着碰撞和论辩，在曲折中慢慢接近真理。

课堂收获

哲学之所以应当学习，并不在于它能为所提出的问题找到确定的答案，而是在于这些问题本身。哲学是理性对于信仰的研究，是理性对人与自然规律的总结。所以，学习哲学可以扩充我们对事物认识的能力，丰富我们的心灵，并消减盲目的自信。哲学，就是人对自我一种永恒的定位工具。

“哲学”的希腊语 Philosophia
——“有智慧”更是“爱智慧”

在这个世界上，除了阳光、空气、水和笑容，我们还需要什么呢！

——苏格拉底

哲学就是一种思考，就是一种生活态度。

在很多人眼里，哲学是一个让人莫测高深的词汇，一提起它，就令人联想到某种至高无上的智慧。然而，哲学真的如此让人望而生畏吗？

所谓“哲学”，它的原始意思就是“爱智慧”或者“对智慧的爱”。哲学的英文拼写是 Philosophia，来自希腊语。“philo”意即“爱”，“sophia”意即“智慧”，合起来就是“爱智慧”。所以，哲学家也通常被称为热爱智慧的人，而哲学就是给人智慧、使人聪明的学问。

曾有两个哲学家和两个数学家去参加一个学术会议，数学家发现两个哲学家只买了一张火车票。一开始，两个数学家很纳闷，不知道到了火车上查票时哲学家应该怎么办。

当火车行驶到中途时，火车上的列车员开始查票了，这时数学家发现两个哲学家一块进了卫生间。没多久，列车员开始敲卫生间的门，门开了一个缝，从里面递出一张票，然后又关上了门。列车员看了看票，敲了一下门把票还给里面，卫生间的门又关上了。就这样，这节车厢的查票就结束了。而两个哲学家也从卫生间里走出来了，又回到自己的座位上。

学术会议结束后，他们四人又一块返程，于是两个数学家也学着哲学家的样子，只买了一张火车票。但让他们惊讶的是，这一次两个哲学家竟然没有买票。

行驶中火车上的列车员又开始查票了，两个数学家赶快躲进了卫生间。这时，两位数学家听到外面有人敲门，于是他们便从门缝里塞出一张票。过了一会儿，卫生间的门又被敲了一下，数学家便准备从门缝里接票，谁知他们听到的却是列车员大声喊道：请出示车票。两个数学家没有车票，只好狼狈地走出了卫生间去补票。等他们回来，哲学家已等待多时了。

原来，哲学家见数学家躲进卫生间，他们就去敲门，把数学家递出的票拿到手后，他们便到下一个车厢的卫生间躲了起来……

可见哲学家更善于耍一些聪明，最早使用“爱智慧”和“爱智者”这两个词语的是毕达哥拉斯。当毕达哥拉斯在同弗里阿西亚的僭主勒翁交谈时，毕达哥拉斯说：“在生活中，一些奴性的人生来是名利的猎手，而爱智者生来寻求真理。”正是他第一次使用了“爱智慧”这个词语，并且把自己称作“爱智者”。

智慧是人主体性的最高体现，是人类最高的生命意义。所以，思考哲学性问题，尤其是当这种思考上升到了对世界、对人的存在的问题时，哲学意义上的思考便开始了。

课堂收获

人人都想拥有智慧，但爱智慧不等于有智慧。没有爱智慧的心，自然也成不了有智慧的人；有了爱智慧的心，再经过学习，才有可能成为有智慧的人。

哲学家的标志和哲学的开端——thauma（惊奇）

哲学起源于对外部世界的惊奇。

——亚里士多德

哲学起源于惊奇，而这个惊奇最初就是对自然万物的惊奇。

柏拉图曾指出：“thauma”（惊奇）就是哲学家的标志，是哲学的开端。

柏拉图蕴含深意地说：“iris”（彩虹，虹之女神，宙斯的信使）是“thauma”（惊奇）之女，并无误溯其血统。“iris”（彩虹）向人传达神的旨意与福音，哲学是由惊奇而发生。在其注目之下，万物脱去了种种俗世的遮蔽，便将本真展现出来了。

有一个故事就是这样说的：

有一天，一位教授带领他的学生到实验室，向他们展示了一个人身体的物质。这些东西装在一排贴着标签、排列整齐的密封瓶子里。

“这是从前一个名字叫约翰·史密斯的人的全部物质。”教授说。

于是，学生们便记下了玻璃瓶上的标签：

——能够装满一只 10 加仑圆桶的水；

——可做 7 块肥皂的脂肪；

——可做 9000 支铅笔的碳；

——可做 2000 根火柴的磷；

——可打两枚钉子的铁；

——能够刷一个鸡窝的石灰；

——少量的镁和硫黄。

可是，一个学生做完笔记后觉得有些疑问，于是说："这一切都是相当有趣的，但是，约翰·史密斯先生在哪里呢？"

教授微微一笑，对学生说："回答这个问题，那就是哲学家的事了。"

这就是哲学家要思考的问题——约翰·史密斯先生在哪里呢？

他从婴儿到儿童，从儿童到少年，从少年到中年，从中年到老年，容貌、体形、性格、气质都在发生着变化。但是，史密斯先生还是史密斯先生，而不是任何其他人。他是独一无二的。那么，到底是什么东西让史密斯先生成为了史密斯先生？

换句话说，史密斯先生的本质是什么呢？是水吗？不是。是脂肪吗？也不是。当然，他也不可能是碳、磷、铁、石灰和硫黄。那么，他到底是什么呢？

恭喜你！你一旦思考这些问题，那么你就已经进入哲学了。

亚里士多德在《形而上学》中曾说："古往今来，人们开始哲理探索，都应起于对自然万物的惊异。"自然万物林林总总、千姿百态，让人感到变幻莫测，于是引起了人们的好奇，试图去探究其中的奥秘。这些探究就给人们带来了关于自然的知识，这些知识有的是天才的洞见，有的只不过是胡乱的猜测。但是，不管是洞见还是猜测，这些知识都必须通过思考得来，而这些思考便是哲学的思考。这就是哲学的起源。

正是惊奇把我们置入了哲学思考之中，哲思于惊奇之中现身。惊奇就仿佛是一道光明，思想为它所启明。于是，惊奇就唤醒了一种沉思的力量，它把我们引向事物的存在本身，或者说让事物作为其自身而展现，它由此就敞开了一个崭新的境域，而这就是哲学之自由的境域。

惊奇就是思想，思想就是惊奇。惊奇就是这样一种伟力或奥力，而哲学就是它的奥迹。当惊奇来临之时，我们就会持久地、深长地沉入思索之中，直至惊奇得知其究竟。

课堂收获

人要过有目标、有意义的生活，为了让生活有意义，我们要审视、思考自己身处的这个世界。为此，我们不仅需要具体的科学知识，还需要哲学知识。

人生有涯，而知无涯
——求知是所有人的本性

我比别人知道得多的，不过是我知道自己的无知。

——苏格拉底

哲学的神圣性何在？哲学不但让人成为人，而且让人走向神圣。哲学是唯一自由的学问，哲学求万物原因即是求其神，哲学求神则哲学就是超越于一般人的神。

很多人经常问这样的问题：哲学到底有什么用？这个问题确实让人很难回答。

一个青年来找苏格拉底，说：“苏格拉底，我想跟你学哲学。”

苏格拉底问他：“你究竟想学到什么？学了法律，可以掌握诉讼的技巧；学了木工，可以制作家具；学了商业，可以去赚钱。那么你学哲学，将来能做什么呢？”青年无法回答。

苏格拉底是想启发这位青年，哲学是没有什么实际用途的。

还有一个故事，说一位哲学家与船夫正在船上进行一场对话。

“你懂哲学吗？”

“不懂。”

“那你至少失去了一半的生命。你懂数学吗？”

“不懂。”

“那你失去了百分之八十的生命。”

突然，一个巨浪把船打翻了，哲学家和船夫都掉到了水里。

看着哲学家在水中胡乱挣扎，船夫问哲学家：“你会游泳吗？”

“不……会……”

“那你就失去了百分之百的生命。”

从这两个故事来看，哲学确实没什么用，关键时刻连命都救不了，倒不如去学习一项具有实际用途的技能。就像海德格尔说的那样：“如果非要追问哲学的用途，我宁愿说：哲学无用。”

其实，说哲学无用也不对，而是“无用之用”，不是“有用之用”。因为，哲学是调心的，不是治物的，是观念性的作用，不是技术性的作用。正如亚里士多德所说的那样：“求知是人的本性，人们为求知而求知，为智慧而求智慧。”

亚里士多德在《形而上学》中的第一句话就是：“每一个人在本性上都想求知。”亚里士多德就是用这一格言来说明哲学起源的。

亚里士多德解释说：“人都是由于惊奇而开始哲学思维的，一开始是对身边不解的东西感到惊奇，继而逐步前进，对更重大的事情发生疑问，例如关于月相的变化，关于太阳和星辰的变化，以及关于万物的生成。一个感到困惑和惊奇的人，便自觉其无知。”

哲学家培根说过一句话：“知识就是力量。”这句话激励了一代代的人。求知是人的本性，所以人类不会先思考一门学问是否有用再去决定是否继续思考下去。同样，哲学不会因为“有用”和“无用”而被人类有所取舍，人们也不会一心想在哲学思考以后得到另外的东西。

哲学的有用是因为它是一切学问的万学之学；哲学的“无用”是因为它不直接致力于解决具体的问题。实际上，人每时每刻都生活在哲学之中，人说到底就是“哲学的”存在。所以说，哲学永远不会消亡，因为人不能否定自己的本性。

课堂收获

什么样的东西才算得上是知识？有用的知识。从表面上来看，哲学似乎没什么用，不像其他学科，但是实际上，哲学对人生的意义重大。因为生活本身就是哲学，我们要怎么生活，要活出怎样的自己，这就是一种哲学。

世界是什么——哲学是关于世界观的学问

世界观的实质，就是从根本上去理解世界的本质和运动根源，解决的是世界是“什么”的问题。

——艾斯

由于人们的社会地位不同，观察问题的角度不同，所以形成的世界观也不同。

哲学就是关于世界观的学问，是一种理论化、系统化了的世界观。它是在对每个人的世界观进行加工整理的基础上所形成的，因而哲学也就不再是零碎的世界观了。

世界包含的不仅仅是地域，也包含了历史、现在、未来。世为时间，界为空间，因此，世界也就具有了四个维度，即长、宽、高、时间。所以，世界观所指的就是人处在什么样的位置，用什么样的时间段的眼光去看待与分析事物，即人对事物的判断的反应。

查理终于从工作压力中挣脱了出来，他每天早上都等不及往高尔夫球场上跑，打到第十九洞时，就停下来休息喝几杯饮料。然后，赶回家翻一下《华尔街日报》，再小睡片刻。下午五点钟，查理会从衣橱中拿出整套的浅黄绿色运动夹克和运动裤：这一整衣橱的新衣，是他在当地一个十分昂贵的男装店买来的。查理再也不要穿着笔挺的条纹西装了！接着时候到了，他出门参加邻居在当地俱乐部办的鸡尾酒会。

每一晚，都会有不同邻居轮流举办鸡尾酒会，查理若不是在自己家中，就是去俱乐部。大约六个星期，就再一次来个轮回，然后重新开始下一循环的鸡尾酒会。在几个循环之后，查理开始发现大家谈话内容了无新意。人们对税制大发牢骚，分享新邻居的八卦消息，抱怨园丁或水电工，比较彼此的豪宅……当然，免不了要说天气两句："嗨，查理，今天天气不错吧？""对啊，不过越来越闷！"

查理甚至发现他对于高尔夫运动的热情有些减退了！这实在是件怪事，因为他一直以来都很喜欢高尔夫运动。当他浏览《华尔街日报》时，发现自己偶尔竟然会涌起一种怀旧情怀，怀念过去那段必须读它的美好时光——那时《华尔街日报》经常引述他的话。他怀念那段时光，那种每天早晨大步走进办公室，开始新的一天的时光。

查理不再有兴趣谈论书籍或是时事：平凡陈腐的鸡尾酒会闲聊，已经掏空了他的脑袋。此外，他喝了太多酒，记忆力逐渐衰退。他变得暴躁易怒，特别容易被技艺不精的水电工和园丁激怒。当某个人唠叨不停地讲着他的新奔驰轿车时，他真的变得很沮丧。他开始想自己在死前还可以打多少场高尔夫球。事实上，类似的想法开始在夜深人静时让他惊醒。

为什么查理的生活会变成这样？这是因为他的世界观就是这样，他的世界观就决定了他的生活。

世界观是人们对整个世界以及人与世界关系的总的看法和根本观点。这种观点就是生活实践的结果，在一般人那里往往是自发形成的，需要思想家进行自觉的概括和总结并给予理论上的论证，这才成为哲学。

简单而言，世界观的实质，就是从根本上去理解世界的本质和运动根源，解决的就是世界是什么的问题，而哲学，就是对世界观理论的表现形式。

课堂收获

人们很长时间都以为外面的世界比内心的世界重要，追求物质享受多于对精神的需求。总以为快比慢好，高比低好……但结果，人们越来越发现，丢掉了自己的内心，就算拥有了整个世界，也还是一无所有！

抽象——哲学的根本特点

对不可说的，要保持沉默。

——维特根斯坦

哲学是什么？什么也不是，就是哲学！

抽象是哲学的根本特点，哲学为什么是抽象的？因为哲学是理论，是看不见的。

所谓抽象，就是从众多的事物中抽取出共同的、本质性的特征，而舍弃其非本质的特征。例如苹果、香蕉、梨、葡萄、桃子等，它们共同的特性就是水果。得出水果概念的过程就是一个抽象的过程。

有个大学哲学系毕业生，回家后，父亲杀鸡煮酒招待他。吃饭时，父亲问儿子："你在大学里学的什么？"

"哲学。"

"学这个有什么用？"

儿子说："学了哲学，看问题和别人就不一样。比如，拿咱们桌子上的这只鸡来说，普通人看来呀，它就是一只鸡，一只具体的鸡。但在我们学过哲学的人看来，是两只鸡，除了一只具体的鸡以外，还有一只抽象的鸡。"

一直听他们谈话的妹妹听了，突然插嘴说："那好，我和爸爸吃这只具体的鸡，你一个人去吃那只抽象的鸡吧。"

这个大学生说得没有错。哲学研究的对象正是那只"抽象的鸡"！而且，你即使把那只看得见的鸡大卸八块也找不到这只"抽象的鸡"。正如德国哲学家黑格尔的比喻："如果你想把葱皮剥开看看葱的本质是什么，肯定会非常失望。因为即使你把整根葱都剥光了，也不会看到葱的本质。"

可是，看不见的东西，又怎么去研究呢？正因为此，在一般人眼里，哲学研究的问题简直虚无缥缈，云里雾里，不知所云。于是有人戏称：哲学家的工作，不过是在黑屋子里寻找一只根本不存在的黑猫。一些玩世不恭的人更是把所有的哲学家分成两类：一类是对愈来愈多的东西知道得愈来愈少，直到他们对任何事物都一无所知；另一类是对愈来愈少的东西知道得愈来愈多，直到他们无中生有。

哲学就是这样的东西，哲学是研究一切存在之间抽象的相互关系的学科。因为一切存在之间都拥有抽象的同一，这种抽象的同一就是内在结构的抽象同一和外在关系的抽象同一。正是基于这种抽象的同一，使我们有可能感觉到一切存在的存在。哲学所要做的就是阐述这种抽象同一的内容。

抽象的概念就是由具体概念依其"共性"而产生的，把具体概念的诸多个性排除，集中描述其共性，就会产生一个抽象性的概念，而不是记录事实。所以，哲学不是历史，哲学也不是日记，哲学就是把现实的存在按照逻辑编程进行梳理的过程。

哲学的抽象就是对存在按照自然、社会、生命、物质、精神这样的分类进行划分，看到这些被分类的东西是如何联系和变化的，这些变化是如何引起总体性的运动的。这样一来，哲学就既是对偶然性的把握，也是对必然性的把握；既是对特殊性的把握，也是对普遍性的把握。其最终就是，从对普遍性的把握中寻求到最大限度的一致性。

所以，哲学的有用是因为它是统一一切学问的万学之学；哲学的“无用”是因为它不直接致力于解决具体的问题。

课堂收获

哲学由于其晦涩、艰深，而一度成为高度专业化的学术活动，高高居于“圣坛”之上。然而，我们应该看到哲学与生活是水乳交融的，应该在一种轻松、愉悦的环境中接受哲学，与哲学亲近。

哲学的任务——哲学是一剂良药

哲学家必须从感觉世界的“洞穴”上升到理智世界。哲学家到了理智世界，也就是到了天地境界。

——柏拉图

哲学是世界观和方法论的统一，是美好生活的向导。凡研究人生切要的问题，从根本上着想，要寻一个根本的解决，这种学问就叫作哲学。而哲学的主要任务就是真正解决人类生活中的实际问题，只有能够真正地解决问题才足以证明它是真理。

一位年轻的妇女正在安慰她患有晚期乳腺癌的母亲。一位中年男子正在考虑更换职业的问题。一位成功的企业主管人员正在为是否和结婚二十多年的妻子离婚而内心矛盾。一位妇女和她的配偶快乐地生活着，但他们当中只有一个人想要孩子。一位养育了四个孩子的单身工程师父亲担心泄露高压工程中的设计缺陷会让他丢了工作。一位拥有所有想要事物的妇女（亲爱的丈夫和孩子、漂亮的房子、高收入的工作）却为毫无目标的生活而烦恼，面对这样的生活，她总是问自己：“这就是我想要的一切吗？”

其实，这些人都曾寻求过专业的帮助，希望能够解决压在他们心里的问题。他们可能曾在某一天到过心理学家、精神病学专家、社工、婚姻咨询师甚至是到他们的全科医师的办公室去寻求帮助，以治疗他们的“心理疾病”。

这其中，有些人可能从中获得了一些帮助。但是，他们中的有些人可能还要忍受别人谈论他们的童年，分析他们的行为方式，开抗抑郁处方，争论他们的罪恶本性。而这些方法很少能够解决他们的核心问题。就这样，他们开始了冗长且没有限期的治疗过程，治疗的重点是诊断出病症，就像是查出了肿瘤就要切除，查出了病症就要用药物控制一样。

现在，这些对心理或精神治疗不满意或反对的人就有了其他选择——学习哲学。当心理学和精神病学超出了人们生活的适用范围，开始有点弊大于利时，许多人逐渐意识到，哲学观点囊括了逻辑、道德规范、价值观、意义、理性、矛盾或风险中的决策，以及所有体现人类生活特点的复杂事物。

人们在面对这些问题时，需要广泛深入地探讨心中的积郁。过去在伟大思想家的帮助下，他们可以形成自己的人生哲学，学习到处世的方法，掌握面对问题时应该如何应对，更加坚实地迈出人生的下一步。所以，他们需要的是与哲学的对话，而不是诊断。

正如亨利・大卫・梭罗所说："想要成为哲学家，只有敏锐的思维是不够的，也不仅限于建立一个流派……而是要解决人生的实际问题。"哲学大师奥古斯丁也说："对我来说，只有那些能够让人们从容地进行哲学思考的机遇才是对人们有利的。除了哲学生活之外，其他类型的生活都是不幸福的。"

哲学就是追问智慧，能够把握事情的总体框架，又能掌握细节，最后可以准确预测未来的走向。哲学就是对这种智慧的不断追求，哲学从不认为自己就是这种智慧本身，而只是对它的爱，是达到这种境界的过程。所以，在追求这种智慧的过程中我们会感到很愉悦。再者，哲学要与生活世界联系起来才能真正对自己有用，只有自己真的学到了那些东西，才是发现了真正的哲学。

所以，在用哲学解决问题之前，必须保证这种处理方式适合自身的情况。如果你的鞋子里有颗石子让你不舒服，不需要去问别人怎么解决，只需要将石头从鞋子中取出来就可以了。

课堂收获

哲学是无用之大用。当人真正进入哲学世界，才会感到精神的高度愉悦，谈论哲学就成了一种精神享受。

第2章

哲学的派系

哲学家是一个时代中人类群体的杰出代表。他们独具慧眼，总结出生产知识和反思知识，从而构成一种思想体系。哲学的种类虽多，可是却都殊途同归，其宗旨还是离不开人本身。研究人自身与物质、世界和意识间的关系，这就是哲学家的任务。

米利都学派——用理性思维来解释世界

别人为食而生存，我为生存而食。

——泰勒斯

米利都学派作为第一个哲学学派，开创了希腊哲学的先河。之后的毕达哥拉斯以及赫拉克利特、亚里士多德都继承了米利都学派的思想。

米利都学派，亦称伊奥尼亚学派。伊奥尼亚是古希腊时代对今天土耳其安那托利亚西南海岸地区的称呼，即爱琴海东岸的希腊爱奥里亚人定居地。

大约在公元前 6 世纪，米利都是伊奥尼亚最繁荣的城市，是一座富饶的港口和商业中心。在这里，自由民中的富人和穷人之间有着尖锐的阶级斗争。在米利都，穷人最初获得了胜利，杀死了贵族们的妻子儿女。后来，贵族又开始占据上风，于是把他们的敌人——穷人活活烧死，还有的拿活人做火把，将城内的广场照得通亮。

而就在此时，在米利都城产生了三位世界级的思想家——泰勒斯、阿那克西曼德和阿纳克西美尼。当时，这三位重要的思想家就创立了米利都学派，开创了理性思维的先河。他们用朴素的唯物主义观点，试图用观测到的事实，而不是用古代的希腊神话来解释世界。

米利都学派在人类认识发展史上具有重要的作用和地位，由于他们的思想观点排除了当时神造世界万物的迷信，因此激起了人们探索世界本原的强烈兴趣。其主要作用可概括为这样几个方面。

首先，米利都学派标志着西方哲学的产生。他们开始实现了从神话向哲学的转变。过去人们用神灵超自然的力量来解释自然，米利都的哲学家们则最早使用了自然本身来说明自然，开始用抽象的理性思维取代神话思维，由此产生了哲学。

其次，在他们看来，客观世界中形形色色的万物是相互联系的，又是变化发展的整体。他们要探求万物的根源，寻求多种之一，因此他们提出了关于世界的统一性问题，还提出了西方哲学史上的第一个哲学问题——本原的问题。

再次，他们都肯定了事物是不断运动变化的。并且，运动变化的原因就是万物本身都具有灵魂。从表面上看，这种说法和神话划不清界限。但实际上，是将事物运动的原因归于事物内在的力量，而不是神的作用。开始从神话中摆脱出来，并运用哲学的物活论思想思考事物，这就是后来的“质归结为量”，以及“量变引起质变”的最早思想萌芽。

最后，从哲学产生时起，米利都城的哲学家就接触“对立”这个问题。并且，最初的哲学和自然科学紧密地结合在一起。正是在进行这种科学的探讨时，他们提出了一些哲学问题，比如：万物的本原问题、事物的动因问题，以及关于对立问题等。这些问题就推动了后世哲学的进一步发展。

米利都学派崇尚自然规律，并对数学的一些基本定理做了科学论证，还得出任何自然数是若干个“1”之和的算术基本定义，并积极应用他们的理论到实际测量中，这就为数学的发展奠定了基础。

课堂收获

一个理性的人寻找真理的态度就是查考证据，理性主义的思潮曾为人类文明史做出过了不起的贡献。正是由于理性主义信念的引导，人类才摆脱愚昧、敢于启蒙、敢于认识，人类才有了近代科学革命和思想革命，人类历史才从此步入了一个崭新的阶段。

毕达哥拉斯学派——世界万物皆为数

数是众神之母，是普遍的始原，是自然界中对立性和否定性的原则。

——毕达哥拉斯

毕达哥拉斯和他的学派充满神秘色彩，用罗素的话说：“毕达哥拉斯是历史上最有趣味而又最难理解的人物之一。”

毕达哥拉斯是一位杰出的老师。他最为人称道的一点，就是在讲学时容许妇女来听课，尽管只是贵族妇女。他认为，在求知的权利上，妇女也是和男人一样平等的。他的学派中，有十多名女学者，这是其他学派没有的。毕达哥拉斯认为每一个人都该懂些几何。

有一次，他看到一个勤勉的穷人，就想教他学习几何，但那个人不愿学。毕达哥拉斯就想出了个办法，对此人建议：如果你能学懂一个定理，那么我就给你一个钱币。这个人勉强接受了这个建议。可是过了一段时期，这个学生对几何产生了非常大的兴趣，反而要求毕达哥拉斯教得快些，并且建议：如果毕达哥拉斯多教一个定理，他就给老师一个钱币。没用多少时间，毕达哥拉斯便把他以前给那学生的钱全部收回了。

毕达哥拉斯对哲学十分重视。在建立毕达哥拉斯学派后不久，他就创造了“哲学家（philosopher）”一词。在一次出席奥林匹亚竞赛时，弗利尤司的里昂王子问他会如何描述自己，他答道：“我是一位哲学家。”

当时还没有谁这样称呼自己。王子就好奇地问毕达哥拉斯什么是哲学家。毕达哥拉斯回答说：“有些人因爱好财富而被左右，有一些人因热衷权力而盲从，但是最优秀的人则献身于发现生活本身的意义和目的。他设法揭示自然的奥秘，热爱知识，这种人就是哲学家。”

在毕达哥拉斯看来，数为宇宙提供了一个概念模型，数量和形状决定一切自然物体的形式，数不但有量的多寡，而且也具有几何形状。在这个意义上，他们把数理解为自然物体的形式和形象，是一切事物的总根源。因为有了数，才有几何学上的点，有了点才有线面和立体，有了立体才有火、气、水、土这四种元素，从而构成万物，所以数在物之先。自然界的一切现象和规律都是由数决定的，都必须服从“数的和谐”，即服从数的关系。

毕达哥拉斯还通过说明数和物理现象间的联系，来进一步证明自己的理论。他曾证明用三条弦发出某一个乐音，以及发出第五度音和第八度音时，这三条弦的长度之比为6:4:3。他从球形是最完美几何体的观点出发，认为大地是球形的，提出了太阳、月亮和行星做均匀圆运动的思想。

毕达哥拉斯还是西方第一个发现毕达哥拉斯定理的人。据说，毕达哥拉斯在发现定理之后，欣喜若狂，特地宰杀了一百头牛来祭祀缪斯女神，这一定理也因此被称为“百牛定理”。

课堂收获

数字是世界上最神奇的东西。数字超越语言的局限，实现跨国界的交流。数字势力的扩张已经成为现代社会不争的事实。无论是交往方式还是存在方式，数字在迅速影响着我们的生活。

爱利亚学派——世界的本原是不变的

既无人明白，也无人知道，我所说的关于神和一切东西是什么，因为纵使有人碰巧说出最完备的真理，他也不会知道。对于一切，所创造出来的只是意见。

——巴门尼德

爱利亚学派是早期希腊哲学中最重要的哲学流派，其派别的中心思想是：世界的本原是不变的一。

爱利亚学派不像其他某些学派那样依靠宗教教义和仪式结成一个牢固的盟会，也不像后来的柏拉图和亚里士多德那样有一个固定的学习和研究场所。爱利亚学派并没有一个有形的组织，只是因为他们有着共同一致方向的哲学思想，而被人们称为一个学派。

爱利亚学派是古希腊哲学发展的一个重要环节。这些生活在伊奥尼亚的哲学家一般都是寻找某一个有形的、感性的东西，例如水、气、火等，作为万物的本原。并进一步把数量关系也抽象掉，得出一个最普遍、最一般的“存在”范畴。这就是从具体到抽象，并达到最高抽象的过程，也是爱利亚学派哲学家的思考特点。

其实，关于世界的本原，爱利亚学派成员的表述也不统一，论证的思路也不尽相同，其主要思想代表人物就有四个——克塞诺芬尼是先驱，巴门尼德是奠基人和领袖，芝诺和麦里棱则起着捍卫、修正和发展巴门尼德理论的作用。按照时间顺序，他们的思想发展就可分为三个阶段：

——理神论阶段。这一阶段的代表人物是克塞诺芬尼。克塞诺芬尼对神人同形同性论提出了严厉的批判，认为神是唯一的、不变的本原。

——存在论阶段。这一阶段的代表人物是巴门尼德。他把“存在”规定为世界的本原，认为，唯有人的思维才能达到存在，揭示真理，我们的感官提供给我们的仅仅是意见，而意见是会骗人的。

——论辩阶段。这一阶段的代表人物是芝诺。他把老师巴门尼德的存在概念贯彻到了可感事物上面，从而提出了一系列为今天我们所熟知的悖论，如二分法、阿基里斯追不上乌龟、飞矢不动等。

爱利亚学派在哲学中的重要性主要表现在两个方面：一方面，爱利亚学派开始转变哲学研究的重心，变本原的追溯为存在的探讨，为本体论的产生和发展奠定了坚实的基础。另一方面，他们首次使用了逻辑论证方法，为哲学思想的表述确定了基本的话语方式，最终演变为整个西方哲学主要的表达方式。

爱利亚学派的存在论在西方哲学史上具有极其重要的历史地位，它为古典哲学的主流奠定了初步的基础，使得希腊哲学开始转折，后来经过苏格拉底、柏拉图再到亚里士多德，逐渐形成了蔚为大观的形而上学或本体论传统。

课堂收获

思维与存在作为人类认识的两条道路，分别在不同的方面改变着我们的认识。有些时候，我们总希望综合感官认识来发现事物的本质，但我们还应相信自己的体验和感觉，这样对事物的把握才是最真实的。

爱非斯学派——人不能两次踏入同一条河流

一切皆流，无物常住。

——赫拉克利特

“人不能两次踏进同一条河流”，因为河水常流，再入水时，已非前水；一切皆流，万物皆流。一切事物都在不断地运动、变化，不断地生成、消亡。这就是爱非斯学派的主张。

爱非斯学派是古希腊人赫拉克利特所创立的学派。因创始人赫拉克利特出生于伊奥尼亚的希腊殖民城邦爱非斯而得名。

据说，赫拉克利特是爱非斯城世袭祭司的后裔，但他把继位权让给了他的兄弟。后来他隐居在阿耳忒弥神庙里，跟小孩们玩游戏。旁人围观，他说：“浑蛋，有什么好奇怪的？这难道不比参加你们的公民生活更好吗？”

因此，他变得十分厌恶他的同胞，并流浪于山间，靠吃草根树皮维持生活。结果这种生活使他在60岁那年得了水肿病，于是他返城求医。但有“晦涩哲人”之称的他临死之际还跟医生玩了个哑谜，问他们能否在大雨之后使大地变干。医生弄不懂他的意思，于是他让自己在阳光下曝晒，然而不见效。他又在一个牛棚里用牛粪把自己埋起来，希望牛粪的温度能排除体内的有毒湿气，但第二天他就去世了。当时，也有传闻说，他在死后还被野狗吞食了。

贵族出身的赫拉克利特自视甚高，因为他认为：“一个人如果最优秀，我看就抵得上一万人。”因此，他敢于反对一切传统权威，就连鼎鼎有名的诗人荷马和赫西俄德，他也不放在眼里。他说：“应该把荷马从赛会中赶出去，并且抽他一顿鞭子。”

他写过题为《论自然》的著作，分为“论宇宙”“论政治”和“论神灵”三部分。他把该书藏在阿耳忒弥神庙里，而且故意把书写得非常晦涩，希望只有行家才看得懂。然而，该书却为他获得了巨大名声。只可惜该书大多已失传，现只留存130多段残篇。

与泰勒斯的观点不同，赫拉克利特认为，火是世界的本原。世界是“在一定分寸上燃烧又在一定分寸上熄灭的一团活火”。火产生一切，一切又都复归于火。而这种产生和复归，都是基于一种“对立斗争和报复”原则的。

他说：“万物都换成火，火又换成万物，正如货物换成黄金，黄金又换成货物一样。”在不断地变换中，火经由收缩变成湿气，再浓缩变成水；水凝结后又变成土。这一过程他叫作“下行之路”。反过来，土又液化变成水；水进一步稀化变成了火。这一过程他就叫作“上行之路”。这两种互相矛盾的过程是对立统一的。世界就是按照这种规律永恒运动的。

因此，他提出了“一切皆流，无物常住”的观点，宣称“太阳每天都是新的”，认为“我们存在而又不存在”，并断言“人不能两次踏入同一条河流”，因为我们下次踏入的河流的水已经不是上次踏入时的水了。

赫拉克利特的思想渗透着浓厚的辩证法思想。作为爱非斯学派的创立者，他也被称为古希腊辩证法思想的创始人。尽管他的辩证法是朴素的、自发的，并带有循环论的色彩，但这样的观点在遥远的古希腊是非常可贵的。

但遗憾的是，虽然爱非斯学派坚持朴素唯物论，并具有丰富的辩证法思想，但后来该学派中的人还是提出了否定事物相对稳定性的观点，并陷入了怀疑论立场。

课堂收获

万物“存在”不是静止和凝固状态，而是一个生灭不定的过程。事物产生、消亡，反复循环。这告诉我们：万物常新，我们就能够用自己的努力，去创造新的变化、新的收获，所以我们不能停留在某一点上。创新就是生命保持活力的秘诀，是一种持续进取的精神。

原子论者——一无所有的空间就是真空

没有什么是可以无端发生的，万物都是有理由的，而且都是必然的。

——留基波

原子本身能够无限地分割下去吗？事实上，在世界观层面上的原子论，只是认为万物最终会达到一个不可再分的极限，也就是说，是离散的。它的对立观点就是万物是连续的，可无限细分的。

原子论是希腊自然哲学史上最后最高的成就，探讨一下希腊原子说的起源是很有趣的。最早的原子论者是留基波和德谟克利特。前者是公元前 5 世纪的一个身世不明的人物，据说在色雷斯创立过阿布德拉学校；后者于公元前 460 年生于阿布德拉。

留基波提出了原子论的基本观念，还提出了因果原则——“没有什么事情无缘无故而发生，一切事情的发生都有原因和必然性”。而德谟克利特的观点却与留基波形成了鲜明的对比，他说：“按照通常说法，有甜有苦，有热有冷，按照通常说法，有色彩。其实，只有原子和虚空。”

德谟克利特的原子是无前因的，从永恒就存在的，并且永不毁灭——“保有刚体的单一性而坚固”。它们在大小和形状上是多种多样的，但在本质上是一样的。因此，特性的不同是由于具有同一终极性质的质点在大小、形状、位置和运动方面的不同而产生的。在石头和铁中，原子只能颤动或振动，而在空气或火中，它们就能在较大距离中跳跃。

原子在无限的空间中向四面八方运动，互相冲击，引起了直线运动和旋转，这样就把类似的原子结合在一起，组成元素，开始形成无数个世界。这无数的世界生长，衰颓，以至于最后毁灭，只有与本身环境相适应的体系才能存在下来。

诚然，原子论者的这些说法还是有一个根本问题依然存在，而且其他的希腊哲学家也强调并指出了这个问题。那就是，原子论者逃避了这样一个逻辑上的漏洞，他们认为原子从物理上来说是无法分割的，因为原子内部已经没有真空。但是，原子论者难以解释粒子怎样在一个塞得满满的空间或充满物质的空间中运动。因此，在原子论者看来，一无所有的空间只能认为是真空。

而对于基本元素，泰勒斯认为是水，阿那克西曼德认为是气，赫拉克利特认为是火。阿那克西曼德的元素——气——可以凝缩和稀薄起来，但其本质不变。赫拉克利特的“无尽流动说”认为，有一些看不见的粒子在运动，表现为水的蒸发和香气的弥散。

在原来的“原子说”中并没有绝对的上下轻重的观念，而且运动非经反抗不会停止。而在亚里士多德看来，这些正确的见解是不可置信的。后来，也有人按照他的意见对这个学说加以修改。

在天文学方面，原子论者却开了倒车，以为地球是扁平的；但是，在其他方面，他们都走在他们的同时代人和后来人前面。正是这些思潮启发了原子说：物质是由散布在真空中的终极粒子组成的。这个学说解释了当时已知的一切有关事实——蒸发、凝聚、运动和新物质的生长。

“原子论”的影响还可以在一部分反对者的怀疑中看出来。反对者像原子论者一样，怀疑感官是否能够向我们提供外部世界的信息。反对的学派认为感官传达的关于实在的信息虽然是可疑的，但是感觉的确存在，因此，感觉才是唯一的实在。发展到后来一个时代，还出现过从机械论到现象论两种对立的哲学。

原子哲学标志着希腊科学第一个伟大时期的高峰。其后就是一个停顿时期，甚至可以说是一个倒退时期，可见用哲学的先验方法研究自然是多么危险。

课堂收获

现代科学的发展，早已把人类的认识深入到了原子内部。就现代所说的“原子”而言，它只是一种确定的、有限的概念，是化学反应的最小单位。因为，通过放射性现象，人们已经发现原子还可以再分，所以“原子论”只能是个冥想。

智者学派——为了辩论而辩论

吾爱吾师，吾尤爱真理。

——亚里士多德

“智者”没有统一的组织，政治态度也不尽相同，不是一个独立的派别，但是在思想学说上，他们的观点和基本倾向却是较为一致的，因而有人把这些人称为“智者派”。

“智者”原是泛指有才智及某种技能专长的人。到公元前5世纪至前4世纪，才用来称那批授徒讲学，教授修辞学和论辩术、从事政治知识的职业教师。在这批人中就产生了不少出色的哲学家，因此称为“智者学派”。

在这一时期，希腊社会出现了一批专门收取学费以传授修辞学、讲演术和论辩术的人。在早期，由于他们所传授的是实用的知识，所以也很受人尊敬，如普罗泰戈拉和智者学派的另一著名代表人物高尔吉亚，就都以传授讲演术和修辞学而闻名于世，普罗泰戈拉还因其为传授辩论术而做出的贡献，被世人称为“辩论学之父”。

但是，随着社会日益增长的政治、诉讼等方面的实际需要，智者学派中的一些人，对辩论的表达方式的重视，开始超过了对问题实质的重视，有的甚至到了对事物的是非黑白不管不顾的地步。

例如，高尔吉亚就以怀疑主义的态度，提出了三个著名命题：无物存在；即使有某物存在，我们也不能认识它；即使我们可以认识某物，我们也无法把它告诉别人。高尔吉亚在论证这些命题时，就利用了思维与存在的矛盾、思维与语言的矛盾、逻辑的矛盾来否认事物的存在，否认对存在的认识，否认思维反映、表述存在的直接现实性。这就使他的论证具有了典型的诡辩意味。这种宣讲讲演之道注重技巧而不在乎内容的方法，就使他们受到了非议。

“智者学派”其实就是诡辩，就是为了辩论而辩论，而且以辩论收钱为业。他们只讲逻辑的形式，而不讲内容。他们希望能将一个事物任意解释，一件东西想说它是黑的，就证明它是黑的，想说它是白的，就证明它是白的，以此表明自己的智力优秀。这就势必会使他们陷入认识上的主观唯心主义——一切以“我”画线，以“我”为中心。

智者的思想可谓瑕瑜互见。逻辑本身是不圆满的，逻辑不能自我证明。因为如果将逻辑本身推到极端，实际上就是不合逻辑。因此，到了晚期这些智者就对此大肆发挥，醉心于玩弄概念和文字游戏，最终成为诡辩家。

课堂收获

个人思想认识的局限性和客观条件的原因，导致对有些事物的真相不容易看清，容易被现象所蒙蔽。善于对某一问题思考和研究的人，如果在一起讨论，就会互相启发，互相补充，使认识更上一层楼。但我们不能陷入论辩的旋涡而无法自拔，否则我们就会陷入诡辩的境地。

怀疑主义学派——除了怀疑，还是怀疑

聪明的人应该像猪一样不动心。

——皮浪

人因为有了怀疑，才开始探索这个世界。同样，也正是因为有了怀疑，我们的认识才逐步接近世界的本质。怀疑伴随着哲学发展的始终，因为人不可能穷尽对这个世界的认识，更不敢绝对地说自己已经把握了世界的本质。

把怀疑主义作为一种理论形态引进哲学中的是皮浪。皮浪虽然承认现象的存在，但是他否定现象的真实性。他认为，真正的怀疑应该是不断地探究，不应该终结于一个肯定的或否定的结论。

皮浪斥伊壁鸠鲁学派和斯多葛学派的观点为独断论，既不相信感觉，也不相信理性或者逻各斯。皮浪等人主张对一切都保持沉默，对一切都不做判断，不为任何事物动心，而是保持一种谨慎的怀疑。他曾去过波斯和印度，与那里的僧侣和智者交往甚多，并受到僧侣们学说的启发，提出了自己的怀疑论。

皮浪等怀疑论者就提出过十个著名的论证。

一、对于同样的东西，不同的对象有不同的感觉。譬如，同样的葡萄藤，对于山羊来说美味可口，对于人类来说却苦涩难咽；鹌鹑在青松上活蹦乱跳，而人这样做却有生命危险。

二、不同的人有不同的特性。亚历山大的管家在阴凉处感到暖和，而在阳光下却冻得发抖。

三、对同一对象，不同的感官获得不同的印象。如一个苹果，用眼睛看是浅黄色的，用嘴尝是甜的，用鼻子闻却是香的。

四、处于不同状态的人对同一对象的认识不同。如健康的人也许不认为身体很重要，而生病的人却认为没有什么比身体更重要。

五、各地的各种风俗习惯、法律道德都是不同的。如波斯人觉得跟自己的女儿结

婚十分自然，而希腊人却认为这极不合法；西里西亚人乐于做海盗，希腊人却不愿意做；不同的人信奉的神都不同。

六、事物因为各种因素混合在一起而分不清楚。例如，一块在空气中要两个人才抬得起的岩石，在水中一个人就能搬动。这要么是因为岩石确实沉重，是水把它抬了起来；要么是岩石本身是轻的，而空气增加了它的重量。

七、依据不同的位置和距离，人们对同一对象的认识不同。从远处看，大的事物显得小，方的事物也显得圆。

八、事物因适度与否而对人利害分殊。如适量饮酒可增强体质，而过度酗酒则伤害身体。

九、因习惯与否而对同一事物看法不同。对经常碰到地震的人来说，罕见的地震也变得平淡无奇。

十、事物的性质由于与对象的关系不同而不同。树相对于草来讲是大，但相对于山来讲却是小。

皮浪宣称，万事万物都是值得怀疑的。因为任何一个命题都有一个反命题，而且对立的命题都有同等的分量，真与假、善与恶、美与丑并没有明确的区分。所以我们必须放弃一切认识和判断，最高的善就是不做任何判断。

皮浪的最终目的也是寻求幸福，也是要达到不动心或宁静的心境。在各种互相矛盾的事物中做出判断，必然会引起争论，使心灵不得安宁；无论什么样的判断，都会引起困惑，因为对任何一个命题都可以说出相反的命题；因此只有悬搁判断，才能避免争论和困惑。

15世纪，亚里士多德仍旧统治着哲学。来自公元前4世纪的理论和假说仍旧作为“常识”而被接受。15世纪之后，这些“常识”不再被简单地接受，广泛传播的怀疑主义则成了一种健康的哲学态度。

课堂收获

骗人的说法专骗轻信者，关于这一点，人们普遍承认。但是，用怀疑的精神看待事情却要难得多。而怀疑就是一种方法，就是由怀疑趋向真理，就是认识过程中首要的一步。对于怀疑主义来说，与其说彻底的怀疑是一种思考方式，倒不如说是一种高明的智慧。

快乐主义学派——快乐是最高的善

快乐没有本来就是坏的，但是有些快乐的产生者却带来了比快乐大许多倍的烦扰。

——伊壁鸠鲁

每个人都知道，人天生就是喜好快乐的动物。可要就“快乐到底是什么”“什么样的快乐值得追求”等问题说出一番道理来，却需要一定的哲学智慧。

伊壁鸠鲁于公元前341年生于靠近小亚细亚西岸、四季常青的萨摩斯岛，是古希腊晚期就“快乐”这个问题进行深入系统探讨的哲学家。

他很早就为哲学所吸引，14岁时曾长途跋涉去听柏拉图学派帕非勒和原子论哲学家瑙西芬的讲课。但是他对他们讲的很多都不同意，于是在不到30岁时决心把他的思想整理成自己的人生哲学。

公元前306年，36岁的伊壁鸠鲁再次来到雅典，在自己住宅的花园里开办了一所学校，这所学校因而被称作“伊壁鸠鲁花园”。“花园”聚集着伊壁鸠鲁的朋友，吸引了不少学生，甚至包括一些妓女。

公元前269年，伊壁鸠鲁因肾结石病了整整14天。临终前，伊壁鸠鲁躺在温水浴盆里，喝了一杯醇酒，然后对身边的学生们说：“再见了朋友们，请牢记我传授给你们的真理吧！”72岁的哲学家与世长辞。

伊壁鸠鲁生前享有崇高威望，就像毕达哥拉斯一样，他被追随者当作神圣者来崇拜。他的教导也被当作正统学说严格执行，形成了花园派独尊师长的局面。据说，他的著述就达300余卷，但遗憾的是，只有三封信和题为《格言集》和《学说要点》的残篇流传了下来。

伊壁鸠鲁认为，欲望的满足即快乐，快乐是人生的最终目的，快乐是最高的善。在他看来，如果没有美味的快乐、性的快乐和音乐的快乐，人们就不知道如何去设想善了。因此有些人就说伊壁鸠鲁是荒淫无耻的享乐主义者。但伊壁鸠鲁明白指出，他所谓的快乐并不是放荡者的快乐或肉体享受的快乐，因为这些不是真正的快乐。真正的快乐就是指身体无痛苦和灵魂无纷扰。

在伊壁鸠鲁看来，并不是每一种欲望都是值得满足的，而是要对之进行正确的取舍。他把人的欲望分为自然的和虚浮的两大类，在自然的欲望中又分为必要的和非必要的两类。只有必要的自然的欲望才是值得满足的。甚至当某些快乐会给我们带来更大的痛苦时，我们要放弃它们，而如果我们忍受一时的某些痛苦能带来更大的快乐时，我们就认为这样的痛苦比快乐还好。

其实，伊壁鸠鲁更看重灵魂无纷扰之快乐。他认为，人之所以会心灵痛苦，原因是人一个是恐惧神灵，一个是恐惧死亡。而他指出，这两类恐惧都是没必要的。他说，神居住在世界的缝隙之中，过着幸福的生活。神不会干涉人间的生活，否则它们自己的幸福生活就会被扰乱。神既不因人的虔诚而赐福，也不因人的不敬而降祸。人们恐惧神灵只不过是无知的缘故。总之，不管是生前还是死后，死亡都与我们无关，我们也就不用恐惧死亡了。

伊壁鸠鲁对德谟克利特的原子论和快乐主义都有发展，后人也继承发展了他的许多思想，马克思的博士论文就是研究伊壁鸠鲁的原子论。

课堂收获

酗酒会影响身体健康，要放弃；体育锻炼能增进身体健康，要坚持锻炼。所以，为了身体无痛苦，我们要养成一种健康简单的生活习惯。而且，人活着更应关注生命的质量。短暂而快乐的一生比漫长但痛苦的一生更有价值。

斯多亚学派
——让理性而不是欲望统率自己

人人都追求幸福。所谓幸福，就是顺从宇宙以及遵守作为人类指导原理的理性生活。

——芝诺

在古希腊晚期，除了皮浪的怀疑主义学派和伊壁鸠鲁的快乐主义学派之外，还有一个著名的学派——斯多亚派。

斯多亚派的创始人是塞浦路斯岛基提翁的芝诺。他的父亲是一位商人，曾经到雅典经商，从那里给他儿子带来许多书籍，特别是苏格拉底学派的书籍。据说，正是这些书籍引起了芝诺对哲学的爱好和渴求。后来，芝诺本人也到雅典经商。大约在他20岁时，在去雅典途中，因乘船沉没，丢失了全部财物，这使他决心在雅典研究哲学。开始时他访遍了各个哲学流派，后来，他自己创立了斯多亚学派。

芝诺生活简朴，他只靠清水、面包、无花果和蜂蜜充饥度日。他品格高尚，道德严肃。这些都使雅典人十分尊敬他。雅典人曾经把城堡的钥匙交给他，还为他做了一个决议。决议说，公民们因为他的德行和节制，决定给予他一种公开的表扬，赠给他一顶金冠。

芝诺活到72岁，根据他自己的伦理思想，自愿地自缢而死。之后，由他的一位年龄最大和最虔诚的学生克雷安德领导斯多亚学派。克雷安德本来是一位拳击手，他为了跟芝诺学习哲学，常常夜里替园丁打水浇花，挣钱交学费。他禀性迟钝，学习刻苦。芝诺把他比作一块硬板，很难写上字，可是一旦写上了就永远抹不掉了。

克雷安德刻苦学习的精神感动了雅典人，雅典人曾决议从国库中拨出一份津贴来资助他。可是在芝诺的影响下，他没有接受。最后，他和他的老师一样自愿地死去，绝食自尽。

斯多亚学派是希腊化时代一个有极大影响的思想派别，被认为是自然法理论的真正奠基者。他们强调人应顺从天命，应安于自己在社会中所处的地位，要恬淡寡欲，只有这样才能得到幸福。所以，所有的自然现象如生病与死亡，都是在遵守大自然不变的法则，人必须学习接受自己的命运。因为没有任何事物是偶然发生的，每一件事物发生都有其必要性。因此，当命运来敲你家大门时，抱怨也没有用。

他们认为，世界理性决定事物的发展变化。所谓“世界理性”，就是神性，是世界的主宰，个人只不过是神整体中的一分子。

课堂收获

人应该克制自己的情欲、情感和激情，顺从自然、理性的安排，在个人的心灵宁静中寻求幸福。学会尽可能地独立于这些无法控制的外部事物，学会生活在我们能够控制的内在自我之中，这样就能确保我们的幸福。

经院学派——注重经验和理性

宗教使人信仰上帝，不是把上帝作为它的对象，而是作为它的目的。

——**托马斯·阿奎那**

经院哲学属于欧洲中世纪特有的哲学形态。由于在其所设的经院中教授理论，故名“经院哲学”。

在11—14世纪，查理曼帝国的宫廷学校及欧洲基督教的大修道院和附属学校中产生了一种哲学思潮，他们运用理性形式，通过抽象的、烦琐的辩证方法论证基督教信仰、为宗教神学服务，这就是当时的经院哲学。

经院哲学家都认为神学高于哲学，哲学要为神学服务。第一个明确提出这一口号并为之进行论证的就是最伟大的经院哲学家托马斯·阿奎那。

1225年，托马斯·阿奎那出生在意大利那不勒斯附近的一个伯爵家庭。在幼年，托马斯·阿奎那在修道院接受了九年的初等教育。

当时，因为他喜欢思考，整天不爱与别人交流，看着呆头呆脑。于是，有个同学骗他说天上有一头牛飞过，他就真的抬头往天上看，引得围观的同学们一阵哄笑。之后，托马斯·阿奎那就有了个“哑牛”的外号。

14 岁时，托马斯·阿奎那进入那不勒斯大学学习，在这里，他接触到了大量的科学与哲学著作。5 年之后，他加入了天主教组织“多明我会”，这也成了他一生中重要的转折点。

1245 年，托马斯·阿奎那来到巴黎，并师从研究亚里士多德的专家阿尔伯特。阿尔伯特很赏识这位年轻人，并断言这位不爱说话的年轻人必将闻名于世。

1257 年，托马斯·阿奎那获得神学博士学位，从此开始在巴黎、科隆、罗马和那不勒斯等地教授神学和哲学，名气越来越大，被罗马教廷任命为神学顾问，还进入了教皇的智囊团。1274 年，在托马斯前往里昂参加宗教全会时，死于路上，时年仅 49 岁。

托马斯终生致力于论证天主教正统教义，与各种异端思想做争辩。一生著有 18 部巨著，其中有集基督教思想之大成的《神学大全》和《反异教大全》等。他把基督教的神学思想和亚里士多德的哲学成功地融合在一起，建立起了庞大的经院哲学体系，并成为经院哲学发展的顶峰。

对此，教会给予了他极大的支持和极高的声誉，称他为最光荣的“天使博士”。1323 年，教皇追封他为“圣徒”。1567 年，他又被任命为“教义师”。1879 年，教皇正式宣布他的学说是“天主教会至今唯一真实的哲学”。

托马斯认为，虽然上帝的本质自身就已经包含了它的存在，因而它的存在就是一个确凿无疑的事实，但是对于理性来说，这并不是一个不证自明的真理。于是，托马斯对那种认为尝试证明上帝存在的努力徒劳无功的观点进行了批判。在他看来，证明的方法只有两种：一种是先天的证明，即从原因推论出结果；一种是后天的证明，即从结果追溯到原因。由于先天的证明是行不通的，所以，只能通过结果，即通过上帝的创造物来证明上帝的存在。

托马斯所代表的理性主义使经院哲学达到了空前的繁荣，但也正是这种胜利把经院哲学引向衰落。

到了 14 世纪，奥康的威廉提出唯名论主张，认为共相不是客观存在的实体。他抛弃了托马斯·阿奎那的本体论，认为事物间的相似并无形而上学的原因，只不过是事实上的相似而已。他虽与托马斯·阿奎那一样从神学出发，用哲学阐述基督教教义，但他强调经验，贬低形而上学，因此巴黎大学文学院两次明令取缔他的学说，但传习其学说的人反而更多。

在威廉的影响下，新形成的哲学派被当时的人们称为“新道路”，并与全欧各主要大学中主张实在论的“旧道路”相抗衡，这就使得中世纪经院哲学逐渐走向了瓦解。

课堂收获

与传统的基督教相比，经院哲学更注重事实、经验、理性，这就有助于人们认识、解释世界，更有利于思想的解放。

新柏拉图主义
——心灵因达到高境界而变得平静

理智的流溢是对太一的流溢的模仿。

——普罗提诺

人要克服堕落，必须回归到人自身，要正确地对待生老病死，应该用一分为二的态度来对待和评价自己所走过的人生道路，学会自找乐趣，创造一个良好的生活环境。

新柏拉图主义不是简单地复活柏拉图主义，而是以柏拉图的理念论和神秘主义思想为基础，吸取了斯多亚派、怀疑论及亚里士多德的某些思想，同时糅合东方宗教的某些教义构成的一种神秘主义哲学。

新柏拉图主义认为，世界有两极，一端是被称为“上帝”的神圣之光，另一端则是完全的黑暗。但新柏拉图主义也相信，完全的黑暗并不存在，只是缺乏亮光而已。世间唯一存在的就是上帝，照耀着神圣之光，但就像光线会逐渐变弱，神圣之光也无法普照整个世界。

这个学派的创始人据说是安莫纽·萨卡斯，但完成这个学派思想体系的是他的学生普罗提诺。

普罗提诺是新柏拉图学派最著名的哲学家，更被认为是新柏拉图主义之父。普罗提诺在哲学上发挥了柏拉图关于理念和理念世界是唯一真实的学说，并在此基础上创立了他独特的哲学体系。他突出了柏拉图哲学中的“巴门尼德”方面，强调最高精神本体即“太一”。

按照他的解释，“太一”不仅高于我们这个世界，而且高于“相”或本真存在，是人的认识完全无法达到的。他认为，“太一”本身并不是万物中的一物，乃是创造万物的本原。并且，“太一”创造万物绝不同于一般的意义，不像宗教中所说的上帝创造世界那样，是一种有意识的意志活动，更不像人类的实践活动，是用劳动来创造世界，“太一”创造万物乃是一种“流溢”，如同太阳辐射出光，火发热，雾生寒一样。所有精神的和物质的存在，都是从最高的精神实体“太一”流溢出来的。

正如太阳通过光来看见和表现自己一样，“太一”也通过“心智”来表现和认识自己。从“太一”漫溢出的第二层本体就是“神圣理智”，这相当于柏拉图的相和亚里士多德的纯粹自我观照的形式；由神圣理智再漫溢向下，就产生了第三层本体——“宇宙灵魂”，这是我们这个世界的主导原则。由宇宙灵魂再进行漫溢，就产生了具体的个人灵魂和具体的万事万物。

可以说，普罗提诺所强调的“太一”，不是一个东西，不是一种性质，不是数量，不是心智，不是灵魂，不运动，也不静止，不在空间中，也不在时间中，而是绝对只有一个形式的东西，或者无形式的东西，或先于一切形式，先于运动，先于静止。可以说，这种“太一”就是无可名状、不可言说的神秘的绝对的一，也就是神。

从普罗提诺对“心智”的种种规定可以看出，“心智”相当于柏拉图的理念世界，区别在于柏拉图的理念是一个自我满足的理性实体，而普罗提诺的“心智”之上则还有一个“太一”，也就是神，这就是他的新颖之处。

在普罗提诺的哲学中，以柏拉图和亚里士多德为代表的古希腊的理性思辨精神已经不多了，代替它的就是神秘主义。所以，新柏拉图主义的出现也标志着古希腊的理性思辨精神的衰落。它对后来的基督教神学和中世纪的经院哲学产生了深远的影响。

课堂收获

人的心灵必须在“忘我”的状态中与思想融为一体，或静观思想变化。这是人生的最高境界，也是最高的德和幸福。当人达到这一境界时，焦躁不安将一去不返，心灵就获得了安宁平静，内心充满了极大的欢悦。

逍遥学派——作为存在的存在

当然不能设想：在个别的房屋之外还存在着一般的房屋。

——亚里士多德

逍遥学派是古希腊哲学家亚里士多德创立的，又称亚里士多德学派，逍遥学派是该学派的别称。

公元前335年亚里士多德在雅典的吕克昂建立了一所学院，该处有一片小树林和许多可供散步的林荫道，亚里士多德喜欢在这些林荫道上讲课，和学生散步、讨论学问，所以被称为逍遥学派。

逍遥学派所研究的哲学对象是“作为存在的存在”。也就是哲学中所称的普遍存在，而其他分门别类的学科，则是从这个全体上割取出的一部分，而后再进行专门的研究。

比如理论科学，就被进一步地分成了三类：物理学、数学和第一哲学或神学。而其他两类学科：实践科学，主要包括伦理学、政治学、经济学、战略学和修饰学；创造科学，也就是诗学。亚里士多德和他的逍遥学派就把主要力量集中在物理学和第一哲学上。

亚里士多德看到，一般的抽象的概念性的东西不能脱离个别的具体的东西而独立存在。他说："当然不能设想：在个别的房屋之外还存在着一般的房屋。"

也就是说，独立存在的只是个别的具体的事物，如这是一个人，那是一匹马，这些个别具体的事物就是"第一实体"。第一实体就是其他一切东西的基础。所以，当我们说"一匹白马"时，"白"这种颜色就不是独立存在的，而是存在于"马"之中的，"白"就不能成为实体。

除了"第一实体"外，亚里士多德认为还有"第二实体"，这就是个别事物的"种"和"属"。

无论一个人叫什么名字，他都是第一实体，都是包括在"人"这个属里面的，而"人"这个"属"又包括在"动物"这个"种"里面。所以，没有一个东西是"人"或者"动物"，但"人"和"动物"又是实在的，因而也是"实体"，只是这些实在性不能直接表现出来，所以只能通过个别具体的事物表现出来，因而它们是"第二实体"。

亚里士多德的"实体说"纠正了柏拉图"理念论"将一般与个别相分离的错误，指出了一般的"第二实体"依赖于个别的"第一实体"而存在，坚持了唯物主义的路线。但他另一方面也坚持认为一般的概念也是实体，进而可以推导出一个最一般的概念也是有实在性的实体，这就为逍遥学派后来的发展导向唯心主义留下了可能性。

在亚里士多德关于存在的论断中，"作为存在的存在"对后世影响最广，甚至代表着对于存在的一种尊崇。后期的逍遥学派主要是对亚里士多德著作的保存、流传和研究做了重要贡献。

到了公元6世纪初，拜占庭皇帝尤斯底年下令禁止亚里士多德学说的传播，该派因而瓦解。

课堂收获

人活着的过程就是寻找自己生命价值的过程。所以，首先必须明了自我的概念，如此，才知道自己该奔向哪里才能实现人生价值，这种为自身价值而奋斗的精神，就是一种更高意义上的精神存在。所以，人生的价值最根本的在于活得是否精彩，在于为梦想做过多少，如此才算不虚度此生。

后现代主义——自我是关系中的自我

我曲解，所以我理解。

——德里达

人与自然的关系不是对立的，人并非万物的中心，人与自然是一个有机的整体，世界万物都有其价值和目的，而不是由人统治、占有和掠夺的对象，它们有待人去照料，这就是后现代主义哲学思想。

后现代主义哲学，从某种意义上说是一种社会批判理论，它是当代哲学家对社会自身发展的一种理论反省。

当发展到后工业社会，产业结构、社会生活、传播方式、艺术形式和艺术风格甚至意识形态都发生了巨大的变化，社会的文化矛盾暴露得更加充分，这就促使哲学家们从更高的理论层次上来反思发展的命运，反思现代化过程的利弊，反思作为现代化理论基础的理性主义和启蒙精神的正确与否。

后现代主义在这一反省中更多的是看到现代化过程给人类的生存带来的危害和弊端。在现代化过程中，由于高扬了主体性和人类中心主义，把人和自然的关系理解为统治和被统治、改造和被改造、利用和被利用的关系，人类无限制地向自然索取，使得自然环境和生态平衡遭到极其严重的破坏，地球已变得越来越不适合人生存。

可以说，后现代主义是哲学发展的一个转向。当人类进入科学技术高度发达的后工业社会、信息社会或后现代时代，社会的生产结构、文化形态和交流方式发生了巨大变化，这就引起了人类哲学思维方式的变化，这种转向的特点就是反对普遍化、总体化、同一性、等级体系、本质论、基础论和表象论，肯定多元性、多样性、差异、非中心、零散化、机遇、混沌、不确定性、流动和生成。

后现代主义哲学是以批判现代主义哲学为己任的，但它并非完全是一种无所建树的、只是消解的哲学。后现代主义的根本问题是过于偏激，对于现代主义采取完全否定的态度，把自己和现代主义看作完全对立的两极。

事物都是一分为二的。理性和非理性、总体性思维和局部性思维、横向思维和纵向思维、同一和差异、确定性和不确定性、结构和解构之间并不是一种非此即彼的关系，而应该是一种互补的关系。

所以，后现代主义哲学在哲学发展的进程中，既有积极的一面，也有消极的一面，凡事都需要进行辩证的分析。

课堂收获

每个人都不可能单独存在，自我不是自足的，永远处在与他人的关系之中，是关系网中的一个交会点，自我是关系中的自我。因此，个人应养成“倾听他人”“学习他人”“宽容他人”“尊重他人”的美德。

第3章

哲学家的故事

能在哲学史上“青史留名”的哲学家，他们的思想、观点或理论都具有伟大的意义和极大的价值，从某种意义上说，他们超越了时间和空间，不管在任何时候任何情况下都是有意义的。

泰勒斯——水是万物的本原

水是万物之本原，万物终归于水。

——泰勒斯

哲学是复杂的，哲学也是简单的。哲学就是从一个看似简单的命题——水是万物的本原开始的。提出这个命题的哲学家就叫泰勒斯。

公元前六七世纪的时候，当时的希腊人统治着希腊半岛以及爱琴海上的许多美丽小岛，除此之外，还有爱琴海东岸小亚细亚沿海的一部分地区，就在这个地区，有一个叫作米利都的城市，那里生活着西方第一个哲学家——泰勒斯。

泰勒斯无疑是一个有知识的人，有两件关于泰勒斯的小事就可以说明这一点。

有一次，一个老妇人让他去观察星象，结果他不慎掉进水沟里，他的求救声招来了老妇人这样的嘲笑："你怎能指望知道关于天空的所有事情呢，泰勒斯，你甚至看不见就在你眼前的东西！"

还有一次，人们嘲笑泰勒斯的天文学不能发财致富。为了表明变得富有是多么容易，泰勒斯便根据天象预见来年会有一个橄榄丰收的季节。

于是，他回家翻了翻，把自己所有的钱都掏了出来，作为定金交给了米利都以及附近城市的各个油坊，租下了各油坊的榨油设备。当时还是冬天，油坊正值淡季，所以租金非常便宜，而且也没有人和他竞争。

寒往暑来，转眼夏天就到了，油橄榄果然喜获丰收，各油坊的生意也一下子火爆起来，于是泰勒斯就把自己早已定下的榨油设备转租出去，当然租金都是他说了算，结果就赚了一大笔钱。

不过，泰勒斯其意并不在赚钱，而是想说明哲学家要致富并不难，只不过致富不是他们的兴趣所在。

泰勒斯的兴趣在哪里呢？他的兴趣就是探究万物的本原。为什么？因为只有天地万物存在着，才有可能存在包括天文地理等在内的现实知识。所以，相对于万物本原的知识来说，现实的知识都是表面的、是暂时的，而不是根本性的。

因此，泰勒斯以及他所开创的米利都学派不被万物的千变万化所迷惑，也不为现实知识的丰富多彩所陶醉，而是要去探究万物根本的生成和存在。同时，这种探究又没有乞怜于巫术和神话，而是借助于理性的思考。

泰勒斯没有留下什么著作。他最有名的学说就是：水是万物的本原。当时人们习惯把世界的本原归结为神灵或某种超自然的力量，泰勒斯却试图用物质性的"水"作为世界的本原。这一命题就具有这样三层意思：

——物质性的水是世界的基本构成元素；

——世界万物是普遍联系的，它们统一于水；

——万物来源于水最终又复归于水，万物只是水的变化形态，水自身才是永恒长存的本体。

在米利都，泰勒斯终其一生创立了米利都学派。而米利都，也因泰勒斯创立的学派而名垂千古。

课堂收获

“水是万物的本原”，的确如此，物质性的东西可以说明物质世界的本原，流动性的东西可以说明世界的变化，这正标志着人类逃脱传统的神话宗教宇宙观的束缚，第一次唱响朴素的唯物主义宇宙观，这便是人类思想的一次伟大飞跃。

阿那克西曼德
——万物诞生之源也是其结束之因

万物所由之而生的东西，万物消灭后复归于它。

——阿那克西曼德

阿那克西曼德是一位相当大胆的思想家。他以宏大的思想提出了早期希腊哲学的基本问题之一：世界是如何产生的？并且，他针对这个问题也提供了答案。

阿那克西曼德是帕西亚德斯之子，出生于米利都，是泰勒斯的追随者和最出色的学生。公元前 546 年时，在他年约 64 岁时曾率使节团到斯巴达，在那里对斯巴达人提出了两项他的伟大发明——日晷与世界地图。

阿那克西曼德了解到，我们所认知的物质与性质必然都会改变并逝去，因此他大胆假定“无限者”的存在。所谓“无限者”，就是指产生宇宙万物的一种物质本原。这种物质本原没有固定的性质和形状，没有边际，是永恒不灭的，没有规定的，故称为“无限者”。所以，这种“无限”分离出了对立物，即热和冷、湿和干等，又因对立物的作用产生了天体和万物。

“无限者”是实体，但在时间或空间中没有开始或结束，而且是我们所见一切物体的来源与命运。正如他所说的那样：“万物由它产生，毁灭后又复归于它，这都是按照必然性；因为它们按照固定的时间为其不正义受到惩罚并相互补偿。”这种概念非常宏观，以至于他必须彻底修正当时对地球的认识状态，即地球甚至我们整个宇宙不仅大小有限，存在时间也有限，而且也只是无限个世界中的一个。

阿那克西曼德还认为，地球是自由悬挂在空中的，是一个自由浮动的圆柱体，人类处于圆柱体的一端表面之上，而我们的世界只是无数世界中的一个。世界上的物质都在一种自然规律下运行，保持着元素间的平衡。

同时，阿那克西曼德还创造了第一个条理分明的世界自然系统。他认为，世界上的火、土和水应该有一定的比例，但每种元素都在企图扩大自己的领土。然而，这其中却有一种必然性或自然规律永远地校正着这种平衡。比如，只要有了火，就会有灰烬，灰烬就是土，这种正义的观念就让各种元素不可能逾越永恒固定的界限。

阿那克西曼德的卓越成就之一，就是比达尔文早 23 个世纪提出了演化论。他认为最早的生命形态是在原始的温暖与潮湿的互动下自发产生的，第一批生物在类似树皮的外壳保护下，栖息于海底。当湿元素被太阳蒸发的时候，其中便出现了活的生物。所以，一切世界并不像在犹太教和基督教的神学里所说的那样是被创造出来的，而是演化出来的，所有生物都在水中诞生。

在动物界有演化，同样人也是从另一种不同的生物演变出来的，因为人的婴儿期很长，若原来就像现在这样了，一定不能生存下来。包括人类在内，所有的陆地动物都是从类似鱼的祖先演化而来的。人类跟其他所有的陆地动物一样，也是自水中生物演化而来的，只有一点不同：婴儿出生时非常无助，因此他推测，人类在有能力到陆地生存之前，必然也同其他种类一样来自海洋的养育。

阿那克西曼德立论的卓越之处就在于，他能跳脱人类中心说的限制，自由地思考。不可否认，无论阿那克西曼德如何努力，他始终无法超出他的时代。虽然他天才的猜测甚至成为后世错误的源泉，但我们不能因此简单地认为这是阿那克西曼德的错误。而是正因为有了他的猜测和探索，才有了后继者前进的脚步。所以，我们可以嘲笑命题本身，但不能忽视或否定提出命题的首创精神。

虽然阿那克西曼德的许多观点在现在看来是有些荒唐，但在当时远远超越了那个时代。正是他运用科学的基础假设之一：地球上发生的过程必然也会在宇宙各地发生。而且，正是这样的构想为科学的宇宙概念奠定了基础，让 22 个世纪后的牛顿提出万有引力定律，以解释苹果掉落的原因，以及计算出月球的轨道。

课堂收获

将我们可以感受的真实世界，寻根溯源，最后归结为一个我们看不到的无定，看似无中生有有些怪诞，实则包含深刻的哲学智慧，这就是人类思维与众不同的地方。在今天这个时代，我们的生存空间正伴随着资本、技术、政治、文化的全球化、一体化而到处嵌合，正克服着裂缝且正统治着世界，所以，“万物诞生之源亦为其结束之因”的思想就给我们提供了一种别样的思考——后现代主义。

巴门尼德——思维与存在的同一性

生成是子虚乌有，灭亡同样不可言名。

——巴门尼德

存在是唯一的、连续的和不可分的；存在是永恒的，不生也不灭；存在是不动的；存在是完满的；存在是思想的对象，就是对事物最普遍的属性的概括和抽象。

巴门尼德是意大利南部一个叫爱利亚地方的人。根据柏拉图的记载，苏格拉底在年轻的时候曾和巴门尼德见过一次面。当时苏格拉底风华正茂，而巴门尼德已经是一个老人了。对于这次见面是否属实，现在已经无从考证。但巴门尼德的哲学观点对苏格拉底和柏拉图的影响，倒是不可否认的事实。

巴门尼德的学说表现在一首哲理长诗《论自然》中。在诗的开头，巴门尼德就以浪漫的神话色彩向我们展示了女神指点迷津的生动画面。他借女神之口，提出了自己的观点，用充满诗性的语言，给我们呈现出哲学发展的一个全新方向。

巴门尼德提出：哲学存在的两条研究的途径，一条是“存在存在，不可能不存在”，另一条是“存在不存在，非存在存在”。前者与真理同行，称为“真理之路”。后一条是根本不可能的路，称为“意见之路”。

巴门尼德的观点综合起来就是这些问题：外部世界能否被我们所认识？人为什么能够认识外部世界？我们的知识和外部世界这个对象是否符合一致？知识和对象如何符合一致？世界是可知还是不可知的？这些问题归结起来就是思维和存在的同一问题。

在巴门尼德看来，存在是唯一的、连续的和不可分的。这种不可分割的存在是永恒的，不是别的什么东西产生的，也不会最终消亡。他说：“生成是子虚乌有，灭亡同样不可言名。”所以，既然是永恒的，存在就必然是不变的和静止的。这种不变和静止，最终达到的境界就是“完满”。这种“完满”就称为“一”。一是无限的、不可分的，不是对立的统一，因为根本没有对立面。

巴门尼德所想象的“一”并不是我们所想象的上帝。他似乎把它认为是物质的，只占有空间的，因为他说它是球形。但它是不可分割的，因为它的全体是无所不在的。为了说明自己观点的正确性，巴门尼德进行了专门的论证，开创了哲学史上以论证的方式说明观点之先河。在那样久远的年代里，这种抽象与概括，的确意义非凡。

课堂收获

大至国家，小至个人，我们都会面临着思维与存在如何抉择的问题。对此，我们就要在采取行动的时候，对我们要做的事情做出合理的规划，并在行动中进行总结和反思，将反思时发现的缺陷加以改正。否则，我们就无法取得进步。

芝诺——阿基里斯追不上乌龟

生活的目标是使生活合乎自然规律。

——芝诺

芝诺生活在古代希腊的爱利亚城邦，是巴门尼德的学生和朋友。芝诺曾提出过四个悖论。根据亚里士多德在《物理学》中的转述，这些悖论就包括“两分法”“阿基里斯追不上乌龟”“飞矢不动”“操场或游行队伍”。

在两分法悖论中，芝诺要论证的就是：一个正在行走的人永远到达不了他的目的地，因此，运动是不可能的。

也就是说，向着一个目的地运动的物体，首先必须经过路程的中点；然而要经过这点，又必须先经过路程的四分之一点；要过四分之一点又必须首先通过八分之一点，如此类推至无穷。所以，这是一个不可穷尽的过程，因此运动永远不可能开始。

而“阿基里斯追不上乌龟”，则是指《荷马史诗》中的善跑英雄阿基里斯，如果阿基里斯与乌龟赛跑，阿基里斯永远追不上乌龟。

根据芝诺的观点，如果让乌龟领先阿基里斯一段距离，然后开始比赛，奔跑中的阿基里斯永远也无法超过在他前面慢慢爬行的乌龟。

为什么会有这个显然与我们的经验不同的结论呢？

芝诺是这样论证的：阿基里斯要追上乌龟，就必须首先到达乌龟的出发点，而当他到达那一点时，乌龟又向前爬了。尽管二者的距离不断地在接近，但永远不可能为零。因而乌龟必定总是跑在前头。

“飞矢不动”则是关于运动的不可分性的哲学悖论。芝诺认为：任何东西占据一个与自身相等的空间时都是静止的，飞着的箭在任何一个瞬间都是占据与自身相等的空间，所以也是静止的。飞着的箭在任何瞬间都是既非静止又非运动的。如果瞬间是不可分的，箭就不可能运动，如果它动了，瞬间就立即是可分的了。但时间是由瞬间组成的，所以箭在任何瞬间都是不动的。

一支正在飞行的箭为什么是不动的呢？这实在让人费解！这就是芝诺给人们出的一个很大的难题。尽管我们可以凭借直觉很轻易地否定芝诺悖论的结论，但是芝诺所揭示的矛盾却是深刻而复杂的。

据说，有一次，第欧根尼的学生请教第欧根尼，应该如何批驳芝诺的观点。这位犬儒主义大师一时也不知如何回答，于是他便在房间里走来走去。学生看着老师就这么走来走去，很不理解，于是又一次请求老师。第欧根尼便有些不耐烦地说：“芝诺说运动不存在，我这不是正在证明他是错的吗？”

其实，第欧根尼心里也知道，如果从哲学上去驳斥芝诺的说法，的确是一个非常大的难题。因为，前两个悖论诘难于关于时间和空间无限可分，是证明运动是连续的观点；后两个悖论诘难于时间和空间不能无限可分，是证明运动是间断的观点。所以，芝诺所揭示的矛盾是深刻而复杂的。

哲学不是诡辩，更不会把自己的焦点建立在诡辩之上。哲学的价值在于思辨，通过提问和反思，让我们更加清楚地认识自己和我们的世界，认识包括思维在内的人本身。芝诺悖论揭示的就是事物内部的稠密性和连续性之间的区别，是无限可分和有限长度之间的矛盾，如果不能觉察到这一点，就不可能驳倒芝诺。

所以，芝诺对问题的解答不是最重要的，重要的是我们理解芝诺的提问方式，这对于促进我们的思维是最有价值的。

课堂收获

哲学不是诡辩，哲学的魅力就在于“讲理”，却不必“符实”。所以，哲学家讲究理性至上，诡辩者则是蛮不讲理；哲学家以思考为业，而诡辩者则靠嘴巴吃饭；哲学家不轻易地发表言论，而诡辩者则抓住一切可发挥的时机发展自己的谬论；哲学家关注全人类，而诡辩者眼中只有自己；哲学家会流芳百世，而诡辩者只可能遗臭万年。所以，只有哲学才是大智慧，诡辩只能是耍耍小聪明而已。

恩培多克勒
——“爱”是结合、和谐、一致的力量

每个人都只相信自己的经验。

——恩培多克勒

恩培多克勒出生于西西里岛一个贵族家庭，是西西里岛的阿格里根特人。他的一生充满了传奇的色彩，可以说在他那里，哲学家、预言者、科学家和江湖术士等身份经常交错出现，以至于我们无法确切地勾勒出他的形象。

根据一个传说，他曾宣布有朝一日他会升天成神。就在这一天，他神秘地失踪了，人们认为，他为了可以使人相信他的预言已经实现而跳入了埃特纳火山口；还有人认为是他十分相信自己编造的这个预言，可是天国的马车终未能出现，于是他就绝望地跳入了火山口。

在希腊哲学中，恩培多克勒是第一位典型的多元论者。从基本倾向来说，他的思想带有综合和过渡的性质。他认为，永恒不动的存在不是单一的，也不仅仅是思想的

对象，而是构成万物的基本元素，他称为“根”。

并且，恩培多克勒借用四位神的名称，明确宣称火、土、气、水是万物之根：“首先请听真，万物有四根：宙斯造万物，赫拉育生命；还有爱多妞以及奈斯蒂，她用自己珍珠泪，浇灌万灵生命泉。”在他看来，这四种元素本身是永恒的、不生不灭的“存在”。每个“根”都是单独的个体，是“一”，众多的“根”依照不同的比例组合在一起，就产生出可感事物，而分解则是事物的消亡。整个世界处于一与多的永恒循环中。

但是，这四种元素本身并没有组合与分离的能力，是“它们之外”的“友爱”“争吵”作为动力才使得它们分分合合。“友爱”是一种亲和力，靠它组合四根，形成事物。“争吵”是离散力，由它导致事物的分离消亡。这两种永恒的力量大小相同，作用相反，交互消长，轮流坐庄，形成宇宙万物悠忽生灭、不停流转的总画面。

“同类相知”的观点就是在“四根说”的基础上提出来的。这一认识也构成了恩培多克勒的思想基础，也对后世产生了重要的影响。

有人说，恩培多克勒“集诗人的浪漫、哲人的冷静、宗教徒的虔诚和科学家的理性于一身”，也有人将他视为“希腊先驱哲学家、诗人，还是民主政治家、生理学的奠基人、宗教精神领袖和城邦改革者”。当然，他也曾因为“自称为神”而受到讥讽和嘲笑。

恩培多克勒对科学的贡献是值得称道的。他发现了空气是一种独立的实体。并且，他至少发现了一个离心力的例子：如果把一杯水系在一根绳子的一端而旋转，水就不会流出来。在天文学方面，他知道月亮是由反射而发光的，他认为太阳也是如此。他知道日食是由于月亮的位置居间所引起的。

课堂收获

人是唯一能接受暗示的动物，和谁在一起很重要。和积极的人在一起，你也会产生出良好的情绪和生理状态，激发内在的潜能；和消极的人在一起，你就会在不知不觉中变得颓废，逐渐平庸。因此，和什么样的人在一起，就有什么样的成长轨迹，甚至决定人生成败。

普罗泰戈拉——人是万物的尺度

人是万物的尺度，是存在者存在的尺度，也是不存在者不存在的尺度。

——普罗泰戈拉

“以人为本”被误解或者被利用来为“极端个人中心”倾向做辩护，这样的“以人为本”就会被扭曲成“以我为本”。这种“唯我独尊”的思想愈强就愈接近于自取灭亡。

普罗泰戈拉于公元前481年生于阿布德拉，与德谟克利特同乡。他与阿那克萨哥拉、德谟克利特和苏格拉底属于同时代的人，而年龄比苏格拉底稍长。

普罗泰戈拉创造了好几个第一：他是第一个自称为智者的人，也是古希腊第一位公众教师，还是第一个收学费的人。他到各地开坛演讲，而且要听众付酬。有人曾经质问普罗泰戈拉为什么要收钱，他理直气壮地回答：“这是因为知识比无知有价值。”

作为教师，普罗泰戈拉主要教授辩论术、修辞以及方法。他擅长精心准备的长篇演说和问答法。据说，关于收学费，普罗泰戈拉还曾和学生打过一场官司。他和学生欧亚塞卢事先协定，学生先付给老师一半学费，剩下的一半等学生打赢了第一场官司以后再付，而如果第一场官司打输了，则证明老师教学效果不佳，学生剩下的另一半学费就可不交。然而，欧亚塞卢毕业后并不出庭打官司，也不交剩下的学费。普罗泰戈拉等不及了，就向法院提出了诉讼，师徒对簿公堂。

在法庭上，普罗泰戈拉辩论道：“如果你欧亚塞卢这次官司打赢了，那么按照合同，你应付我另一半的学费；如果你输了，那么按照法庭的裁决，你也应该付给我另一半学费。这次官司无论打赢或打输，你都得付我另一半学费。”欧亚塞卢针锋相对：“如果我打赢了这场官司，那么按照法庭裁决，我不需付你另一半学费；而如果我打输了，那么按照协定，我也不必付给你另一半学费了；不管是赢是输，我都不必付给你学费。”

这就是著名的“半费之讼”。

普罗泰戈拉是一个生活比较简朴的人，他的经历比较单纯，可以说是毕生献给了科学研究。他是当时雅典的统治者伯利克里的好朋友，并深受赫拉克利特万物皆变思想的影响。他最著名的哲学命题就是：“人是万物的尺度，是存在者存在的尺度，也是非存在者不存在的尺度。”他的这一命题是以他的感觉论为前提的。

与巴门尼德相反，普罗泰戈拉认为，事物就是人们感觉到的那个样子，感觉是一切知识的来源。例如，对于同样的风，有的人觉得冷，而有的人觉得不冷。我们对于世界的知识是以我们的感觉为尺度、为标准的。这是“人是万物的尺度”的一方面的意思。

另一方面，这一命题在当时的情势下也是有一定的积极意义。当时的奴隶主贵族们都认定传统的风俗习惯、道德和法律等都是由“神”所安排的，是万古不可改变的。他们抬高神的地位以阻止民主派的改革。而普罗泰戈拉认为神是不可知的，风俗习惯、道德法律都是人为的，它们合理与否，也应以人的判断为尺度。所以，当人们觉得某法律不合理时，人们就可以进行改革。这就为改革找到了一个辩护的理由。

普罗泰戈拉的思想对后世的影响极其深远，可以说，他是感觉主义的先驱和人文主义的始祖。

课堂收获

人心各有不同，思维方式也千差万别。所以，“人是万物的尺度”也具有积极和消极两重意义。就积极意义来说，让人意识到自己存在的价值；而从消极的方面来说，就是可能因为自认为是尺度而失去了反思和自省的觉悟，进而恣意放纵便会吞咽悔恨的恶果。

苏格拉底——认识你自己

认识自己，方能认识人生。

——苏格拉底

正确认识自己并不容易，因为人怎样认识自己，就会怎样要求自己，就会按自己认定的角色去生活。换句话说，自知其无知是最大的智慧，不知其无知则是最大的愚蠢。

苏格拉底是哲学史上最重要的哲学家之一，也是人类历史上最受人尊敬的人物之一。

公元前469年，苏格拉底出生于雅典城不远的一个石匠兼雕刻匠家庭，自幼随父学艺，熟读荷马史诗及其他著名诗人的作品，靠自学成了一名很有学问的人。30多岁时，他做了一名不取报酬也不设馆的社会道德教师。许多有钱人家和穷人家的子弟都跟他学习，向他请教。

苏格拉底的一生大部分时间是在室外度过的。他喜欢在市场、运动场、街头等公众场合与各色各样的人辩论各种各样的问题，如战争、政治、友谊、艺术、伦理道德等。他曾三次参战，当过重装步兵，不止一次在战斗中救助受了伤的士兵。大约在40岁时苏格拉底成了雅典远近闻名的人物，并进入五百人会议。

有一次，苏格拉底的朋友到德尔斐神庙去求问阿波罗神，神传下神谕，说苏格拉底是世上最有智慧的人。苏格拉底对此感到非常奇怪。为了验证神谕，他走访了一批著名的“智者”，结果他发现名气最大的智者恰好是最愚蠢的。

然后，他又走访了著名的诗人，他发现诗人们不是凭借智慧，而是凭借灵感写作，而且居然对自己写的东西也一窍不通。他还走访了一些能工巧匠，发现他们因为手艺好，就自以为在别的方面也很精通。苏格拉底认为正是这个缺点把他们的智慧给淹没了。

之后苏格拉底终于醒悟了：“阿波罗神之所以说我是最智慧的，不过是因为我知道自己无知；别的人也同样是无知，但是他们连这一点都认识不到，总以为自己很有智慧。仅凭这一点，阿波罗神就把我算作是最智慧的了！”

“自知自己无知”，其实就是苏格拉底探索真理的一种方法，即独特的“对话”方法。在苏格拉底看来，智慧或知识不是一种既定状态，而是一种不断披露事物真相的过程。因此，在进入对话探索真理时，必须首先假定：我们什么都不懂，而且也确实不懂。

因此，苏格拉底认为，哲学的目的就在于“认识你自己”，认识做人的道理，教导人们过一种有道德的幸福的生活。所以，西塞罗说：“苏格拉底把哲学从天上带到了人间。”

课堂收获

许多人对自己的看法往往存有偏见。譬如，很多人爱听赞扬的话，听到了批评的话就不高兴。对这样的人，别人往往不愿意把他的缺点告诉他，他就更加不容易认识自己。所以，在听到称赞的话的时候，要特别注意保持清醒的头脑，要想一想它是不是符合事实，是不是有夸大，要想到自己还有缺点，认真地照一照镜子，做一些比较。

柏拉图——理念论和理想国

好人之所以好是因为他是有智慧的，坏人之所以坏是因为他是愚蠢的。

——柏拉图

柏拉图就是哲学，哲学就是柏拉图。

柏拉图是苏格拉底的得意门生，是亚里士多德的恩师。三人创造了古希腊哲学的奇葩，写就了哲学史上的一段佳话。

公元前 427 年，柏拉图出生在雅典一个大贵族家庭，原名叫亚里士多克勒，因额头和肩膀很宽阔，于是体育老师就替他取了“柏拉图”一名。柏拉图自幼便受过良好的文化教育，尤其在文学上造诣颇深，这使得他的哲学著作成了传世的文学作品。

柏拉图认为，世界由“理念世界”和“现象世界”所组成。理念的世界是真实的存在，永恒不变的，而人类感官所接触到的这个现实的世界，只不过是理念世界的微弱影子，由现象所组成，而且每种现象又因时空等因素而表现出变动。因此，柏拉图提出了一种“理念论”和“回忆说”的认识论。

柏拉图一生著述颇丰，其主要哲学思想集中在《理想国》和《法律篇》中。在《理想国》中，他多次使用了“反思”和“沉思”两词，认为关于理性的知识唯有凭借反思、沉思才能真正融会贯通，达到举一反三的效果。而感觉的作用只限于现象的理解，并不能成为获得理念的工具。

在《理想国》中，柏拉图就用了一个著名的洞穴比喻来解释理念论：

有一群囚犯在一个洞穴中，他们手脚都被捆绑，身体也无法转身，只能背对着洞口。他们面前有一堵白墙，他们身后燃烧着一堆火。在那面白墙上他们看到了自己以及身后到火堆之间事物的影子，由于他们看不到任何其他东西，这群囚犯会以为影子就是真实的东西。

最后，有一个人挣脱了枷锁，并摸索出了洞口。他第一次看到了真实的事物。但是，当他返回洞穴并向其他人解释，那些影子其实只是虚幻的事物，并向他们指明光明的道路时，那些囚犯却说，那个人比他逃出去之前更加愚蠢，并向他宣称，除了墙上的影子之外，世界上再没有其他的东西了。

柏拉图利用这个故事告诉我们，“形式”其实就是阳光照耀下的实物，而我们的感官世界所能感受到的不过是那白墙上的影子而已。不懂哲学的人能看到的只是那些影子，而哲学家则在真理的阳光下看到外部事物。柏拉图把太阳比作正义和真理，正是强调我们所看见的阳光只是太阳的“形式”，而不是实质；正如真正的哲学道理、正义一样，是只可见其外在表现，而其实质是不可言说的。

柏拉图，从任何方面来说，都可称为哲学史上最有洞察力和影响力的哲学家之一。因而，他的哲学思想被人们普遍认可，并且因为他卓越的人格而备受尊重。

课堂收获

唯物主义是先有客观事物，再透过事物认识其本质，而理念则恰恰相反。理念论的看法是，是先有理念这个客观独立于人脑之外的概念，再通过理念得出一般的事物。所以，理念并不是精神里的想法，而是一种客观的概念。理念是心灵对事物的认识和概念，是心灵的眼睛对事物的看见，而不是肉体的眼睛对事物的看见。

卢克莱修——宇宙的无限性和无限多的世界

心灵中的黑暗必须用知识来驱除。

——卢克莱修

卢克莱修是罗马共和国晚期的唯物主义思想家，是恺撒的同代人，历史上未留下任何其他可信的记载。据传卢克莱修患有间隔发作的精神病，最后因病服毒自杀。

他用毕生精力写成了《物性论》哲学诗篇六卷。留给后世的这部唯一著作是在他死后发表的，原稿不复存在，抄稿屡经改动，在古代和中世纪漫长的时间里受到蒙昧主义的长期压制，湮没千余年，直至1473年才被意大利人文主义者波吉奥发掘出来。

《物性论》是一部融哲学、科学与诗歌为一体的杰作，书中以科学的态度和形象化的语言揭示了自然、社会以及人类灵魂的本性和规律。他认为，自然界没有什么东西能从无中产生，每种东西总有自己的质料，自己原初物体所寄托的东西。万物各如其类，各有各的秘密力量不可变更。春天撒满玫瑰，夏天布满谷穗，秋天果实累累，都是由于它们有一定的种子，并经过一定的季节、一定的时间和一定的营养；而如果一切可以从无中来，那么，任何东西就可以产生任何东西，人可以从大海生出，鱼可以从陆地长出，禽鸟会突然自天而降，果子可以长在任何一棵树上，牛羊牲畜及一切猛兽，都会充斥满地。果真如此，整个世界就会变成一个变幻无常，忽生忽灭，没有任何法则和规律的、偶然的堆积。我们将无法断定春天一定有玫瑰，夏天一定有谷穗，秋天一定有葡萄了，而这是不可能的。

基于同样道理，一切既已产生的东西，也不会归于无。因为所有这些东西，都带着同样的不朽的种子。自然用它们来创造一切，用它们来繁殖和养育一切，而当一件东西终于被颠覆的时候，它又分解为这些始基。万物有生灭变化，但作为万物始基的物质则是永恒的。自然总是以一物来建造他物，只是此消彼长而非绝对毁灭。

并且，他大胆设想宇宙的无限性。他认为，我们居住的世界是有限的，因为凡在时间中诞生的，也必然在时间中死去，一切无非是原子的结合和分离。所以，他认为我们居住的世界不是永恒的，是要毁灭的。但宇宙就其整体来说则是永恒的和无限的。所以如此，从空间上说，它可以无限伸延而没有极限；从时间上说，它与物质存在密不可分，而物质的本原数目是无限多的。这样，卢克莱修将物质、运动、时空连成一体，构成了宇宙无限性的观念。

依据同样的道理，他还大胆推论我们所居住的地球，并不是神为我们创造的唯一世界，世界是有无数多的。既然山间逡巡的野兽、沉默有鳞的鱼类、各式各样的飞鸟以及人类子孙后代都只是某一种种类中的一员，为什么不可以设想大地、太阳、月亮也不是孤立存在的，而是同类中的一员呢？基于宇宙无限和有无数世界的思想，卢克莱修坚决反对神创世界说，认为神总在过着无忧无虑的宁静生活，所以自然是自己工作着，不受神灵控制的，要设想有某种力量来统治无边无际的无限多的宇宙是不可能的。这样，卢克莱修便将神灵从自然中驱逐了出去。

对于原子论，卢克莱修还以大量取自日常生活的例子，进行旁征博引，证明了原子的存在，反驳了有些人以原子的不可见进而否定其存在的说法。原子的特性是永恒的、不可分的，原子的形状各种各样，每种形状的原子数目是无限的。它们像字母构成单词一样，构成了不同的事物。他指出：风虽不可见，却能鞭打我们的面孔和身体，翻沉船只，拔出大树；湿气的微粒虽然人们看不到，但一件衣服在海滩边被打湿了，可以在太阳下晾干；手指上的戒指日久可以磨薄，铺路石可以磨穿。这些例子说明，构成万物的原始物体虽然不能为感官觉察，但它的存在是毋庸置疑的。

卢克莱修毫不怀疑运动是自然、社会的普遍现象，即使从经验事实看是静止的，但始基永远在运动。可以说，卢克莱修的原子论，就是近代唯物主义的直接来源，是欧洲文艺复兴运动及近代进步哲学思想的重要源泉。

课堂收获

任何不圆满现象的背后，都隐藏着圆满实相的真面貌。对于我们来说，重要的是培养更改思维的能力，提高将可靠和不可靠的发现区分开的鉴别力，而不是跟在众人后面亦步亦趋，因为有时事物的真实状况永远比想象的更不确定，世上没有永远保证成功的“万能公式”。

普罗提诺——物质是由灵魂创造出来的

宇宙永远不会变老。

——普罗提诺

人的生活总为其精神所支配，精神的意象产生真实的生活，精神的意象发生在每个人的生命中，每个人的世界和环境都是他自己造成的，人最崇高的任务就是拯救自己的灵魂。

普罗提诺是新柏拉图学派最著名的哲学家，被认为是新柏拉图主义之父。他是晚期希腊哲学中无可争议的大师级人物，堪称整个古代希腊哲学最后一个辉煌代表。

在哲学方面，普罗提诺的形而上学是从一种神圣的三位一体，即太一、精神与灵魂开始的。但在这里三者并不是平等的，不像基督教中的三位一体的三者那样，而是，太一是至高无上的，其次是精神，最后是灵魂。

普拉提诺认为世界横跨两极，一端是上帝的神圣之光，另一端则是完全的黑暗。灵魂受到此一神之光的照耀，物质则位于不真正存在的黑暗世界，自然界的形式则微微受到神圣之光的照射。真实世界就像一堆野火，发出熊熊之光的是上帝，火光照射不到的就是构成人与动物的物质，所以最接近上帝的是永恒的观念。

普拉提诺继承和发展了柏拉图的理念，即物的原型。他把理念的世界归纳为太一，并且它超越了一切，绝对完美，放射出了心智和灵魂，而灵魂的一部分以追逐心智为目标，另一部分则存在于有形的物质躯体。

他指出，最高精神本体即“太一”，太一不仅高于我们这个世界，而且高于“相”

或本真存在，是人的认识完全无法达到的。从太一漫溢出的第二层本体是“神圣理智”，即精神；由神圣理智再漫溢向下，便产生了第三层本体——“宇宙灵魂”。至于具体个人的灵魂和具体万事万物，又是本体进一步漫溢的结果。

普罗提诺说，神圣理智是太一的影子，它之所以产生是因为太一在其自我追求之中必须有所见，这种见就是神圣理智。灵魂虽然低于神圣理智，但它是一切生物的创造者，它创造了日、月、星辰以及整个可见的世界。所以，它是“神圣理智”的产物，但它又是双重的：有一种专对神圣理智的内在的灵魂，也有一种对外界的灵魂。后一种灵魂是和一种向下的运动联系在一起的，在这种向下的运动里“灵魂”便产生了它的影像，那便是自然以及感觉的世界。

普罗提诺并不认同世界是罪恶的说法，他认为可见的世界是美丽的，并且是有福的精灵的住所，而且它的美好仅次于神圣理智的世界。他说灵魂创造物质世界的时候，乃是由于对神明的记忆所使然，并不是因为它堕落了的缘故，所以感觉世界是美好的。

课堂收获

单纯的欢乐和忧伤是不存在的，一个人可以没有完美的身体，但必须有完美的灵魂。生活可以在低处，但灵魂一定要在高处。一个人可以是一个快乐的悲观主义者，也可以是一个忧郁的乐观主义者。但只要心中有微笑的人，四季都会是春天。

圣·奥古斯丁——信仰第一，然后理解

坏习惯不加以抑制，不久它就会变成你生活上的必需品了。

——圣·奥古斯丁

哲学一直在寻找真理，理性仍然在发挥作用，但是理性也有无法达到的地方。可是，人们无法接受这种空白，这时用来填补这块空白的便是信仰。

奥古斯丁运用新柏拉图主义论证基督教教义，确立了基督哲学，他首先提出信仰第一，然后理解的原则，为西欧中世纪的经院哲学奠定了基础。

奥古斯丁出生于北非的塔加斯特，母亲是基督徒，父亲却是异教徒。按照当地的风俗，奥古斯丁没能接受洗礼。从 7 岁起，他开始接受系统的教育。17 岁赴迦太基攻读修辞学和哲学，曾崇拜西塞罗。稍后加入摩尼教，曾悉心钻研柏拉图和亚里士多德哲学。最后于 386 年皈依基督教。奥古斯丁少年时代放荡不羁，皈依基督教后闭门思过，清心寡欲，被基督教誉为改过自新的典范。

奥古斯丁的哲学，始终以上帝为核心，根据对上帝的信仰去论述一切，这是他哲学的基本原则。关于上帝的知识，奥古斯丁承认自己是受柏拉图哲学的启发，通过柏拉图的理念论获得的。柏拉图的理念世界使他认识到上帝是绝对精神、绝对的有、永恒的存在。上帝即至真、至善、至美，或者可以说，上帝就是绝对真理。

他在《忏悔录》中向上帝说："我是读了柏拉图学派那些著作之后，才知道透过受造物探究你的看不见的无形的真理。我已确信你是千真万确地存在着，确信你是无限的……你是真正永恒不变的、自有的，你无部分，也无任何运动的变化。其他一切都来自你，它们的存在就是最可靠的证据。"

奥古斯丁还根据柏拉图的理念论观点做了这样的引申：上帝的概念就是人类思维的一种普遍而自然的知识。上帝即真理，真理即上帝。真理永恒不变，真理高于我们的思维，却为我们的思维所认识。这种真理就是人们的思维共同认识的。那么，真理本身又是什么呢？就是上帝。

可是，上帝究竟是怎样的一个对象，人没法弄清楚。对上帝而言，人类贫乏的语言是无法表述的，人的理性也无法达到，只能心领神会。当他实在找不到令人信服的确凿证据时，奥古斯丁走向了信仰主义。

奥古斯丁告诉人们可以用宇宙的秩序、万物的等级来证明上帝的存在。此外，人的内心思辨也是证明上帝存在的方法，而且他本人最喜欢用的就是这方法。这种方法实质上就是形而上学思辨。奥古斯丁问道，应当到哪里去寻找上帝呢？在物质世界的印象中没有找到，在人们喜怒哀乐的情感中也没有找到。但当摆脱一切事物包括自己的肉体之后，深入内心，自我思维，你就会神秘地发现一个不变者上帝。

为了肯定上帝，奥古斯丁把世界、时间、适应、记忆统统归结为上帝所创造。他通过论述这些概念，尤其是时间的概念，肯定上帝，歌颂上帝。他强调说："所以我不认为理解为了信仰，而是信仰为了理解。"

奥古斯丁曾做过教师、神父，把教父们的思想推向顶峰，被教会奉为"真理的台柱"。他一生著述甚多，《忏悔录》和《上帝之城》是他的代表作，此外重要的还有《驳学园派》《独白》《论自由意志》《论真宗教》《论三位一体》《教义手册》《布道集》等。

但是，由于罗马帝国在蛮族的冲击下风雨飘摇，罗马教会疲于应付混乱局面，无暇顾及教会哲学的建设，以致奥古斯丁后继乏人。许多哲学史家亦把奥古斯丁看作教父哲学的终结。

课堂收获

理性并非万能，但没有理性是不行的。在某些时候，信仰不反理性，但过度的信仰则是非理性的，所以应该学会让信仰为理性让位，让理性战胜信仰。这时，除非你被完全说服一件事情是真实的，否则不要轻易相信任何事。

爱留根纳——信仰应当服从理性

一切权威，只要它没有被理性确证，就是相当软弱的，真正的理性依靠其内在的威力，不需要任何权威的支持。

——爱留根纳

在基督教哲学的历史上，爱留根纳是第一个明确提出“信仰应当服从理性”的人。在爱留根纳看来，信仰固然不容否定，但信仰并不能凌驾于理性之上。

爱留根纳，是公元 9 世纪最令人惊异的人物。爱留根纳是爱尔兰人，一个新柏拉图主义者，一个杰出的希腊学学者，一个斐拉鸠斯教派者和一个泛神论者。

爱留根纳生于爱尔兰，约于公元 843 年应法兰西皇帝秃头查理的召请到巴黎讲学，后被查理任命为宫廷学校的校长。他生命中大部分时间是在法兰西国王秃头王查理的庇护下度过的。爱留根纳通晓希腊文，曾将一本署名为“狄奥尼修斯”的论文集译成拉丁文，定名为《大法官书》。此书对西欧中世纪和文艺复兴时期的哲学思想发展影响颇深。

在教父们使理性服从于信仰之后，爱留根纳第一个在基督教内部明确地提出信仰应该服从于理性的思想。他认为，理性和启示都是真理的来源，具有同等的地位和权威，因而两者是不能互相矛盾的。真的哲学就是真的宗教，真的宗教就是真的哲学。但倘若二者出现了矛盾，我们就应该服从理性。

他说：“为了达到真正的、完善的知识，最勤奋、最可靠地探求万物的终极原因的途径就在于希腊人称为哲学的科学之中。”例如，我们把圣父理解为创造的实体，理解为一切事物的本质性，把圣子理解为上帝创造万物所遵从的神智，把圣灵理解为创造的生命或生命力，这才能把上帝理解为三位一体。

当然，爱留根纳的目的不在于否定信仰，而在于使信仰具有理性，与理性取得一致。但他推崇理性、推崇思维的精神，在整个基督教哲学中是难能可贵的。并且，他把理性置于信仰之上，丝毫不介意教士们的权威。而这些教士为了解决自己和爱留根纳之间的争论，还曾要求过司各脱为他们仲裁，这正好使他避过了宗教教士的迫害。

爱留根纳是一个泛神论者，他的泛神论思想使他既肯定上帝又重视人，这就是他的神学和哲学思想的特点。他说：“所谓天堂和地狱，都不是具体的地点，而只是人的心灵状态。”所以，他把人放在一神之下万有之上的地位，强调人的神圣性、丰富性和创造性，表达出了一种人本主义的思想。

爱留根纳对哲学的贡献是不可抹杀的。因此，他也被黑格尔称为“哲学真正开始的人”和“公元 9 世纪最令人惊异的人”。

课堂收获

善恶都是个人造成的，天堂和地狱只是个人的心灵状态。地狱就是因所犯罪恶而产生的个人内心的痛苦，天堂就是因美德而得到的个人内心的快乐。所以，善恶都是人造成的，人可以没有罪，但如果有了罪，就要竭尽全力去改变，这种悔改带来的不仅是自身的改变，更是心灵的超然和安宁的必要条件。

罗吉尔·培根——危险莫过于愚昧

耳听到的不可信，归纳和推想出来的也不可靠。自然科学应当予以实验。

——罗吉尔·培根

危险莫过于愚昧，无知莫过于将谬误看作真理，虽在错误的浓密阴影里，却自以为是在真理的充分照耀下。

罗吉尔·培根出生于索墨塞特郡的依尔切斯特，是英国杰出的哲学家和伟大的科学家。可以说，他的唯物主义思想，就是后世哲学进展的理论基础。

罗吉尔·培根曾在牛津大学学习，是法兰西斯派僧侣。后到巴黎留学，获得过神学博士学位，1250 年回到英国，在牛津大学任教。在牛津大学任教期间，他热情称赞和宣传亚里士多德等古代哲学家的思想，对经院哲学进行了尖锐的批判。由于他的许多著作中的科学思想不为教会所接受，并且冒犯了法兰西斯派领袖，因此曾被囚禁 15 年。

罗吉尔·培根学识渊博，通晓多种文字，在数学、力学、光学、天文学、地理学、化学、音乐、医药、文法和逻辑学等多方面都有研究，因此被人们尊称为“万能博士”。他著有《大著作》《小著作》《第三著作》《哲学论文集》《关于亚里士多德的批判研究》等。其中，《大著作》主要陈述他的基本见解，《小著作》是《大著作》的提要，《第三著作》是为防止前两部著作丢失而写的简要综合本。可以说，这三部书已基本包含了当时各科学术。不过，他并没有详尽地阐述每个题目，因为这还只是一个大纲，准备日后扩充。

他在《大著作》中强调，经验是知识的源泉，并突出科学实验的重要性，敦促人们从哲学的文字游戏和抽象论证中摆脱出来。他认为，阻碍人们从事科学研究从而获得真理的因素有四个：第一，崇拜无根据无价值的权威；第二，对通行的意见长期固守；第三，众人无根据的推论；第四，学者隐蔽自己的无知，反而显示虚伪的学识。

他认为，论证虽可以总结一个问题，但不能使我们消除怀疑或承认其为真理，除非通过实验表明其确是真理，实验科学比其他依靠论证的科学都完善。只有充分认识到只有实验方法才能给科学以确定性，这才是探求真理的唯一法门。他教导人们说："耳听到的不可信，归纳和推想出来的也不可靠。自然科学应当予以实验。"

可以说，罗吉尔·培根就是近代实验科学的先驱，其理论就是另一位更有名的弗兰西斯·培根理论的先声，就是弗兰西斯·培根"四假象说"的直接理论来源。

课堂收获

无知和愚昧是任何人都讨厌的事，但这只要通过学习就可避免。无知的来源莫过于分不清谬误与真理，屈从于权威，乐于习惯思维，被流行蒙蔽，不能看清自己的愚昧无知。所以，我们要认识到自己的愚昧，走出愚昧与无知，这就是成熟的标志。

邓斯·司各脱——完善的知识是个别的知识

外面的感性世界在感官中偶然产生的印象是混乱的和简单的，人们据此所了解的只是不带有必然性的偶然事物。

——邓斯·司各脱

知识是认识活动的产物，是客观现实的反映，是事物的属性与联系在人脑中的主观印象。掌握知识的实质，就是要彻底了解知识媒体所负载的信息。

邓斯·司各脱是法兰西斯派僧侣，苏格兰的神学家、经院哲学家、中世纪后期唯名论代表人物之一。

邓斯·司各脱博闻强记，思维敏捷，论证有力，因而被称为"精明的博士"。据说在一次大辩论中，他的对手提出了许多论据来反对他的论点，邓斯·司各脱在没有任何记录的情况下，仅凭记忆依次重复了所有的论据，并且一一加以批驳，使所有在场的人惊叹不已。有人曾形象地描述过这个场面，说邓斯·司各脱"就像参孙摆脱了腓力斯丁人的束缚那样容易，打乱了极为巧妙的三段论法"。

邓斯·司各脱非常注重感觉在认识中的作用，他说："我们的一切知识都是从感觉产生的，人的理智好像一块'白板'，理性的观念或概念归根结底都起源于对个别事物的感性知觉。离开了感觉和感性材料，人的理智能力产生不出认识。感性能力可以直接与客观对象相接触，从而产生关于对象的感觉经验。例如通过视觉，我们可以形成'月食''白色''草热'的印象，通过听觉，我们可以得到各种声响的印象，诸如此类。"

显而易见，在邓斯·司各脱的哲学中，感觉印象是认识的开端，感性阶段是认识的最初阶段。

同时，邓斯·司各脱也看到了感觉印象的局限性。他说："外面的感性世界在感官中偶然产生的印象是混乱的和简单的，人们据此所了解的只是不带有必然性的偶然事物。"因此，他认为，感觉经验只是科学知识中最低的一级，仅凭感觉经验，人们只能了解事物可能是这样构成的，而得不到关于事物的真知识。

在邓斯·司各脱看来，认识的第二步就是理智从感性材料中抽象出一般的概念，并把它们结合为命题。"全体""部分"和"大"以及"苏格拉底"和"白"之类的概念都是理智抽象的结果。理智在形成抽象的概念之后，又凭借自己的力量把它们联合起来，这样就产生了"每一全体都大于其部分""苏格拉底是白的"之类的判断或命题。由于这类命题的各项间的联合反映了它们在事物中真实的联合，因而这类知识不是偶然的，而是必然的。

他举例说，当一个人将一根木棍放入水中时，他会发现木棍由直变弯，这时他可能会以为木棍折断了。事实究竟如何，其实感觉对此是无能为力的，而理智则可以告诉我们较硬的东西与较软的东西接触时是不会被折断的，木棍比水硬，所以木棍并不是如视觉所判断的那样是折断的。这样，视觉的错误就被理智纠正了。

司各脱的哲学理论，就在于他利用自己的哲学言论使哲学从神学婢女的地位中解放了出来，从而为理性哲学的自由开辟了道路。

课堂收获

知识是无边的海洋，生活就是一本内容丰富的书，我们要从平时生活中自己仔细观察社会，体验生活，做生活的主人，如此自己的视野变宽了，自己的知识层次才会更加完善。

威廉·奥卡姆——若无必要，勿增实体

如果没有必要，就不要增加要思考的东西。

——威廉·奥卡姆

奥卡姆出生于英格兰的萨里郡，曾加入方济会，在牛津大学做研究，他在大学注册为奥卡姆的威廉，后来又至巴黎大学求学。他能言善辩，被人称为"驳不倒的博士"。

奥卡姆是一个坚定的唯名论者，也是中世纪哲学唯名论的领袖和最重要的代表人

物。但由于在思想上与基督教正统教义相冲突，因而终身没能获得博士学位。

1322年左右，奥卡姆陆续发表了一些论文反对教皇专权，主张教权与王权分离，教会只应掌管宗教事务，关心“灵魂拯救”，不应干预世俗政权。于是，奥卡姆被教皇宣称为“异端”。并被押解至阿维尼翁教廷接受“异端”审查，为此教会聘请六位神学家专门研究其著作，有51篇被判为“异端邪说”。

1328年5月的一个夜晚，奥卡姆成功越狱逃往了意大利的比萨城，后来又辗转去了德国的慕尼黑。在那里，时任神圣罗马帝国皇帝的路易四世收留了他，据说他对皇帝说：“你若用剑保护我，我将用笔保护你！”

奥卡姆反对托马斯·阿奎那为代表的官方哲学。他彻底区分了哲学和神学，并且将上帝存在证明从哲学中剔除出去，他指出关于上帝是否存在是一个信仰的问题，而不是人类理性所能把握的问题，神学命题超越于人类自然理性之上。

奥卡姆一生写下了大量的著作，但最享盛名的只有八个字：“若无必要，勿增实体。”即如果没有必要，就不应该去增加事物实际存在的含量，换句话说，其本意就是：只承认一个确实存在的东西，凡干扰这一具体存在的空洞的普遍性概念都是无用的累赘和废话，应当依据这一原则一律取消。这一似乎偏激独断的思维方式，后来就被称为“奥卡姆剃刀原则”。

他认为，只有个体才是真实的存在。在他看来，所谓共相，并不是一种实在的东西，而是一种设想出来的东西，它仅仅存在于灵魂中。基于这种认识，他进一步提出：现实中没有独立的联系，只有相互联系的事物，联系仅仅存在于人们的意识之中。同样，也不存在一个单独的多而只有多的事物。在相互联系的事物之外设定一个联系，在多的事物之外设定一个多，只能使科学毫无意义地复杂化。

正是在这种观点基础上，威廉·奥卡姆提出了“若无必要，勿增实体”的著名论断，在哲学史上，这个命题被称为“奥卡姆剃刀”。就是将唯实论中“实体形式”“隐蔽的质”以及“影像”之类的概念全部“处以极刑”，这些都是多余的东西，都应该加以抛弃。因此，在经院哲学统治思想的时代，“为上帝论证”的主要手段，就是进行文字游戏和概念推演。如果把那些概念全部“剃”出去了，这就动摇了唯实论者论证的根基。

奥卡姆剃刀原则，就是简单化的思维原则，就是舍弃一切复杂的表象，直指问题的本质。这一原则就是告诉人们，对任何事物准确的解释通常就是那种“最简单的”，而不是那种“最复杂的”，这就像汽车在路上抛锚，我们总是先看看是不是燃油用完了，而不会马上就钻到汽车底下去检查是否哪个零件坏了。

奥卡姆思维的可贵之处，就在于它直指现实中的一种病态：今天的人们，往往自以为掌握了许多知识，而喜欢将事情往复杂处探究。

课堂收获

在对同一理论或者同一命题的论证过程中，多种解释和证明过程中，步骤最少最为简洁的证明才是最有效的。在遇到问题时，我们就可以用奥卡姆剃刀原则来分析和解决这个问题。因为，在我们做过的事情中，总会有绝大部分毫无意义的附加事项，而真正有效的活动也许只是其中的一小部分，而它们又通常隐含于繁杂的事物中。这时我们就可以使用奥卡姆剃刀理论来找到关键的部分，去掉多余的活动，这样成功就由复杂变得简单了。

蒙田——幸福意味着自我满足

婚姻好比鸟笼，外面的鸟想进进不去，里面的鸟想出出不来。

——蒙田

蒙田的人文主义特征不算典型。其实，不算典型也是一种典型，只是一种非典型的典型而已。

蒙田是文艺复兴时代独具特色的思想家、文学家。

蒙田作为文学家，他不写小说，也不写剧本，而是以风格独特的散文而闻名；作为思想家，他又不写理论文章，不注重理论素养，依然是以自己深具个性的散文而闻名。

蒙田不像他那个时代的其他思想家那样，具有色彩鲜明的理论品性与风范。他所关心的只是与自己的日常生活最为紧密相关的事情，一切都是站在“人”的需要、“人”的希望、“人”的感受、“人”的好恶、“人”的理解的角度去观察去思索的，或者干脆就是站在他蒙田的角度去观察去思索的。至于得出的结论对与不对，甚至于有没有结论，那都无关紧要。

对于蒙田来说，那就是我这样看了，就这样写了；这样写了，也就这样拿出来给各位看了。至于你，可以同意，也可以不同意；你不同意又何妨我写，你同意了又何妨我不写？

蒙田的时代，是人的地位日益高起来，神的地位日益低下去的时代。人与神的关系，正是在他那个时代发生巨大变化。而他的人文思想，主要的不是表现在对神的批判上。他不是把神的地位拉下来，而是对神之种种，不予重视。他是一位不以战斗取胜的人文主义者。他的办法是：第一，关心人；第二，关心人；第三，还是关心人。

蒙田是一位对生活充满热情而又十分推崇享乐的生机勃勃的智者。他说：“一个能够真正地、正当地享受他的生存的人，是绝对地，而且几乎是神圣的完善的。”不仅如此，他还一反旧说，认为人不是为他人生活，而是为自己生活。他说：“我们为他人生活已经够多了；让我们至少在这余生中为自己生活罢……世界上最伟大的事情就是去学知我们怎样皈依自己。”

蒙田一生中最欣赏的一句名言，就是“我知道什么？”。他认为这句话无比深刻，并依照当时的风尚，把这句话铸在一枚勋章上，勋章的另一面则铸着一只天秤，作为这句名言的形象体现。他就是要通过对人的关心，来达到他的人文追求。

蒙田对后世最具影响力也最具价值的思维方法，就是他的怀疑主义。其矛头所对准的就是中世纪的传统观念——中世纪经院哲学。他不满意中世纪经院哲学，认为它们琐琐碎碎，没有价值；指出它们自相矛盾，批评它们没有生气。他的怀疑主义不是先从别人讲起而是先从自己讲起，问起：“我知道什么？”正因为我不知道什么，我才要怀疑。我怀疑我知道的东西是否正确，通过怀疑，达到批判旧说，回归人本的思想目的。

在蒙田看来，人无疑是世界上最复杂的一个研究课题。人的复杂，不仅表现为它的群体复杂性，而且表现为它的个性复杂性。可以说，蒙田既要用人文主义的思想去观察周围的一切，又要用怀疑主义的方法去审视这一切。把这两点结合起来，就是一个完整的蒙田。

作为一种个人感受，关心自己就是关心蒙田；作为一种理念或理论，则是一切人类成员的自指——人人皆应关心自己。

课堂收获

为他人还是为自己生活，这是一个争论了几千年也没有结果的话题。许多人认为：如果你只为自己活着，就是活得没有意义。但现实生活常常教育我们：一个连为自己活着都不肯的人，你让他为别人活着，也近乎一句空谈。

弗朗西斯·培根——知识就是力量

知识就是力量。

——弗朗西斯·培根

知识是人类最宝贵的精神财富。在人类历史上，第一个真正揭示知识意义的就是英国唯物主义哲学家弗兰西斯·培根。

培根最敬知识，最重实验，他认为知识的源泉是经验。“知识就是力量”，就是培根对知识的价值最概括、最切要的箴言。

弗兰西斯·培根是中古时期著名的唯物主义哲学家。他出生在英国的一个贵族家庭，从剑桥大学毕业后就到英国大使处服务，后继任议员、掌玺大臣和大法官，并被封为子爵。他对哲学很感兴趣，晚年辞去官职，专门从事哲学和科学的研究工作。

培根非常推崇知识，认为获取知识比任何事物都重要，知识就是人驾驭自然，支配自然的力量，就是扩展人类权力的有效手段。在他的著作里，处处都洋溢着对知识的推崇和礼赞，在《新大西岛》中，他反复指出科学知识的无比威力，把人类对自然的控制扩展到了最大的限度。

同时，培根又很强调经验的重要性，他认为经验是知识的来源，他说："感觉是完全可靠的，是一切知识的源泉。前人之所以在知识方面没获取更大成就，主要在于他们脱离事实，只把事实、例证和经验看一两眼，就毫无疑虑地一直往前进行，来呼唤精灵给他们以神示，把发明只作为思想运动、游戏运动，就像拔了根的树一样，当然无法繁荣增长。"

培根一直深信，人类统治宇宙万物的权力深藏于知识之中。在他看来，真正的知识就是根据原因得到的，知识就是对事物及其发展规律的研究、发现和解释构成的。人们熟悉了规律，掌握了规律，就能够在不相同的实体中，抓住自然的统一性，因此也就能够发现从来没有发现过的东西，发现人从来没有得到过的东西。这就是培根把知识看作是一种力量的理论依据。

培根重视经验对知识的作用，但他又不把所有的经验都看作起作用因素。他强调，我们所依据的经验必须是系统的、周密的，而不是零散的、粗略的。如果依据的不是大量的、系统的、周密的经验，而仅仅是零散的、粗略的经验，就急忙做出结论，那"只能是骗人的、欺诈的"，是不能被看作公理的。

而且培根认为，有的知识只需浅尝，有的知识只要粗知。只有少数专门知识需要深入钻研，仔细揣摩。所以，有的知识只要知道其中一部分就可以，有的知识只需知道其中梗概即可，而对于少数知识，则要精心细致地反复研究。

培根所做的一切努力，都大大激励了人们对知识和科学的追求，推进了知识和科学的发展，可谓激励了无数时代的人，而且现代人也纷纷以追求知识为己任。

课堂收获

培根的"知识就是力量"，这句话本身很有力量，多少个世纪以来为人们所信奉。但遗憾的是，这句话已经跟不上时代的潮流，我们的时代与培根所处的时代已大不一样。如今是一个不断创新、信息爆炸的时代，在爆炸了的知识面前人人变得异常自卑。所以，重要的不是获得知识，而是发展思维能力，有知识更有智慧才是真正的力量。

托马斯·霍布斯——自由与必然是相容的

自由本来是人类的天然状态，而最自由的人，就是伊甸园中的亚当和夏娃。

——托马斯·霍布斯

霍布斯是以政治学著称于世的哲学家，他就像一根导索，一边与哲学联姻，一边与政治结缘。

什么是必然？什么是自由？必然和自由是一对相互矛盾的范畴，它们之间是对立统一的关系。必然是指客观事物的本质和规律，而自由是指对必然的认识和对客观世界的改造。

首先，它们是相互对立的。必然是客观规律，是外在的约束，对人类主观而言，必然的存在是一种“不自由”。而自由是人类对于规律的掌握和运用，是主观的自我意志，是主观的“随心所欲”。

同时，必然与自由又是辩证统一的。必然是相对于自由而言的，是人类主观意志对于客观世界的感受。没有人类的主观理解力，也就无所谓必然。而自由也不能脱离必然而独立存在，必须以必然性为前提。没有必然就无所谓自由。

自由是对必然的认识。只有认识和掌握了必然，人类才会有自由。违背必然的所谓的“自由”，不是真正的“自由”，而是盲动。这种盲动，由于违反了自然规律，必定会受到规律的惩罚，因而最终是不自由的。

霍布斯认为，所谓自由，就其本来的意义来说，就是指“没有阻碍的状况”。而自由人则是指在其力量和智慧所能办到的事物中，可以不受阻碍地做他所愿意做的事情的人。同样的道理，当我们能自由地说话时，这也不是声音的自由或吐字的自由，而是指说话的人没有法律限制他以旁的方式说话。

同样，从自由意志一词的用法中，我们也不能推论出意志、欲望或意向的自由，而只能推论出人的自由：这种自由就是他在从事自己具有意志、欲望或意向想要做的事情上不受阻碍。所以霍布斯认为自由与必然是相容的，就像水顺着河道往下流，非但是有自由，而且也有必然性存在于其中。

霍布斯说，自由本来是人类的天然状态，而最自由的人，就是伊甸园中的亚当和夏娃。但是，根据“自由”这一定义就会知道它基本上是不可能的。因为没有一种人的自由不会受到某种限制，无论限制是天然的还是人为的。他幽默地说，就连最自由的亚当和夏娃事实上也受到了上帝的限制，因为上帝不许他们吃知识之树的果子。霍布斯将这种原因最终归于“一切原因的原因——上帝”，这固然有其局限性，但他对自由与必然关系的这种认识，可以说是有启发性的。

在他看来，人们为了取得和平，并由此而保全自己的生命，因而制造了一个“人为的人”，这就是所谓的国家。他将这种国家称为“利维坦”。自然状态中人们在不幸的生活中都享有生而平等的自然权利，又都有渴望和平和安定生活的共同要求，于是出于人的理性，人们相互间同意订立契约，放弃各人的自然权利，把它托付给某个人或由多人组成的集体，这个人或集体能把大家的意志化为一个意志，能把大家的人格统一为一个人格；大家则服从他的意志，服从他的判断。这样订立的契约就叫作社会契约，这个人或这个集体就是主权者，而像这样通过社会契约而统一在一个人格之中的一群人就组成了国家。

纵观霍布斯的哲学理论，我们可以说，即使他仅仅是一位哲学家，而没有更能代表他的政治学说，他也不失为一位出色的思想人物。按照他的理解，人们的行为虽然来自人们的意志，但是人的每一种出于意志的行为、欲望和意向都是出自某种原因的，所以便是出于必然的行为。

霍布斯是一位无神论者，又是一位经验主义者，还是一位唯物论者。他的哲学思想既不复杂，在后人看来也不深刻，但在当时自有一股凛然不可侵犯的战斗气势。

课堂收获

自由也必须通过对世界的改造而得到。要认识自然，认识必然，必须通过改造自然的途径获得，除此别无他途。在改造自然的过程中，不断发现真理，发现规律，不断逼近真理，逼近规律，才能不断掌握真理，掌握规律。这就是认识必然的过程，也是获得自由的过程。这就是必然与自由的关系。

笛卡儿——我思，故我在

我思，故我在。

——笛卡儿

笛卡儿说：“我思，故我在。”这句名言的含义不是说：由于我思考，所以我存在。而是说：通过思考而意识到了我的存在，由“思”而知“在”。

笛卡儿 1596 年 3 月 31 日出生于法国西部图兰省与布瓦杜省交界处一个名叫埃拉镇的地方。他的父亲是一位律师兼法官，还曾做过布列塔尼省的参议员，大约在他一岁时，他的母亲早亡，父亲很快再婚，而且没有和他同住。

笛卡儿的家庭富有，是一个典型的绅士家庭，祖父和外祖父都是医生，母系一方也多以法官为业。这样的家庭对于笛卡儿的成长有好有坏。好的地方，是对他的幼年教育颇有优势；坏的地方，是他襁褓中丧母，父亲无多关怀，从而在他的心灵深处埋下了孤独的种子。

笛卡儿既是一位思想家，又是一位军人，还是一位绅士，同时也是一位大数学家和多才多艺的科学家。论其博学与成就，笛卡儿完全可以和人文时代的巨人们平起平坐。并且，在物理学、光学、磁学、地质学、地球成因学、解剖学、胚胎学、医学、心理学、天文学、气象学等诸多学科领域内都卓有建树。

“我思故我在”，是笛卡儿哲学的核心论点，也是留给后人最有影响和魅力的一句格言。笛卡儿讲“我思故我在”的目的就在于：怀疑那些旧有的传统和思想方法，旧有的规矩和理论，旧有的理念和体系，旧有的神学和数学，乃至一切旧有的哲学、科学与文化。就是要以我的思维证明我的存在，而以我的存在怀疑一切旧的传统，进而证明那些经过怀疑而得以确认的真理。

“我思故我在”是笛卡儿全部认识论哲学的起点，更是“普遍怀疑”的终点。他的哲学追求的起点就是对人类认知能力最根本、最彻底的怀疑。

笛卡儿曾这样描述自己思维历程的开端：“一切迄今我以为最接近于‘真实’的东西都来自感觉和对感觉的传达。但是，我发现，这些东西常常欺骗我们。因此，唯一明智的是：再也不完全信眼睛所看到的东西。”

“我愿意假定，一切真理的源泉不是仁慈的上帝，而是一个同样狡猾、同样有法力的恶魔，施尽全身的解数，要将我引上歧途。我愿假定，天空、空气、土地、形状、色彩、声音和一切外在事物都不过是那欺人的梦境的呈现，而那个恶魔就是要利用这些来换取我的轻信。我要这样来观察自己：好像我既没有双手，也没有双眼，也没有肉体，也没有血液，也没有一切的器官，而仅仅是糊涂地相信这些的存在。”

也就是说，外部世界对我们认知的帮助是这样不可信赖，那么，我们的主动感知活动和思维是怎样的呢？这些活动也常常出现在梦境之中，使得我们无法确切地区分“梦”与“醒”。因此，我不得不怀疑，整个的世界是否仅仅是一个梦幻。从这些简单、初步的“疑点”出发，笛卡儿就把他的怀疑推到了极致——一切皆梦幻。

接着，笛卡儿又说：“正当我企图相信这一切都是虚假的同时，我发现：有些东西是必不可少的，这就是‘那个正在思维的我’！由于‘我思，故我在’这个事实超越了一切怀疑论者的怀疑，我将把它作为我所追求的哲学的第一条原理。”

笛卡儿的哲学强调人的思维作用，更强调“思”的理论价值。笛卡儿去世之后，对他的学说的争论，一直没有止息，很多人以“存在必先于意识”“没有肉体便不能有思想”等为论据，认为笛卡儿是“本末倒置”“荒唐可笑”。

但罗素给了他这样的评价：“笛卡儿身上有着一种动摇不决的两面性：一面是他从当时的科学学来的东西，另一面是拉夫赖士公校传授给他的经院哲学。这种两面性让他陷入自相矛盾，但是也使他富于丰硕的思想，非任何完全逻辑的哲学家所能及。自圆其说也许会让他仅仅成为一派新经院哲学的创始者，然而自相矛盾，倒把他造就成两个重要而背驰的哲学流派的源泉。”

可以说，没有这些自相矛盾，笛卡儿就无法成为笛卡儿。这样的一个笛卡儿，让人争论了几百年，还有什么理由不承认他是一位伟人！

课堂收获

“我思故我在”，不仅仅是一句名言，一句格言，更是一条发人深思的妙语。思考使我们变得睿智，变得理性，变得更巧妙地学习乃至生活。物欲横流的社会，人们在囤积物质的同时，却缺失了对精神文化的感悟。所以，懂得“我思故我在”的哲理就不会被命运所遗弃，使我们学会直面自己的人生，学会勇于追求，学会迎难而上，因为我们还有思想——我在，因为我思。

洛克——新生儿的心灵就像白纸一样干净

一切的重大责任是德行与智慧。

——洛克

人的心灵就如同一块没有任何标记的“白纸”，只有经验在上面留下印痕之后，我们才形成了观念和知识。

洛克是一位神奇的人，但他并没有多少传奇的经历，他是一位平凡的奇人——因为他平凡到了令人毫无惊奇之处，而他的影响又特别巨大，由此才显得其人之奇。

坚持人的知识和思想来源于经验，反对天赋观念，是洛克哲学中最具说服力的内容。洛克开启了英国的经验论传统，抛弃了西方自柏拉图之前就开始的长期以来对感官的怀疑。洛克认为，“所有的知识都来自感官”。

他认为，人的灵魂如同一张白纸，所有知识均非天赋而来，而是后天所得。他将通过经验获得知识的方式分为两类：感觉——我们通过看、听和其他感官获得信息，以及沉思——我们通过自省和类似思考、相信、想象和意愿的心理过程获得信息。

在洛克看来，所谓知识就是人心对两个观念的契合或矛盾所生的一种知觉。因此，在他看来，所谓知识不是别的，只是人心对任何观念间的联络和契合，或矛盾和相违而生的一种知觉。知识只成立于这种知觉。一有这种知觉，就有知识，没有这种知觉，则我们只可以想象、猜度或信仰，却不能得到什么知识。

洛克不但重视经验，而且重视感觉。美国著名心理学史家杜·舒尔茨就这样介绍他的思想。

他说："拿三个盛水器——一个放冷水，一个放微温的水，一个放热水。把一只手浸在冷水中，另一只浸在热水中，然后，把两只手都浸入微温的水中。这样，一只手感到水是温的，而另一只手感到水是冷的。当然，水只有一种温度，它不能既是温的又是冷的。所以热和冷的质或经验肯定只存在于我们的知觉中，而不存在于水这种物体本身中。"

对于后世来说，洛克的影响是巨大的。洛克的理论启发了欧洲及美洲大陆整整一代的启蒙哲学家，卢梭、孟德斯鸠、休谟、康德、美国的杰斐逊及富兰克林均受到洛克思想的启迪。洛克开创的经验主义，也被后来的贝克莱等人继续发展。

西方哲学史学著名专家梯利就对洛克的影响做了这样的评论：在历史上，没有一个哲学家比洛克的思想更加深刻地影响了人类的精神和制度。

课堂收获

一切从白纸开始，这就意味着人，更重要的是小孩子，首先要获得许许多多的价值观和经验，之后才能形成他们自己的价值观和判断。而且，特别是小孩子在接受许多事物时，通常是不加鉴别的。这对家长、老师和任何负责塑造孩子幼小心灵的其他人员就具有重要的警示作用。

乔治·贝克莱——存在就是被感知

存在就是被感知。

——乔治·贝克莱

哲学是什么，它就是一种反思，一种质诘，一种怀疑的冲动，一种倾向，所以它是一个动作，而不是结果。

乔治·贝克莱是一位重要的但常常引起争议的大哲学家，是英国经验主义哲学的一个重要成员，更是哲学界一位非常出色的人物。

贝克莱"存在就是被感知、去感知"的命题，一直被视为疯狂的暗语。人们甚至怀疑他是否精神正常。实际上，贝克莱的心理健全是无可怀疑的，他不仅有真才实学，学识渊博，而且非常尊重科学，尤其尊重牛顿。

贝克莱认为，物体的存在正是因为它能被感知，不管是第一性还是第二性都是如此。比如，有一把椅子，你之所以能知道一把椅子是存在的，不过是因为你可以看到它，你可以摸到它，你还可以坐在它上面，但是，所有这些都是感官告诉我们的，离开这些感官我们就没有办法确认椅子是否存在。

贝克莱认为，“人们只要稍一观察人类知识的对象，他们就会看到，这些对象就是观念”。这些观念的来源不外乎三种情况：一种是由实在印入感官的；一种是心灵的各种情感和作用所产生的；再一种是在记忆和想象的帮助下形成的。这就是贝克莱哲学的第一个前提——唯有观念，才属真实。

相反，如果有人指着一个既看不到它，也摸不到它，更不能坐在它上面的“东西”说，瞧，这不是把椅子吗？你能相信这把“椅子”真的存在吗？只有被感知才能存在，同样形态和数量也正因为被感知才存在。这就是贝克莱告诉我们的方法。

贝克莱哲学体系还有第二个前提：“除了那无数的观念以外，还有别的一种东西在认识或感知它们，并且在它们方面施展各种能力，这就是意志、想象、记忆等。这个能感知的能动的主体，就叫作心灵、精神或灵魂，也可以叫作自我。”一个是感知的对象，一个是感知的主体，有这两个前提，贝克莱的“存在即是被感知”理论就有了两个最基本的条件。

贝克莱哲学是近代哲学史上的难点之一。他哲学的内容，其实并不复杂。虽然内容并不复杂，但因为他立论的怪异，常令许多哲学史家头痛不已。即使如罗素一样的哲学大家在介绍他的哲学时，也不免大费周折，而且他的哲学还不能用粗暴的方法简单对待。

可以说，贝克莱的哲学思想就像是一株怪异的智慧树。它不是从地上而是从天上倒着生长下来的，然而那枝枝杈杈上确实结有许多诱人的果实。

课堂收获

联系是普遍存在的，宇宙就是一个由无数联系组成的次元体。你能感知到存在，表示你与它产生了联系。除非你拥有全部的感知能力，否则必有你无法感知的存在。所以，我们想问题必须从实际出发，主观必须符合客观。否则，我们就会犯唯心主义的错误。

孟德斯鸠——自由就是做法律许可的事情

自由不是无限制的自由，自由是一种能做法律许可的任何事的权利。

——孟德斯鸠

自由是做法律所许可的一切事情的权利，如果一个公民能够做法律所禁止的事情，那他就不再有自由了，这就是孟德斯鸠对自由的见解。

1689 年，孟德斯鸠出生于法国波尔多附近的拉柏烈德庄园，他母亲是贵族，并且有英国血统，他的父亲是军人，他的祖父、伯父都担任过波尔多法院的院长。所以，孟德斯鸠从小接受了良好的教育。

孟德斯鸠思想开明，博学多才，并且天赋极高。尽管他七岁时母亲离世，但这件事没有给他生活带来太大影响。1700 年，他进入学校学习，到 1705 年就完成了中学学业。19 岁获得法学学士学位，便开始担任律师职务。

1713 年，他的父亲去世，他继承了波尔多议会议员一职。1714 年，身为波尔多议会议长的伯父又去世了，他又被任命为议长，并且承袭了他伯父的男爵尊号，而这时，他才只有 25 岁。到 1715 年，他的妻子带着十万英镑嫁妆与他结婚，此时的孟德斯鸠是一个真正的富人。

尽管富有，但孟德斯鸠并没有得富贵病，他不是一个庸人。他对法学、史学、哲学和自然科学都有很深的造诣，曾经撰写过很多相关论文。并且，孟德斯鸠的学问与法国的现实息息相关，所以他的学术成就很快就得到了社会的认可。

孟德斯鸠提倡资产阶级的自由和平等，但同时又强调自由的实现要受法律的制约，政治自由并不是愿意做什么就做什么。他说："如果一个公民有权做法律所不允许做的事情，那么他就不再是自由的了，因为其他公民同样有这个权利。"也就是说，如果某个公民可以强迫别人说违心的话，做违心的事，那么别人同样有权利强迫他说违心的话，做违心的事，那么他的自由同样得不到保证。

孟德斯鸠还对自由与政体的关系给出精彩的解答："从表象上看，自由存在于那些政治氛围较宽松的国家；但从本质上看，无论哪种政体，自由只存在于国家权力不被滥用的时候。由此，我们可以得出一个衡量政体是否存在自由的标准：不强迫任何人做法律所不允许做的事，不阻止任何人做法律允许做的事。"希特勒滥用了国家权力，导致德国没有了自由。

孟德斯鸠对自由的解答，不仅精确，而且具有最高的普适性。不仅适用于欧洲人种，也适用于其他任何人种，可以说是一种适用于全人类的普适性解答。

课堂收获

自由是一项权利，是一项不会被迫做事情的权利。当个人的自由不违背法律、公共道德，不侵犯他人自由时，我们就该享有充分的自由，如果影响到了别人应有的权利，这样的自由就要被限制。因为只有这样社会才能有秩序，有保障。

伏尔泰——人类最宝贵的财产是自由

人类最宝贵的财产——自由。

——伏尔泰

您的意志不是自由的，但是您的行动自由。您能够做的时候，您就有做的自由。您一旦做您所想要做的事，您就随时随地都是自由的。这就是伏尔泰的思想。

伏尔泰是18世纪欧洲和世界公认的文化泰斗，特别是晚年，他几乎成为全欧洲家喻户晓的人物，而且备受景仰。

伏尔泰倡导自由、平等，认为人生而平等，自由是人的天赋权利。他说："一切享有各种天然能力的人，都是平等的；当他们发挥各种动物机能的时候，以及运用他们的理智的时候，他们是平等的。"

伏尔泰提出天然平等说，旨在反对封建等级制度和封建特权，论证人们在法律面前一律平等。所以他认为，自由就是试着去做你的意志绝对必然要求的事情的那种权利，是人神圣不可侵犯的天赋权利，包括人身自由、言论自由、出版自由、信仰自由，特别是拥有财产的自由。

伏尔泰信奉自然权利，认为人们本质上是平等的，要求人人享有自然权利。但同时，他又认为财产权利的不平等是不可避免的。他把君主立宪制理想化了，认为最理想的是由"开明"的君主按哲学家的意见来治理国家。他对劳动人民十分鄙视，认为他们只能干粗活，不能思考，说"当庶民都思考时，那一切都完了"。

在伏尔泰看来，在社会生活中，财产占有的不平等，社会地位的不平等也是天经地义的。他说，财产私有权是最根本的自由权利，但是自由并不意味着人人都拥有财产，对于社会上绝大多数劳动群众来说，自由只在于他们将自由地把自己的劳动出卖给出价最高的人。

因此，伏尔泰主张君主立宪制，认为最符合人类理性的政治制度就是英国式的君主立宪制度。在这种制度下，一切按照法律治理，君主的权力受到限制，贵族依然高贵但不敢骄横，而人民又能够参与国事。

伏尔泰的一生，与其说他是一位哲学家，不如说他是一位思想家；与其说他是一位思想家，不如说他是一位社会活动家；与其说他是一位社会活动家，不如说他是一位新文化的启蒙导师。

伏尔泰死后，葬于香槟省一个小礼拜堂内。直到法国大革命期间，人民才把他的遗骸运到巴黎著名的先贤祠重新安葬，当时他的灵车上就写着："他教导我们走向自由。"

课堂收获

自由与不自由的区别在于：自由以人们有权自主行为为正常情况，以一定的限制为特殊情况。社会是人类共同的社会，法律承认个人的个体自由，但是也要防止这种自由影响到其他人，这就是一个基本原则。所以，没有绝对的自由，只有相对的自由。

休谟——习惯是人生伟大的指南

当我们专注地研究人类生活的空虚，并考虑荣华富贵空幻无常时，也许我们正在阿谀逢迎自己懒惰的天性。

——休谟

哲学就是研究人性的科学，人性就是一切科学的“首都或心脏”，因此休谟将人性研究作为各种理论研究的中心和基础。

苏格兰哲学家大卫·休谟，出生在苏格兰的一个贵族家庭，曾经学过法律，并从事过商业活动。1734年，休谟第一次到法国，在法国他开始研究哲学，并从事著述活动。

在休谟看来，因果关系，只能通过经验的方式来证明。他发现，当我们经常性地经验到事件A之后总有事件B相随时，这就使我们对事件A的经验与对事件B的经验之间产生了某种习惯性的联想。因为逻辑上的归纳推理，无法通过理性完成从个别到一般的过渡。

比如，依据过去的经验，太阳总是从东边升起而从西方落下，那么习惯就会告诉我们，太阳在未来可能还是会从东边升起从西方落下。

对于人的思想，休谟就将人的灵魂比喻成了一个共和国，而且这个共和国并没有依靠着什么恒久的核心思想，而是靠着各种不同的、不断改变，而又互相联结的思想才保持了其本体。因此，一个人的本体就是由一个人的各种个人经验所构成的松散联结。

他说：“人类都有一种信赖因果关系的本能，这种本能就是来自我们神经系统中所养成的习惯，长期下来我们便无法移除这种习惯，但我们并没有任何论点，也不能以演绎或归纳来证明这种习惯是正确的，就好像我们对于世界以外的地方一无所知一样。”因此，休谟提出了“根据经验来的一切推论都是习惯的结果，而不是理性的结果”的主张。

他说：“人的理性如果没有任何的依据就能够构成我们的思想，如果思想从头到尾都是由理性所构成的，那么，我们就无法相信任何东西，包括直觉或演绎得出的任何真相在内。”所以，人除非依靠一种特定的感觉，否则人从来不可能有任何的意识。

所以，如果没有习惯的影响，我们对世界就会一无所知。正是在这个意义上，休谟提出了“习惯是人生的伟大指南”。

当然，习惯的力量是巨大的，但习惯的力量总是有限的。因为，归纳对于获得知识来说是靠不住的，因为归纳不能囊括全部的可能性。比如，你今天看见了一只天鹅是白的，明天又见到一只天鹅是白的，但你永远都不能说“所有的天鹅都是白的”，除非你能把世界上所有的天鹅都抓来。

因此，休谟又提醒我们，经验归纳无法保证我们获得正确的知识。只是经验和习惯被重复多次之后，便会产生一种倾向，这就能使我们无须凭借任何推理，就能再度重复同样的动作。比如，当我们被火烫了，以后我们就会避开火，而不再被烫。

所以，根据经验来的一切推论都是习惯的结果，而不是理性的结果。但习惯能减少很多不必要的麻烦，所以“习惯是人生最大的指导”也是我们必备的成功素质。

课堂收获

习惯的力量是巨大的。人们习惯在早已习惯的轨道上滑行，习惯在习惯的人与事中穿梭。可以说，习惯就是一种行动的本能。但是，习惯也有好坏之分，所以我们需要做出判断，是哪些事情使我们形成了好的习惯，是哪些形成了坏的习惯，要理解“习惯”背后的那个东西是什么。这样我们才能在哲学的思考中受益,而又由理性的思考趋利避害。

让－雅克·卢梭
——每个人都享有自由的权利

一切出于自然的创造者皆好，一经人手却变坏了。

——卢梭

卢梭把契约作为一个道德共同体，但，现实不是乌托邦，光凭想象是行不通的。所以，构建在这种虚幻的道德基石上的社会，只能是一个无法实现的道德理想国。

卢梭是法国18世纪思想启蒙运动的领头羊，他反对腐朽的封建制度对人天性的压抑和对自由的剥夺。

卢梭一生，最痛恨的就是不平等。作为资产阶级启蒙运动的代表和平民阶层的代言人，卢梭从根本上就否定当时贵族统治阶级的“文明”。他认为，自然是美好的，出于自然的人也是生来自由平等的，因此应该以自然的美好来代替“文明”的罪恶。

在《社会契约论》一开头，他就写道：“人是生而自由的，但却无时不在枷锁之中。”

他认为，个人自由是不可放弃的，放弃自己的自由，就是放弃自己做人的资格，就是放弃人类的权利，甚至就是放弃自己的义务。所以，他的政治哲学的核心观点就是——天赋人权。即每个人都享有自由的权利，这就是一个人生而为人的基本条件，就是所谓的造物主是天所赋予每个人的，在这件事上，人人都生而平等。

他还认为，个人自由是不可剥夺的，因为不论我们从哪种意义来考察事物，奴役都是不存在的。也就是说，人不仅在订立契约之前是自由的，就是在订立契约之后，每个结合者仍然像以前一样自由。因为，订立契约是在形成公众意志之后，即人们通过自由权利的转换，逐渐形成了普遍意志，并且把这种意志作为一种契约的形式订立。

他说："只有当我们成为统一于社会之中的道德人时，我们才能够获得真正的自由和独立。"在他看来，这种统一的全体成员的服从公共的意志，就是在人们不能完全自我保存时，进行的自由权利的转换，从而形成的公共秩序。所以，这种契约是人民意志的充分体现，人们服从于它并不是失去自由，反而这种自由能够得到更好的保护。

卢梭宣扬天赋人权，给人以自然权利；返璞归真，赞美自然的人生。他相信"文明"的进步并不一定总是有助于人类对真理的认识，以及人的价值的提高和人的道德情操的进步。相反，文明的奢华反而掩盖了人类思想的贫乏和道德的卑下。

卢梭正是以这种简单淳朴的自然与人生的赞颂和高度评价，开辟了启蒙时代文学的民主潮流，从而对资产阶级革命民主主义的文化思想起了重大的促进作用。

课堂收获

自由离不开约束，所谓"人生而自由"是说人到了一定年龄，已经可以自行判断该去做什么事情，自己是自己的主人。但是，这种"自由"绝不是随心所欲，否则大家都没有安全了。所以，人还必须遵守纪律——"公共意志"，这种"公共意志"就体现了每个人的意志，而只有这样的自由，才是真正的自由。

伊曼努尔·康德
——限制知识，为信仰留地盘

人只有靠教育才能成人，人完全是教育的结果。

——康德

有人把他比作蓄水池，前人的思想汇集于此，后人的思想则从中流出来；也有人将他的哲学比作一座桥，想入哲学之门就得通过康德之桥。

康德是人类历史上少有的哲学巨人。你可能不知道哲学，但不能不知道康德；你可能不关心人类思想的发展进程，但不能不对这位伟大的思想家表示朦胧的敬意。

康德是德国人，是德国古典唯心主义的创始人。一生未曾离开家乡科尼斯堡，在那儿念完大学，取得哲学博士学位之后就在母校教书，所教课程包括物理、数学、地理、人类学、教育学、矿物学，以及逻辑、形而上学、道德哲学等。他的生活极有规律，言行一丝不苟。

康德带来了哲学上哥白尼式的转变。他说，不是事物在影响人，而是人在影响事物。是我们人在构造现实世界，在认识事物的过程中，人比事物本身更重要。如果人类总以理性为价值的话，那么就有可能要冒失去价值的危险，因为科学理性是有限的，无论如何不足以充当人类生存的价值基础。所以，康德不得不限制知识，为道德信仰留出地盘。

康德的“三大批判”就构成了他的伟大哲学体系，它们就是——“纯粹理性批判”“实践理性批判”“判断力批判”。

“纯粹理性批判”研究的就是人类如何认识外部世界的问题。他认为，没有人可以想象一个存在于没有时间与空间的世界中的物体，因此他强调没有时间与空间，经验就是不可能的，这两者先于一切。

“实践理性批判”回答的问题是伦理学的问题——我们应该怎样做？简单地说，就是康德告诉我们说：我们要尽我们的义务。所谓“尽义务”，就是做一件事的时候，做这件事的意志的准则同时能成为普遍制定法律的原则，这就是著名的“范畴律令”。康德认为，人在道德上是自主的，人的行为虽然受客观因果的限制，但是人之所以成为人，就在于人有道德上的自由能力，能超越因果，有能力为自己的行为负责。

“判断力批判”回答的问题是我们可以抱有什么希望。康德说：“如果要真正能做到有道德，我们必须假设有上帝的存在，假设生命结束后并不是一切都结束了。”他认为，自由的道德律令要在感性的现实世界实现出来，其中介就是反思判断力。既带知性性质，又带理性性质。质料来自外界事物，由感性去把握；形式来自理性主体，由此确保知识的普遍性与必然性。两者合作，就兼具了先天性与综合性——这是康德的想法。

限制知识，为信仰留地盘，就是因为人类驾驭自然世界的能力已经超出世界的承受能力，所以人类在理性上应自我约束——如果理性是“油门”，那么道德信仰就是“刹车”。

课堂收获

在广阔无垠、浩渺无边的宇宙中，我们赖以生存的地球，只是沧海一粟，就像一粒尘埃。然而，它却为我们提供了生存的空间，还让我们活得美好。如果我们无法解决终极理想的问题，就不能为人类文明确定某种价值取向，那我们对自然认识得越多，就越危险，因为没有精神的控制，行为的后果就不堪设想。

费希特——一切实在都建立在自我之上

每一个人都具有自身的使命，仿佛天命在身，无法推卸。

——费希特

费希特是一个大哲学家，是德国古典哲学的四位代表人物之一，单就他的哲学著作而论，他不比法国启蒙运动中的任何一位人物差，也不比英国经验主义哲学家差。

“注意你自己，把你的目光从你的周围收回来，回到你的内心，这是哲学对它的学徒所提出的第一个要求。哲学所要读的不是你外面的东西，而只是你自己。”这就是费希特的哲学名言。

费希特出生于普鲁士萨克森州的拉梅诺。父亲是织带子的手工业者，家境贫寒，九岁时得到邻人的资助开始上学。1774 年进波尔塔贵族学校，课外读过该校禁读的莱辛著作。1780 年入耶鲁大学，1781 年入莱比锡大学神学系，接触到斯宾诺莎的哲学。1790 年，他开始研读康德的著作，这对他后来的哲学思想产生了深远的影响。

费希特是首个呼吁改造人类生活的哲学家，改造人们生活的重要性不亚于改造哲学和科学。他认为自我是一切的前提，一切的根源，一切事物都从那里产生。只有自我才是真实的，其他的一切都是死寂的被动的存在。

在费希特看来，真正的知识，只能是自我的创造活动。所以，这种自我意识不但是认识的逻辑机能，更是自我的活动。所以，他不赞同康德对于物自体存在问题的论述，他认为这种将表象与物自体分离开来的体系将不可避免地导向一种怀疑主义。

他认为，理智是无能为力的，科学的范畴不能把握宇宙活生生的整体，只有自我在活生生的内在经验里，在直觉里，才能感知宇宙。世界是人为了实现自由而造的工具，如果人获得自由的命令不能实现，那么世界就没有意义了。

费希特把一切实在都建立在自我之上，外在的世界是为自我而设的，万物也是因为精神的需要而被创设和排列的。人通过世界来实现自己，世界必须存在以便人能够在里面实现自己和意识到他自己及其自由，并为之而奋斗。所以，人应该抛弃物自体这个概念，取而代之的是一种绝对自我的概念。

费希特的知识学以活动自我摆脱了康德悬拟的自在之物的枷锁，由此确立起主体、自我意识对客体、实体的绝对自由。他解决了康德的理论困境，从而完成了自我的统一。

课堂收获

人的意识是对客观世界的反映，是客观世界在人的大脑中形成的主观映像。另外，人的意识具有主观能动性，不是被动接受。所以，我们应当积极地发挥主观能动性，积极地深入工作和学习中，解决其中的各种矛盾，主动地把握形势，做形势的主人。

黑格尔——凡是现实的都是合理的

凡是合乎理性的东西都是现实的，凡是现实的东西都是合乎理性的。

——黑格尔

黑格尔哲学既是德国古典哲学的逻辑结果，但又不仅仅是德国古典哲学的逻辑结果。可以说，他的哲学就是对整个西方近代哲学的一个理性总结。

黑格尔的哲学语言，无论如何总是因为深刻而抽象，又因抽象而晦涩，但内涵是清新流畅的。他的哲学命题“凡是现实的都是合理的”，就是他的理性思辨哲学的最典型体现。这个命题，虽然不如那些疾恶如仇的思想家的议论来得刀刀见血，大快人心，但比他们的思想来得深刻持久，耐人寻味。

所谓“凡是现实的都是合理的”，即现实就是客观存在的一切事物和现象，就意味着肯定现实存在的一切事物和现象都具有合理性、都无可非议，不管它们是否顺应时代潮流、是否符合人们的价值取向和审美情趣，它们都是确实存在的。

这其中，“现实的”就是指客观存在的事物，“合理的”就是指符合客观必然性。这里的“理”就是客观必然性，没有丝毫的主观性，它不以任何人、任何阶级的意志为标准，也不属于道德意义上“对”“好”“善”“美”等范畴。“现实的”指的就是，不仅仅是人类社会，同时它也涵盖了宇宙中一切的客观存在的事物。

尽管宇宙中的一切客观事物，我们尚未也不可能穷尽，但是，宇宙中的诸类客观事物，它们的起源和演变都是客观存在的，无论人类是否认识它们，它们都是客观存在的。它们的产生和存在，它们的演变趋势和结果，都是由宇宙中的诸类客观规律决定的，具有客观必然性的。所以，它们无视演变和结果对人类是否有益，总是以自己的客观规律为自己开辟道路。尽管有许多规律人类没有认识，但它们是存在的。由于这些现实的诸种结果都是客观必然性的结果，因而是合理的。

同样，客观规律或客观必然性，又是通过客观存在的事物表现的。离开了客观存在的事物，客观规律或客观必然性，这就失去了表现的载体。因而，合理的又都是现实的。这就是黑格尔的理论逻辑，一切现象的发生、存在固然都在“合理”的范围之中，但作为一个过程，这些现象还必然会走向自己的反面，由合理转化为不合理，由存在走向消亡。

黑格尔是一个长于做深刻思考的哲学家，又是一位专注于哲学思辨的哲学家，是近代史上理性主义哲学发展的巅峰。黑格尔的哲学体系，固然不合乎世界发展历史的实际，但其作为近代理性哲学发展的必然结果，其意义自在，特别是他哲学体系中体现的思辨方法和见解，价值永在。

所以，自康德开始的德国古典哲学，经过费希特和谢林的发展，到了黑格尔总其大成，并得到了最后的完成，极大丰富和发展了辩证法范畴。

课堂收获

自然规律是不能随意改变的，人们希望通过主观意识去改天换地，那将会打乱有规律的周而复始循环的自然界，比如乱砍滥伐，会导致沙尘暴，盲目采矿会导致地面陷塌，会导致全面恶化的局面，自然界将面临巨大的灾难，这就说明违背规律是不合理的，是不现实的。

叔本华——世界是我的表象

事物本身是不变的，变的只是人的感觉！

——叔本华

叔本华认为，思想不是你要它来它便来，而是由它自己决定它的来去。

叔本华于 1788 年 2 月 22 日生于但泽，父亲是一个大银行家，母亲是一个颇有才气的女作家。由于父母的性格不合，所以时常借着娱乐活动来减少相互间的摩擦，旅行就更是他们的家常便饭。就这样，叔本华从小不得不时常随着父母四处出游。

后来，叔本华便在魏玛、德累斯顿研究哲学和佛学。1822 年被聘为柏林大学讲师。当时德国各大学讲坛大都被以黑格尔为代表的理性派哲学家所把持，叔本华对此不满，欲与之一争高低。于是他将自己的授课时间故意选定在黑格尔授课的同一时间，意图对垒较量。结果遭到惨败，愤而离开讲坛，靠父亲的遗产生活，独自从事学术研究。

1831 年 8 月，柏林暴发鼠疫，叔本华离开使他失望的柏林，到莱茵河畔的法兰克福定居，埋头研究与写作，孤栖于一个小旅馆里。1860 年 9 月 21 日，因肺炎恶化而去世，享年 72 岁。他的临终遗言是："希望爱我哲学者能不偏不倚、独立自主地理解我的哲学。"

叔本华对自己的哲学颇为自负，声称提出了一种与以往哲学方法根本不同的哲学方法，从而使欧洲哲学的发展发生根本的转折。叔本华认为，在他之前的一切哲学，不是从客体出发引出主体，就是从主体出发引出客体，二者必居其一，但各有其谬误之处。他既不想从客体出发，也不想从主体出发，而是想从表象出发。

他说，运用理性思维的人永远不能透过外部达到事物的实在本质，人所认识到的一切事物并不是本身就存在着的东西，而只是呈现于人的表象，即意识中的东西，它们只是作为人的表象而存在着。例如，人的确知道有太阳、地球，但是人所知道的其实并不是太阳、地球，而永远只是看见太阳的眼睛，摸到地球的手；人周围的世界只是作为表象而存在。也就是说，只存在于对另一种东西的关系中，这种东西就是表象者，也就是人自身。由此，叔本华便把经验和科学的对象都归结为表象世界——一切存在物，即整个世界，只是观察者的观察物，简言之就是表象。

每个人的生命，都是意志的一个表象。意志总是冲动的，所以它在每个人身上的表现形式就是“欲望”。有欲望，就是想去得到一些现在还没有的东西。欲望意味着缺乏，缺乏则意味着痛苦。这种痛苦就是人活着必须承受的。如果欲望得不到满足，你会痛苦；如果欲望得到了满足，你又会无聊，还是痛苦；在欲望得到满足后，又会有新的欲望产生，而新的欲望意味着新的痛苦。生命意志是无限的，而个体生命是有限的，所以“欲望”永远不可能在个体生命身上得到满足。

叔本华在人生画卷上描绘出的是一幅悲观的画面，而他所开出的人生处方则是——认清生命的虚无，自觉否定生命的意志，放弃所有的欲望，进入类似于佛教中“涅槃”的境界。

课堂收获

人是欲望的奴隶，总被欲望控制着。人的贪婪私心，常使人跌倒，重重地摔倒在自己恶念的祸害里。一个人就像一条欲望的溪流，它流淌的不是溪水，而是人的各种欲望。人类社会则似一个永远不会干涸的欲望海洋，随时随处都可能掀起波涛和巨浪。所以，欲望越少，人生就越幸福。反之，欲望越多，就越容易致祸。

詹姆士——有一点儿用处就有一点儿意义

“它是有用的，因为它是真的”，或者说“它是真的，因为它是有用的”，这两句话的意义是一样的。

——詹姆士

哲学必须与生活相关并对生活有用，必须能运用到我们日常生活的具体经验上，这就是詹姆士思考一切哲学问题的出发点。

詹姆士是美国实用主义的奠基人，也是美国实用主义的集大成者。美国哲学的“黄金时代”就是以实用主义的兴起为标志的。

威廉·詹姆士出生于纽约一个神学家的家庭，先后在纽约、伦敦、巴黎、波伦、日内瓦等地受教育。早年立志献身艺术，但1861年他进了哈佛大学劳伦斯学院化学系，后又转入医学院。1867年赴德国，在赫尔姆霍兹等人指导下研究心理学和哲学。1869

年获哈佛大学医学博士。从 1872 年起，他在哈佛大学先后任生理学讲师和副教授、哲学副教授、心理学教授、哲学教授，还曾在爱丁堡大学、牛津大学、斯坦福大学、哥伦比亚大学任教或主持讲座，直到 1907 年退休。

威廉·詹姆士说："我们必须找到一种'有用'的理论……我们的理论必须能够调和以前发现的真理和某些新的经验。它应当尽可能少地扰乱人们的常识和以前的信仰，还应当让人们获得明智的结论或能够通过精确验证的结论。'有用'应包含所有这些意义……"

詹姆士有一个非常著名的真理公式："'它是有用的，因为它是真的'，或者说'它是真的，因为它是有用的'，这两句话的意义是一样的。"这种把"真理"与"有用"赤裸裸地等同起来的观点完全否认了真理的客观性，使真理成为一种因人、因地、因时而异的东西。只要我们对事物的观念有利于我们解决问题，可以为我们带来方便，带来好处，那么这个观念就是真理。

他认为，实用主义并不代表任何特别的结果，它只不过是一种方法。实用主义的方法就是一种确定方向的态度，这个态度不是去看最先的事物、原则、范畴和假定是必需的东西，而是去看最后的事物、收获、效果和事实。

可以说，实用主义到了詹姆士的手里，作为一种新颖的理论形态已经将它的主要特征充分表现了出来，并且走向了成熟。

课堂收获

21 世纪是知识经济时代，这个时代需要的是有创造力、勤于开拓的人，不会学习就掌握不了新的知识，也就不会有创造的能力。没有开阔的头脑就做不了有用的事，更不能取得期望的成就。只有努力做一个有用的人，且懂得做有用的事，这才能够独立地生存在这个世界上。

尼采——人就是自己人生的上帝

我们为自己创造了一个适于生活的世界，接受了各种体线面，因与果，动与静，形式与内涵。若是没有这些可信之物，则无人能坚持活下去！

——尼采

尼采是一个大学教授，一个诗人，一个哲学家，一个孤独的漂泊者；尼采杀死了上帝，但不是传说中的那个恶魔；尼采是一个真实的人。

1844 年，尼采出生于一个名叫洛肯的乡村，据说家庭成员中七代都是牧师，可谓宗教家庭。但让人意想不到的是，在这样一个家庭中成长的孩子，最后却成为反宗教的人。

1865 年冬季的一天，尼采偶尔在一家书店买到叔本华的巨著《作为意志和表象的世界》。立刻，他就被这位已逝六年的忧郁智者迷住了。尼采狂热地喊着：我发现了一面镜子，在这里面我能看到世界、人生和自己的个性，被描述得惊人地宏壮！并且，由此便开始了对哲学的热爱。

尼采的哲学就体现在他对传统价值的批判和否定，具有傲视一切，批判一切的气势。并提出了“打倒偶像”“重新评估一切价值”的口号，向世人宣布“上帝已经死了”。

在这里，“上帝死了”就是要对过去一切文化思想，一切传统文化进行颠覆。

那么，上帝怎么死的呢？

尼采就提供了这样一个寓言式的解说：

有一个疯子大清早手持提灯寻找上帝。“上帝到哪里去了？”他大声喊叫，“我老实告诉你们说，我们杀了他——你和我！我们都是凶手！”

“上帝死了”就意味着，以前是上帝为人们的生活提出了目标，赋予了意义。

然而，现在“上帝死了”，基督教的信仰也就全线崩溃了，人类的生活不再受到来自上帝的束缚，人获得了自由，人就变成了自己的上帝，就可以自己做决定，可以自己对自己负责。

在这个没有上帝的世界里，人类就获得了空前的机会，人就成为了价值的赋予者，一切价值都是由人自己建立的。

可以说，在尼采的全部学说中，没有什么比“重新评估一切价值”这声响亮的号召更震撼人心的。

当然，在尼采反对传统道德对个人的束缚，在表现出一种勇于追求、奋发向上、争取个人解放的精神的同时，也表现出了个人主义无限膨胀、弱肉强食、强者至上的消极因素。因此，希特勒就曾利用尼采哲学中的一些思想为其法西斯主义广造舆论。

对尼采来说，他的哲学无须推理论证，没有体系框架，也不是什么理论体系，更多的是他对人生痛苦与欢乐的直接感悟。哲学思索就是生活，生活就是哲学思索。

课堂收获

人最可怕的敌人是自己，世界上其他人只能打倒你，但不能打败你，打败你的只有你自己。一个人如果能不断超越自我，战胜自我，那么，就没有办不成的事。能对自己做出较为准确、恰如其分的估量与评价，便能不断地挑战自我，超越自我。

杜威——知识是解决实际问题的工具

无论何种事业，如商业、政治，均不能与教育分离，无教育则无各种事业。

——杜威

如果说皮尔士创立了实用主义的方法，詹姆士建立了实用主义的真理观，那么，杜威则建造了实用主义的理论大厦。

在美国实用主义的历史上，杜威的地位是无人可以比拟的。他不仅把实用主义哲学理论进一步系统化，而且把它广泛地运用于社会、政治、道德、教育等各个领域中去。

20世纪初期的美国，在整个社会领域兴起了“进步主义”运动，从而使文化、教育领域里发生了直面社会生活的知识革命。在时代精神的鼓舞下。杜威彻底告别了研读经典知识的古典主义习惯，加入了直面社会生活的知识重建潮流。

在当时大多数人的眼中，知识一词的最显著含义不是指别人所确定的事实和真理，就是指在图书馆书架上一排排地图、百科全书、历史、传记、游记、科学论文里面的材料，学问就是书本和学者传下来知识的总和。这种知识的积累就好像人们把商品储存在仓库一样，知识和真理就现成地存在某个地方。杜威的这种真理观，人们就把它称作“工具主义”。

杜威认为，这种静止的、冷藏式的知识不能代表人的知识，反而堆积在人的头脑中，阻碍了人类的思考，长此以往会阻碍人的知识增长。因此，杜威批判当时的学校过分重视学生积累和获得知识资料，他反对将知识视为目的本身，认为学生的目标不是堆积知识，而是使学生求得知识和观念并加以应用，不断完成知识经验的改组和改造。

在杜威看来，知识从属于经验，并由经验所派生。所以，他的知识哲学也是从解释“经验”出发。他认为，近代知识哲学的根本错误，就是不懂得什么是经验。在经验问题上，人们总是先把人与世界、主观与客观、意识与物质彼此割裂开来，形成两种对立的实体，然后再考虑把二者联系起来，这就不可能不遇到极大的麻烦。杜威就决心对这种传统的哲学进行根本的改造。

由于人是环境的产物，人对环境的刺激做出某种反应，唤起相应的行为适应环境；另一方面，人有着不同于动物的内在结构，人能根据自己特定的情感和意志的要求，以创造性的智慧为工具，来改造环境，使之符合自己的需要。所以，知识哲学的出发点不是建立在人与世界的对立上，而是建立在二者的统一上。

杜威的工具主义不仅是一种认识论，同时也是一种方法论。知识本身无所谓真假之分，它们只是一种工具，同所有的工具一样，它们的价值并不在于它们自身，而在于它们的功效，功效就显示在它们所造成的结果之中。当行动获得成功，它们就被证明是真的，相反就是假的。

课堂收获

知识到底是什么？知识就是一种工具，是帮助人类解决日常生活中实际困难的一种利器。人是自己观念的产物。你想成为什么样的人，就能成为什么样的人。如果你想要在哪一行业、哪一领域进行深入的社交，你就需要多方面了解这个领域的知识。有了见识，才会有自己的人生感悟，才会在接触这个领域的人的时候，能够和别人有共同语言。

罗素——任何一种快乐都应得到珍视

任何一种对他人不造成危害的快乐都应得到珍视。

——罗素

哲学过去处理的是物理世界方面的问题，探究的是人性的内在原理。但这些领域被科学占据，还有什么是该哲学去做的呢？罗素的回答是：这或多或少取决于你的处理方法。

罗素被称为“世纪的智者”，享有世界性的数学家、哲学家、逻辑学家、文学家、社会活动家和教育家等称号，是20世纪最著名、最重要和拥有最广泛读者的思想大师之一。

罗素的一生多产而长寿，以巨大的热情关注人类命运和社会问题。他的思想庞杂而又多著作，出版了71部书及小册子。罗素对数理逻辑和数学基础的研究，创立了逻辑原子主义，成为逻辑实证主义的先声。以他命名的“罗素悖论”对20世纪数学基础产生过重大的影响，导致了第三次数学革命。

罗素是一个人道主义者，很看重个人利益、自由和幸福，强调身心的和谐与快乐，他在《自由之路》中说：“任何一种对他人不造成危害的快乐都应得到珍视。”因而，人们没必要过分压制自己的性欲。所以，出于对个人幸福和身心健康的关怀，他赞成试婚或简便的结合与离婚，对私通、同性恋，也持宽容态度。

罗素告诫人们：幸福不像成熟的果子那样，仅仅靠机遇就会掉到嘴里，幸福必须是一种追求。并指出人生不幸福的两大原因：社会制度与个人的不健康心理。一方面要人们通过社会改造增进人类的幸福，另一方面又要认清不健康心理的危害，以及它是如何产生、形成的，从而培养健康的心灵，安度幸福的一生。

罗素还观察到，一些人过分重视竞争的成功，把它当作快乐的主要来源。在他看来，成功只是快乐的一个组成部分，如果为了得到这一部分而牺牲其他部分，那代价未免太高。那种把竞争视为人生主体的生活太执着以至于太残酷，它使肌肉过于紧张，意志过于坚硬。医治的办法就是保持生活的平衡，不拒绝健全而恬静的享受。

罗素认为聪明人就是那些在条件允许范围内尽量快乐的人。他认为，人的兴趣、工作、情爱、家庭等都是人生的快乐之源。一个人感兴趣的东西越多，快乐的机会就越多，受命运的摆布就越少，也更容易战胜不幸。

罗素的快乐哲学告诉我们："渴望生存的愉悦，追求生命的快乐，是人的天性，也是人的权利。"所以，请把握好手中的权利，享受愉悦人生。

课堂收获

如要不幸到来时能够承受，明智的办法是在平日快乐的时候培养广泛的兴趣，使心灵找到一块不受干扰的地方。一个有生机和有兴趣的人总能通过这样的方法战胜不幸，凡是把自我禁锢起来的人必然会错失人生所给予的最好的东西。太强的自我就是一座监狱，要想充分地享受人生，就得从这座监狱中逃脱。

弗洛姆——爱是一门艺术

爱是一种主动活动，而不是一种被动情感。它是"分担"，而不是"坠入"。在一般意义上，爱的主动性可以理解为：爱首先是给予，而不是接受。

——弗洛姆

爱是一个人思想和能力能动的表现，是高级生命的表现方式，是人生命成长的需要在社会行为层面的表达——爱就是人类共同的语言！

弗洛姆是20世纪最著名的新精神分析学家、社会学家和哲学家，是精神分析社会文化派中对现代人的精神生活影响最大的人物。

弗洛姆出生在德国法兰克福的一个犹太商人家庭，是独子，父母笃信犹太教。1922年，他获得海德堡大学哲学博士学位，毕业后在法兰克福心理分析研究所和社会研究所工作。二战开始后随研究所迁往美国，战后留在美国，任教于耶鲁大学、墨西哥大学、密歇根大学、纽约大学等校，主要从事心理分析研究，创立了美国新弗洛伊德学派，并加入了美国国籍。

在弗洛姆看来，爱是一种主动的能力，因而它也像其他艺术一样，是可以而且应该学习的。要精通爱的艺术，就必须全心全意地学习和实践它。

因此，弗洛姆就将爱按成熟与否分为三种：一是幼儿的爱，遵循"我爱因为我被爱”的原则，态度是被动的、接受的；二是成熟的爱，遵循“我被爱因为我爱”的原则，认为“我需要你因为我爱你”，态度是付出的、主动的；三是不成熟的爱，遵循“我爱你因为我需要你”的原则，是以自我的需要为中心的、占有的，属贪爱。

弗洛姆说，爱情就是一个人思想和能力能动的表现，爱的能力主要体现了一个人对他人的关心。对母爱来讲，她对婴儿的责任主要指对身体需要的关怀。对成人之间的爱情而言，责任主要是对精神需求的关怀。而且，这是以尊重为互补的，不能把关怀、责任变成支配和占有。尊重就是指一个人对另一个人的成长和发展应该顺其自身规律和意愿。

当然，这种爱不是指被人喜欢的意义上的情感，而是一种为被爱者的成长和幸福所做的积极奋斗。而且这种爱也不是两人同人群的分离，而是这两人应关心他人及整个世界。爱情最大的错误就在于一种想与对方成为一体的无法抑制的冲动，其实这是一种自私心理或者说是“非完整性的融合”心理。所以，爱就是在保持自己尊严和个性的前提条件下的感情交流的行为，爱的成功的主要条件就是克服自恋，爱要求谦恭、客观和理智。

因此，弗洛姆对爱给出了这样的评价：爱主要是给予而不是接受。因为给予比接受更快乐，这并不是因为它是一种被剥夺，而是因为在给予的行为中表示了我生命的存在。正是在给予的行为中，我体验到我的力量、我的财富、我的能力。所以，当人通过爱摆脱了孤独，通过努力去实现了创造能力。这样，在人的自我实现需要得到满足时，社会人际关系才会和谐而融洽。

所以，哪里缺少这种积极的关心，哪里就根本没有爱。那些自私的人，爱自己不是太多而是太少。他们看起来是太关心自己了，但实际上他不过是枉费心机试图掩盖和补偿真正的自我关心的失败。自私的人没有能力爱其他的人，同样他们也没有能力爱他们自己。只要一个人有能力爱他人，也就有了能力爱自己。

课堂收获

喜欢某个人不只是一种情感诉求，它更体现一种决定、判断、承诺。喜欢就是一种完全自愿的行为，是我需要另一个人的反应。爱就是对我们所爱对象的生命和成长的主动关心。你爱你为之努力的东西，同样你也为你所爱的东西而努力。

萨特——人注定是自由的

人不是别的东西，而仅仅是他自己行动的结果。

——萨特

作为一个自由知识分子，萨特的存在主义哲学就是一种自由哲学。在他看来人是自由的，人活着就是在不断地进行自由的选择。

以往的哲学家，都是从理论上证明人的自由。而萨特的理解却不是这样，在萨特的理念中这个人可不是人的肉体，而是人的意识。

在萨特看来，人的本质是自由的，存在与自由不可分，自由是绝对的。尽管自由都是一定境遇中的自由，但任何境遇都不能限定自由。人一旦被抛到世界上来，他就享有绝对自由，对人来讲，自由无须追求、他自身就是自由，自由与生俱来，无可逃避，无可选择，它就是命中注定的。

人的自由是人本身所决定的。这就意味着，不管你愿意不愿意，只要你是一个人，你就注定是自由的。你可以使用或放弃你的自由，但无论怎样都是你的自由选择，就是你采取不选择的态度，你的不选择也仍然是你的一种选择，这些都是人自由的表现。

萨特曾说："人注定是自由的。"这个自由就是因为人的意识是自发的、无拘无束的。即使人关在监狱里，那也只是关住了人的身，而关不住人的心。在萨特看来，事物的意义都是人所赋予的，所以人即使感到不自由那也是人自己赋予的自由的意义。就像一块大石头，它可能挡住我们的去路，但我们也可以站在石头上眺望远处的风景。

萨特的自由观与他的性格、他的生活经历是不可分的。萨特自幼丧父，外祖父和母亲对他宠爱有加，所以他从小就具有强烈的自由感。他喜欢冒险，年轻时并不富裕，但他仍把省吃俭用存下的钱用来环游各地。

对于婚姻也是如此。1929年，他在全国大中学教师资格考试中获得第一名，并结识了一同应试、获得第二名的西蒙娜·波伏娃。此后的岁月中，波伏娃成为萨特的终身伴侣与战友。但他们并没有结婚，波伏娃对此也能够理解。

当然，萨特并不是那种想做什么就做什么，不顾后果、任性而为的人。他一方面强调人注定是自由的，能够自由选择，另一方面又强调人要自由地承担他行为的后果。你做了什么就应该为你的行为承担责任。因为你是自由的，一切都是你自由选择的，你不能把责任推诿到其他人身上，所以，责任就是人正视自己自由权利的表现。

因此，当我们说一个失业者是自由的，这并不是说他能够为所欲为，能够立即变成一个富裕安乐的资产者。他之所以是自由的，正是因为他始终可以选择，究竟是逆来顺受地接受命运的安排，还是起来反抗命运。

总之，人是一种自由选择的存在物。人只能自己把握自己的命运，而不是把自己交给自身以外的力量来安排，所以萨特说：“懦夫自己造成了懦弱，英雄是自己造成的英雄。”

课堂收获

面对贫穷，你可以选择偷窃成为小偷，你也可以选择锲而不舍地奋斗成为穷且益坚的志士；面对挫折与错误，你可以灰心丧气成为逃兵，也可以从中汲取宝贵的教训而再接再厉。所以，人最终的结果，就是这个人最终选择的结果。

第4章

哲学的问题

哲学家们在所有的哲学问题上一向众说纷纭莫衷一是，这是事实。然而，恰恰是因为哲学家们在哲学问题上无法达到最基本的共识，所以他们的思想才具有了永恒的意义。这就意味着，哲学问题永远万古常新、永恒无解。也就是说，哲学问题是没有终极答案的，历史上哲学家们所面临的问题，对我们来说也一样是问题。所以，哲学问题不是“问题”而是“难题”。

人的问题——我是谁?

假如我是我，是因为我生来如此，那么我是我，你是你。可是，假如因为你而我是我，因为我而你是你，那么我不是我，你也不是你。

——孟德尔

哲学，就是通过对一系列关乎宇宙和人生的一般本质和普遍规律问题的思考而形成的一门学科。

只要人在世一天，就免不了要追问哲学问题，但在人的有生之年又注定不可能解决这些问题，即使人类可以无限地延续下去，也仍然不可能解决这些问题。这就是哲学的问题，更是人的命运，无法摆脱的命运。

在一次名流云集的沙龙里，大家深深地为一位高贵、博学的绅士的风采所迷住。这位绅士高谈阔论、语惊四座，时而评述古希腊精深的哲学思想，时而对当今政府的经济政策加以透彻的赞叹。

一位贵妇人忍不住问道：“请恕我冒昧，先生，您真是一位杰出的人物，可是您能告诉我您是谁吗？”

“是的，我是谁？”那位绅士停了一下说，“如果有谁能告诉我这一点就好了。”

当然，他并不是失忆症患者，他就是对现代哲学产生巨大影响的思想家和哲学家叔本华。

那么，“我是谁呢？”其实，思考这个问题的不仅仅是哲学家，而是每一个人，因为这个问题就是向每一个人问的。

“我是谁？”“我们是从哪里来的呢？”“我们为什么有那么多的苦难呢？”这些都是一直困扰着有自觉意识的人类的问题。公元前5世纪的希腊哲学家普罗泰戈拉说：“人是万物的尺度。”这句格言就意味着人不再把目光停留在自然界，而是回到人自身。

人是客观存在的一种物质，跟铅笔橡皮等一样。但是人有思想，这跟其他东西不一样。人与周围的事物相互联系，相互影响。同时，也只有人才会问“我是谁”这个问题。而对于这个问题的探索，就是把人与物区分开来的标志。

阿波罗是古希腊神话中的太阳神，寓意理性。关于他的故事有很多，其中有一个说的就是他与恶龙搏斗，并最终将恶龙斩杀的故事。恶龙的名字叫皮同，斩杀恶龙的地方叫德尔斐。崇拜阿波罗的人们于是就在德尔斐建了一座神庙，来祭祀这位伟大的神祇。几千年过去了，阿波罗的英雄故事依然由文学家们在传唱。然而，德尔斐神庙门口所镌刻的一句话却引起了哲学家们的深思，这句话就是：“人啊，认识你自己。”

故事说明了什么？其实，就是暗示我们，人最大的困惑其实就是人自己——或者被这个困惑所吞没，或者战胜这个困惑。然而，我到底是谁呢？至今仍无人找到答案。

哲学就是这样一种智慧，这种智慧的光芒通向的就是那遥远的彼岸。这就是哲学的问题，就是对人生之谜的永远追问，追问绝对、终极、永恒！

课堂收获

选择适合的职业是关乎一个人一辈子幸福的人生大事。但只有认清了“我是谁”，你才能知道哪些工作是适合你的，哪些是你不能碰的工作。所以，就要好好地进行自我分析。分析自己性格、能力、爱好、优势和劣势，以及在自己的职业生涯中可能会有哪些机遇和威胁。一旦想清楚了这些元素，也就清楚地回答了“我是谁”这个问题。

世界的问题——世界从何而来？

世界是事实的总和，而非事物的总和。

——维特根斯坦

世界是一切事物的总和，物质组成了世间万物，那么世界从何而来呢？这就是哲学最紧迫也最恒久的问题。

世界从何而来，人从何而来？神学家认为世界与人都是上帝、神创造的。康德认为这是个信仰问题，不是理性认识范畴内的问题。黑格尔则认为，绝对也是可以认识和理解的，因为对绝对问题的关注，是人的精神本性所在。

世界从何而来？在《苏菲的世界》中小女孩苏菲是这样思索的：

“世界从何而来？她一点也不知道。她知道这个世界只不过是太空中一个小小的星球。然而，太空又是打哪儿来的呢？

“很可能太空是早就存在的。

“如果是这样，她就不再需要去想它是从哪里来的了。但是，一个东西有可能原来就存在吗？她内心深处并不赞成这样的看法。她想，现存的每一件事物必然都曾经有个开始吧？因此，她认为太空一定是在某个时刻由另外一样东西造成的。

“不过，如果太空是由某样东西变成的，那么，那样东西必然也是由另外一样东西变成的。苏菲觉得自己只不过是把问题向后拖延罢了。所以，在某一时刻，事物必然曾经从无到有。然而，这有可能吗？这不就像世界一直存在的看法一样不可思议吗？

“他们在学校曾经读到世界是由上帝创造的。所以，苏菲现在也试图安慰自己，心想这也许是整件事最好的答案吧。

“不过，她又再度开始思索。她虽然可以接受上帝创造太空的说法，那么，上帝又是谁创造的呢？是它自己无中生有，创造出它自己吗？苏菲内心深处并不以为然。即使上帝创造了万物，它也无法创造出它自己，因为那时它自己并不存在。因此，只剩下一个可能性了：上帝是一直都存在的。

“然而，苏菲已经否认这种可能性了，因为已经存在的万事万物必然有个开端的。”

世界是从哪里来的？人是从哪里来的？

最初，人们不明白，就说是神造的。现在我们都知道了，世界和人都不是神造的。事实正好相反，无论是神或者上帝，所有的倒都是人们自己造的，而且是按照人自己的模样造的。

世界来自何处？科学的解释是这样的：宇宙来自一次大爆炸，后来便慢慢形成了太阳、地球和其他星系，由于地球的环境变得适于生物的存活，所以后来便有了生物和人类。

当然，有世界之初，也一定会有世界之末。因为当宇宙扩张到一定程度，宇宙就会突然缩小成原来的样子，继而经过久远的一段时间又会发生类似的大爆炸，再创造出崭新的地球跟世界。这就是世界的样子！

世界从何而来？确实不好回答。因为，这是一个恒久的问题，更是一个悬而未决的问题。也许，某一天人们会发现：原来过去所说的都是错误的。因为人类的思想，已经以另一种理论呈现在人们面前了！

课堂收获

随着科学的发展，人类认识事物的能力也会越来越强。很多事情，在某个时期弄不明白，以后总会逐步地认识清楚的。所以，只要经过人们的不断努力，我们现在不了解的某些事情总是会被了解的。世界上没有不能被认识的事物。

哲学与世界观的关系
——唯物主义还是唯心主义？

任何哲学问题的探讨，归其出发点和本原，都是世界观的问题。什么样的世界观决定了什么样的哲学观点。

——马克思

哲学就是关于世界观的学问。所以要了解哲学的含义，就必须首先理解世界观的含义，理解哲学与世界观的关系。

世界观，简而言之就是如何看待这个世界。人们对世界上的事情有各种各样的看法。然而，正是由于各种人对整个世界的根本看法不同，所以也就有了不同的世界观。所以，有什么样的世界观，也就决定了有什么样的观点。

在某个小村落，下了一场非常大的暴雨，洪水淹没了全村。这时，一位神父却还在教堂里祈祷，而且洪水已经淹没到他跪着的膝盖了。

一个救生员驾着舢板来到教堂大喊："神父，赶快上来吧！不然洪水会把你淹死的！"

神父说："不！我深信上帝会来救我的，你先去救别人好了。"

过了不久，洪水已经淹没到神父的胸口了，神父只好勉强地站在祭坛上。

这时候，一个警察开着快艇过来大喊："神父，快上来，不然你真的会被淹死的！"

神父说："不，我要守住我的教堂，我相信上帝一定会来救我的，你还是先救别人好了。"

又过了一会儿，洪水已经把整个教堂淹没了，神父只好紧紧地抓住教堂顶端的十字架。

一架直升机缓缓地飞过来，飞行员丢下了绳梯之后大叫："神父，快上来，这是最后的机会了，我们可不愿意看着你被洪水淹死！"

神父还是坚定地说："不，我要守住我的教堂，上帝一定会来救我的，你还是先救别人好了，上帝会与我同在的。"

洪水滚滚而来，固执的神父终于被淹死了，而他却是在这场洪水中唯一被淹死的人。

为什么神父会被淹死？正是由于神父坚持了他错误的世界观——唯心主义，所以他在洪水面前做出了大异于常人的错误选择。

人人都有自己的世界观，但并非人人都是哲学家，这是为什么呢？

世界观就是人们对整个世界以及人与世界关系总的看法和根本观点。世界观是自发的、朴素的，人人都有。而哲学是系统化、理论化的世界观，要靠不断地学习、思考、实践才能掌握。

但不管怎样，众多的答案归纳起来都不外乎这样两种基本的回答：一种是认为物质世界是本身固有存在的，它是按照自身固有的规律运动变化和发展的；另一种认为，物质世界是由上帝创造的，世界上的一切都是上帝安排好了的。因此，对这个问题的不同回答也就成了划分唯物主义哲学和唯心主义哲学的标准。

唯物主义和唯心主义的分歧，就是围绕着思维和存在谁是第一性展开的。凡是主张物质或存在是世界本质、是第一性的，也就是存在决定思维的，就是唯物主义；相反，认为精神和思维是世界的本质，是第一性的，物质和存在是精神和思维的产物或表现的，就是唯心主义。

所以，世界观人人都有，但有科学和非科学之分，如果总是固执己见那就很可能是错误的世界观了。

课堂收获

世界观人人都有，但一般人自发形成的世界观还不等于哲学。这是为什么呢？世界观是人们对整个世界以及人与世界关系的总的看法和根本观点。而哲学却是系统化、理论化的世界观，要靠不断地学习、思考、实践才能掌握。所以要了解哲学的含义，就必须首先理解世界观的含义，更要懂得深入地学习和研究。

思维和存在的关系
——是什么构成了我们生活的内容？

什么是哲学？哲学就是研究作为存在的这样的一个学科，这样一门学问。

——**亚里士多德**

哲学研究的问题有很多，如宇宙、人生、思维等，但是贯穿于哲学发展始终的基本问题却是思维和存在的关系问题。

人类诞生数百万年来，一代又一代地从事的活动主要归结为两类：一是认识世界；二是改造世界。在改造世界的漫长过程中，人类不仅逐渐认识着外部世界的现象、本质与规律，同时也在不断地思考着人与外部世界的关系，而且人类也在尽力地追求着自身的发展与完善。

有一部日本电影，名字就叫《生死恋》，这部电影所讲的就是人恋爱的故事。

故事很简单，主人公大工喜欢上了一个女孩子——女主人公夏子。在电影中，夏子把以前的男朋友甩掉了，并跟了他，对此大工感到人生非常得意，成天想到夏子怎么漂亮，怎么聪明，怎么活泼。

有一天大工在大海边得到一个电报，说夏子死了，因为夏子在实验室工作，发生了一个意外爆炸死了。这时，电影中的镜头就播出了这样一个场面，就是大工在大海边长啸一声，大叫一声，大喊一声。然后，下一个镜头就是跪在夏子的灵堂前，对着夏子照片沉思默想。

这时，大工在想什么呢？

其实，他在这个时候所想的就是生死的问题，平时只想到她怎么样漂亮，怎么样聪明，怎么样活泼，怎么样把第一个男朋友甩了跟着他。但是，在想到这一切幸福、这一切的得意之前，还需要一个基础，那就是夏子的存在，夏子必须存在。因为，没有夏子的存在，他就不可能有机会思考这些。

其实，人的存在、人的生存，是有很多不确定因素的，有很多我们所不能控制的复杂因素的。然而，正是因为有这些不确定性、无法控制性，所以很多哲学家才要探讨这个问题——思维和存在的关系。

无论认识世界还是改造世界，说到底人都要解决一个共同的问题，就是思维和存在的关系问题。

因此，哲学的基本问题就和我们的生活息息相关。就每个人来说，我们总会在不断地处理着三个方面的关系：一是自己与自然界的关系；二是自己与他人、社会的关系；三是自己与自己的关系。

这就是思维和存在的关系。

哲学就是要从总体上探讨人与世界的关系，就是要弄清思维和存在的关系问题，并对此做出明确的回答。所以，思维和存在的关系问题，也是一切哲学都不能回避、必须回答的问题。

那么，我们头脑里的世界和现实世界究竟是一种什么样的关系呢？是思维决定了存在呢，还是存在决定了思维呢？

认识到这一点，就可以理解一个人表现在行动和思想上的复杂性。

存在就是世界的根本，就是一切存在物所依赖的基础，夏子没有了，大工才会想到，她的存在太重要了，比她的漂亮还重要。你想，没有夏子的存在哪来她的漂亮呢？没有她的存在哪来她的聪明呢？所以，人在面临虚无的时候才会想到存在，虚无就是和存在对立的。

因此，当我们把世界作为一个整体来看时，世界也要存在，万物在世界里，万物合起来就叫作世界。同样，世界也要作为整体存在。所以，这就出现了很多哲学家探究这个问题。

课堂收获

哲学的基本问题与我们的生活息息相关。因为人无论做任何事都应有充分的计划，这个计划的制订就必须从自身的实际出发，如果计划脱离了自己的实际情况，就起不到很好的指导作用，就会使我们的工作带有盲目性，不能很好地完成任务。因此，一个好的计划应是能够如实反映自身实际情况的，这样才能使我们的事情事半功倍，有利于提高效率。

人类在自然界的位置
——人与外部世界有什么联系?

万物的和平在于秩序的平衡,秩序就是把平等和不平等的事物安排在各自适当的位置上。

——圣·奥古斯丁

人与外部世界的认识关系,就是人类为了力求认识客观世界的真实本质、运动过程,这样才能保证人类在实践活动中达到自己的目的。

世界同我们有什么样的关系?关于人和客观世界的关系,历来有两种看法:一种说法是只能听天由命;另一种说法是人定胜天。

千百年来,人们对于这种宿命论的思想,可以说是又信又不信。信,是因为人的力量常常比不过自然的力量,比不过周围环境的力量,他们觉得自己在斗争中尽了力,还是免不了要失败,就认为这是由命运决定的,是天意。所以,在一个人们几乎没有控制力的世界中,“命运”的概念自然就起到重要的作用。

然而,世界总是充满奇迹和疑问的,于是很久以前便有人开始了对这个世界的追问,并给出了自己的说法,虽然这些观点和“理论”在今天看来是极其幼稚的。所以,人们也总在尽力地改善着自己的处境。正是人类有了后面的这种态度,所以人类才一天比一天有进步,才有了今天的世界。要不然,我们至今说不定还得过着几千年前那种野人似的生活。

在这个世界上,没有人知道未来的人类会走向何方。而如果说前途是光明的话,那么我们每一个人首先就要像尊重自己一样尊重其他人,每一个民族就要像尊重本民族一样尊重其他民族,每一个国家就要像尊重自己的国家一样尊重其他国家,人类就要像尊重人类自身那样尊重这个世界上所有生命和非生命。这才是我们的使命。

所以,无论是宿命论还是唯物论,人类都一定要看清自己:在这个世界上,人绝不能听天由命,也绝不是凌驾于任何其他生命之上,而是要找到真实的位置!

课堂收获

人希望主宰一切,希望全能地释放自己的能量,根据动机理论,朝着需要的预定好的目标,计划着安排着推进着,通过意志力去完成心愿。一步步前进着,完成着。当完不成了,就安慰说:“一切预定的计划或行动都有不确定的因素在影响着它们。”所以,人有时需要努力奋争,有时就要放下,用平常心来面对,适当听从命运的安排。也许,这才是最好的心灵慰藉。

精神的神奇与神秘
——精神的本质究竟是什么？

问号是打开任何科学大门的钥匙。

——巴尔扎克

人类的最神奇之处就是精神，然而人类最不了解的也恰恰正是“精神”。精神究竟是一个什么东西？精神的本质究竟是什么？精神之谜就是一个长期困扰人类的千古之谜，也是哲学、心理学、生命科学等诸多学科所面临的一大难题。

千百年来，传统精神观一直认为，精神是看不见、摸不着、神秘莫测的，精神的本质就是虚无缥缈的非物质。然而，如今越来越多的科学事实已证明，那些传统精神观是没有科学依据的，精神的本质并不是虚无缥缈的非物质，而是大脑的产物，精神的本质就是大脑神经元所合成的特定化学分子。

脑科学和心理学的研究就证明，思维是大脑的高级活动过程，精神是大脑思维的产物，所以思维和精神的本质问题不再仅仅是一个哲学问题，而且是一个科学问题，或者更确切地说是一个脑科学的问题。

例如，我们看到了天空中的太阳，那么在我们的大脑中就会产生出一组关于太阳的精神分子，或者说产生出了一个精神的太阳，这个精神的太阳并不是大脑凭空制造出来的，只是它与天空中的那个真实的太阳存在着必然的联系，是那个真实太阳的表征，所以人脑反映的只是一种影像。

当然，不仅仅是太阳，当人与外部事物发生联系或相互作用的时候，人的大脑也是可以接受它们的信息，并形成关于外部事物的感觉、知觉、精神或知识，而这些感觉、知觉、精神或知识就是大脑对外部事物的表征，或者说思维就是对存在的表征和影像。

不仅如此，思维不仅是对存在的表征，而且表征者和被表征者还存在着确定的对应关系，也就是说表征者和被表征者是严格对应的。

例如，“精神的太阳”所表征的就是外部世界中的那个真实的太阳，这样“精神的太阳”与真实的太阳之间就建立了一种确定的对应关系，这就是说，“精神的太阳”所表征的仅仅是外部世界中那个真实的太阳，而不可能是月亮、地球、火星或其他。

当然，“精神分子”也并非是毫无根据的猜测与想象，它是精神的本质，但并不是虚无缥缈的非物质，而是客观实在的精神分子，是大脑这个物质结构所产生出来的高级物质。

假如说精神的本质真的是物质，那么精神和物质、思维和存在就同为物质，它们就不再是性质截然相反的两种东西，而在本质上是同一的，即它们都同一于物质。所以，

“精神分子论”就彻底改变了问题的前提。这样一来，精神与物质、思维与存在之间那些无法调和的矛盾和鸿沟就不复存在了，一个十分棘手的问题就有可能得到解决了，而困扰了哲学界两千年之久的一大难题也就有可能迎刃而解了！

所以说，就当前来讲，精神的本质可以说是精神的，也有可能是物质的。所以，只有用科学的方法深入研究大脑的神经结构、思维过程和工作机理，我们才有可能发现思维或精神的真正本质。

课堂收获

成功者和失败者的区别在于：是否用积极的精神态度对待你的人生。乐观的精神支配和控制的人生，总会更容易收获成功。而被失败和疑虑支配的人生，则更容易走向失败。所以，人可以没有能力，但不能没有精神。

身体与心灵的关系
——思维为什么和存在同一？

心灵上的疾病比身体上的疾病更危险。

——西塞罗

宇宙是怎样创造出来的？所有事物是否都是由一种基本的物质组成？也许现在所有的事物都只是虚构的，没有时间，空间，物质，甚至人类都只是一种存在形式。

早在两千多年前，古希腊哲学家巴门尼德就曾提出了“能被思维者和能存在者是同一的”观点。也就是说，“思维和存在同一”的问题在很早就已经被提出来了。

长期以来，尽管不同派别的哲学家对这个问题做出了不同的解释，但是绝大多数哲学家还是都把“思维和存在同一”作为了当然的前提，他们所关注的就是“世界是怎样的”这个问题，却很少有人怀疑我们所认识的是否真的就是外部世界。

进入近代以后，哲学家们开始意识到，“世界是怎样的”这个问题实质上就是人的思维把握到的世界是怎样的这个问题。思维中所把握的世界同世界本身是否一致，思维能否把握世界，如何把握世界，这才是哲学所要回答的基本问题。

如何解决思维和存在的同一问题？这就要从物质说起，由于思维和存在同为物质，所以二者在本质上是同一的。而思维又是外部存在的表征，并且它与它所表征的对象存在着确定的对应关系，所以思维和存在在逻辑上也是同一的。

同样，思维中不仅包含着存在的信息，而且它们在信息上还是同构的，所以思维和存在在信息上又是同一的。

这就是说，人类在认识外部世界的时候，并不仅仅同自己的心灵打交道，也不仅仅在自己的主观世界里兜圈子，而是通过实践对自己的认识，对脑中的经验、观念或知识进行检验和验证，检验它们是否与外部世界符合一致，检验思维和存在是否同一。

不仅如此，人体的感觉器官还会把检验的结果反馈给大脑，以便大脑对认识的状况做出判断和评价，这样通过进行对比，就能确定我们脑中的知识和外部世界这个对象是否符合一致。

思维和存在是相辅相成，相互统一的。存在是思维的基础，只有在物质的存在之上，才能够产生思维；而思维又是从更高的层次上影响物质的存在，从而改变存在的形式。所以，两者相互作用，相互影响。

正是由于人的认识来源于外部世界，正是由于认识是大脑根据外部世界的信息加工而成的，所以我们说认识和外部世界这个对象是符合一致的。

课堂收获

身体与心灵的不和谐是产生人生困惑的根源所在。人是自我的主宰，但是当今人与自我的关系却陷入不和谐。这种不和谐就会导致精神的“荒漠化”现象。

人的生命、生活和人生的完整意义就体现在“身体”与“心灵”相互融合的过程中，体现在“身体”与“心灵”的和谐之中。所以，每一个有志于完善自己生命的人，都应该自觉地致力于让心灵和身体达到和谐，实现身体与心灵的和解。

认知的冲突——认知的和客观的一样吗？

反对的意见在两方面对于我都有益：一方面是使我知道自己的错误；一方面是多数人看到的比一个人看到的更明白。

——笛卡儿

什么是认知？就是指人们认识活动的过程，即个体对感觉信号接收、检测、转换、简约、合成、编码、储存、提取、重建、概念形成、判断和问题解决的信息加工处理过程。

人都有认知，但是人也有产生认知冲突的时候，也就是说，有时候人的个体意识会与认知结构与环境的内部成分产生不一致的情况，这种情况就叫作认知冲突。而出现这种情况时，人的认知就会产生错误。

比如说物理知识，常常有很多物理的知识和我们日常生活中想象的完全不同。比如说海水，如果不知道的人会觉得，如果在海上航行缺乏水的话，渴了就可以喝海水。可事实不是这样的，因为海水中的盐分会使人的身体机理失去平衡，如果我们口渴就喝海水，我们就会越来越渴。这就是认知冲突。

人会不会存在认知的冲突或偏差？答案无疑是肯定的。由于人类认识的局限性，这就决定了人的认识只是一个阶段、一个方面，所以在人的认知与客观事物之间的差异这时就会显现出来了。

联合国的一位亲善大使有一次去非洲某个国家考察。回来后他宣称，那里的人是全世界最差的人，因为海关人员总是板着僵硬的脸，计程车司机态度蛮横，餐厅侍者傲慢无礼，市民极不耐烦而又满怀敌意……

后来，这位亲善大使偶尔看到这样一句话："世界是一面镜子，每个人都能在其中看到自己的影像。"看后他恍然大悟，他眼中的这个国家，原来就是潜藏在心中自己的影子。于是，当再次去那个国家时，他改变了自己的心态，一路都微笑。结果，他竟然看到一个全新的国家：海关人员、计程车司机、侍者和市民，人人都面带笑容，个个都亲切友善。

对于人的认知来说，其内在世界就是源头，而外在世界只是支流。内在世界和外在世界是相辅相成的，共存的。我们在外在世界所体现的能力，取决于我们对这种能量源泉的认知。每一个个体都是这种无限能量的出口，而每个人对于其他人而言也是这样。

人不仅要认识世界，而且要认识自己，包括自己的认识活动，人类文明的历史在一定意义上，也可以说是人类不断地认识世界和认识自己的一部历史。对于同一事物，这个事物尽管只有一个，但人们由于会有不同的认知或看法，所以会有不同认识。

这就是说，个体认知的产生总有一定的局限性和片面性，要真正认清事物的全貌和本质，必须认识到事物的整体性和多维性。因此，完整认知的形成，应该考虑其多维性。

课堂收获

这个世界是很复杂而多面的。没有一个人能够完全了解这个世界，从这一点来说，任何人对于这个世界的认知都是片面的，我们所关注的事物也许只是事物的一面或者几面，所以交流和沟通才显得如此重要。如果我们需要了解他人的观点以修正自己的偏差，那么我们就需要不同的声音出现，这种建立在对现实的自我全面客观基础上的认知就是一种积极态度。这就意味着我们对自我的认同和积极接纳，以及对自我的不断完善和发展。

世界的本质是什么？
——变是万物恒久不变的规律

唯有变化才是永恒的。

——赫拉克利特

古希腊哲学家赫拉克利特说：“一个人不能两次踏进同一条河流。”这句话的含义是什么？就是告诉人们：万物皆在流变中。

1998 年 12 月在美国公映了一部场面宏大的、史诗般的动画巨片——《埃及王子》，这是每一个美国观众耳熟能详的历史故事，讲述的就是在公元前由摩西率领以色列民族出走埃及，历经 40 年风雨，迁移到希望之乡——迦南的长征故事。

以色列人曾经在埃及的土地上借居了 430 年，他们以特有的聪明和勤劳，经过世代的繁衍，终于发展成为一个强大的民族。但是，因为他们坚持不与当地人混居，不信仰当地宗教，排斥当地人的生活习惯和民族特点，所以愈来愈被埃及的法老视为隐患。

很多埃及人都害怕日益强大的以色列群体，他们担心一旦发生战争，以色列人会和外来的侵略者里应外合，形成对埃及可怕的威胁。于是埃及的法老制定了种种阻止以色列人增长的计划，强迫以色列人做苦工，千方百计地压迫和奴役他们。更有甚者是颁布法令：凡是以色列人的新生男婴都要扔到尼罗河里淹死。

摩西因为阴差阳错的原因不仅逃过一死，而且还得以在王宫里与埃及王子一起长大。但他始终是一个正宗的以色列人。在王宫里养尊处优的生活和与埃及王子的亲密友情并没有使他忘记自己的身世和同胞，当以色列民族面临生死存亡的关键时刻，他临危受命，挺身而出，决心带领以色列人从埃及出走，去寻找新的家园。

经过摩西多方努力，终于使生活在埃及国王压榨下的以色列人相信了摩西的远见，他们将要去的地方是一个水丰草美树绿地肥，流淌着牛奶和蜜糖的辽阔的希望之乡。在摩西的动员之下，他们跟随摩西踏上了向希望之乡迁移的长征路。

这个故事在西方广泛地流传至今，不仅对社会，而且也为从事变革的哲学家、理论家们所津津乐道。因为它告诉了人们，世间一切皆在流变的道理。

在哲学的范畴中，“世界”的含义就是指自然界和人类社会的总和。所以，世界的变化不是偶然的，而是由永恒的变化这一特征所决定的。“一切皆在流变”就是世界的本质，变化就是世界唯一不变的特征！

课堂收获

变化是物质的固有属性和存在方式，世界上不存在一成不变的事物，只有永恒运动变化着的物质，变就是万物恒久不变的规律。变就是生活的本质，是生活中唯一不断发生的。即使我们不变，我们周围的形势、环境、政治、思想、意识以及我们周围人也会变化，因此，我们能够成功到什么程度，就取决于我们预测变化和适应变化的能力，如果我们企图一成不变，那我们只有失败。

必然性和偶然性关系
——我们如何解释事物中的变化过程

必然性和偶然性是绝对观念发展的两个既有区别又有联系的环节。必然性根基于事物自身，偶然性根基于他物；偶然的东西是必然的；科学和哲学的任务就在于从偶然中去认识必然。

——黑格尔

我们日常遇到的事情，可以分为两类：一类是必然的；一类是偶然的。

偶然和必然就是指事物发展过程的两种基本现象和趋势。偶然代表着事物出现的一种不可确定的因素，即可能出现，也可能不出现，可能这样出现，也可能那样出现。

而必然性则标志着事物出现的不可避免性，如春夏秋冬，寒来暑往，日出日落等。太阳一定从东边出来，黑夜过去一定是白天，冬天过去，春天就该来了，作用力和反作用力同时存在，等等，这些都是按照客观规律必然发生的现象。

偶然和必然并不是同一个东西，是有区别的。然而，二者又不是毫无联系，互不相干的。一件事情的发生，往往既有偶然性，又有必然性，偶然性和必然性是紧密地联系在一起的。偶然的东西往往有某种必然性隐藏其中。

有这样一个故事：

一位秃顶的老头到海滩避暑，一开始坐在遮阳伞下乘凉，后来起身去海里游泳，刚到太阳底下，头就被一块石子砸了一下。

这看似是一个偶然事件，但偶然中包含必然。原来这处海滩有许多老鹰，它们的猎食对象之一就是海龟，当海龟从海里爬到岸上时，龟甲反射阳光引起老鹰的注意，它们就抓起石头从空中丢下，将龟壳砸烂，然后飞下去饱餐龟肉。

秃顶的老头从遮阳伞下走到太阳下时，光脑袋引起阳光的反射，老鹰误以为是海龟，就来了一个“空中飞石”——这是事件发生的必然性。

受精的鸡蛋到了一定的温度可以孵出小鸡；精耕细作可以得到好收成；刻苦努力

和正确的方法一定可以把知识学到手。这些都是必然。其中，“一定的温度”“精耕细作”“刻苦努力和正确的方法”，就叫作条件。只要具备了前面的条件，就一定会出现后面的结果。这也是由事物发展的客观规律决定的。

世间一切事物的发展都有其必然性的规律，许多看似偶然的事物外在现象都是其内部必然性发展的结果，任何人若不遵守事物本身规律，而力图让外界事物按照自己的设想发展都将是徒劳的。

因此，世间万物都具有联系，一个偶然性的因素成为必然后，必会影响新的必然和偶然，最后形成新的必然，再影响新的必然和偶然……如此往复循环。

课堂收获

事物的结局都是偶然发生的，但是，促成其结局出现的因果，却往往具有一定的必然性或是被一些必然的因素所左右。正所谓“以结果论成败”，所以成功也好，失败也好，应该都是偶然的。但是，如果成败不是一个既定的结果，而是事物发展的过程，进展的方向的话，那么成功和失败又是必然的。所以，必须清晰地认识到，一切发生过的事情都有其必然性的因素，而非偶然。这才能保持顺其自然的心态，拥大道而与大道同行。

信仰与理性的关系——信仰需要理性吗？

脱离各种罪过的出路就是献身舍己，脱离各种恶的诱惑的出路就是对于理性的信仰，脱离虚伪的教训就是对于真理的信仰。

——列夫·托尔斯泰

理性与信仰，这是一个古老而常新的话题。之所以说它古老，是因为这两者从一开始即是纠缠不清的。

在世界上，有许多人都有信仰。但是，这些信仰难道是他们没有经过理性证明就信仰的吗？如果没有理性的证明，他们又是如何选择信仰呢？如果他们的信仰是理性的选择，那么这样的信仰还是信仰吗？这些被理性证明的信仰，还有资格作为信仰吗？

理性最初的发端，一般来说就来自古人对因果关系的追寻，即发端于人们对存在现象终极原因的探求；而在人们把事情的起因认作是某种神秘力量的作用时，这就走向了信仰。可以说，如果没有起码的理智，没有对因果关系，对物我、彼我关系的某种朦胧的区分能力，就不可能产生信仰。反之，如果没有信仰把因果关系、物我与彼我关系作为世界的秩序固定下来，也就没有人类社会的理性生活。因此说，理性与信仰从一开始便是纠缠不清的。

譬如，远古人类的社会秩序，即由宗教禁忌维系。卡西尔在其所著《人论》中就称：“禁忌体系尽管有其一切明显的缺点，但却是人迄今所发现的唯一的社会约束和义务的体系。它是整个社会秩序的基石。”可以说，这种宗教禁忌是极其荒唐、极无理性的，但是人类社会的文明与理性，却恰恰是从这里起步的。

康德曾说：“我不得不扬弃知识，以便为信仰留下位置，而形而上学的独断论，也就是无须纯粹理性批判，就能在形而上学中行进的那种成见，是一切阻碍道德的无信仰的真正根源，这种无信仰任何时候都是非常独断的。”

信仰和理性是有关系的，理性的界限可以说就是人在严格的追问下最终被发现的。奥修就曾说：“一个真实的、诚实的头脑总是知道理性的限度，总是知道理性在某个地方结束了，任何一个真诚的理性的人都不得不来到一个能感觉到非理性的点。如果你用理性向着终极前进，那个界限就会被感觉到。”奥修的这番话就是在说明理性并非万能。

由此可见，理性作为一种必然性发展规律，本来无可厚非。但是，如果认为一切存在都应服从一个规律，则这种思维方式，必然产生种种弊端。因为不同的领域，不同的学科，不同的文化环境和不同的地域空间，会有许多不同的存在方式与存在条件，否则千篇一律必成教条主义。

信仰与理性表面好像是一对有着血海深仇的冤家对头，是完全对立的。其实它们也是一对孪生兄弟，互帮互助，没有理性的信仰是迷信，没有信仰的理性是狂妄。信仰和理性两者是相辅相成的，信仰可以引导理性，理性可以见证信仰。信仰不是反理性的，而是超理性的。

随着人类社会的发展，信仰会为理性让位，理性哲学不会消灭，正如信仰不会消亡一样。只不过作为不同的认识阶段，这二者在某种程度上就是相互否定式的发展态势。

课堂收获

信仰虽是非理性的，但不反理性。可以说，理性就是信仰的基础，反过来信仰就是理性的结果，信仰必须和理性相结合，才能算真正的信仰，不然就是迷信。否则，人若失去了理性而盲目信仰，遇事就会人云亦云，用信仰来蒙骗自己的无能。

生命的意义——“我”将会成为什么样的人

人生最终的价值在于觉醒和思考的能力，而不只在于生存。

——亚里士多德

对人类而言，最感兴趣、最为神奇的事物莫过于生命了。生命与人类近在咫尺，融为一体，而人类却又不知生命是什么。

人类自从诞生的那一天起，就开始了对生命的探索，从来没有停止过，但对生命的认识却是零零星星、支离破碎、一知半解、似是而非的。其实，人类所面临着的各种各样的挑战，不是来自自然界，而往往是来自人自己。

有一个比较古老的笑话就是这么说的：

有一个傻子当差役押送犯人，结果犯人趁他熟睡的机会，把囚服套在他的身上，逃走了。傻子差役醒来以后，清点了半天，发现武器、包袱、囚犯都在，唯独找不到自己，于是十分纳闷：“怎么我不见了？”

连傻子在思考的时候，都要问一下“我”在哪里，那么我们对自己的关注程度如何呢？

在18世纪，康德就说过：我所关心的问题只是“人是什么？”人和动物不同，动物只是本能地“活着”，而人的生活应该是经过思考、有明确目标和意义的生活。那么，人是什么？人的生命的意义又是什么？难道人在这个世界的存在只是偶然的，存在的意义就是虚无的，生活只有享受。

某国国王虽日理万机，但仍下定决心要探讨生命的意义。他要求全国学者就这个问题加以研究，得出结论。

“结论”是一本巨著。国王没有时间阅读，又要求编书的人摘述提要。学者们再三推敲，把生命的意义写成一个小册子。无奈，这时国王已经病危，无法阅读。“生命到底是什么？”他要求一位年老的哲学家用一句话作答。据说，这位哲学家在国王耳边轻轻地说：“生命就是：一个灵魂来到世界上受苦，然后死亡。”国王听了，溘然而逝。

生命的意义真是如此吗？据确凿可靠的考证，这段记载遗漏了一些重要的字句。那位年老的哲学家最后向国王报告的全文是：“生命就是上帝派遣一个灵魂到世上来受苦，然后死亡。可是由于这个人的努力，他所受过的苦，后人不必再受。”

其实，人生本无意义，人活着就是要创造出这个意义。生活就是一个过程，意义就是在生活中依靠人的行为而不断造就的。而且，这种意义无意识中人们早就在做了，只是人们自己并不知道而已。我们每天在做的事其实都是有意义的事，否则我们那么多人的光阴岂不是虚度？只不过是有的人意识到了，而有的人没有意识到而已。

就像苏格拉底所说："未经考察的生活是不值得过的。"每一个人只有认真地思考过自己的生活，知道自己在做什么，这样我们才会发现人生命的意义。当发现了人生命的意义，就可以使我们以新的目光来看待生活、人的存在，这样人的存在就不再是虚无而荒谬的，而是伟大的。

课堂收获

人要想生活得有意义，就该对自己身在其中的世界和生活进行观察和思考。所以，我们不仅需要具体的科学知识，还需要哲学这种精神层面的知识。哲学就与我们的生活有着密不可分的联系，当我们走进了哲学，了解了这些哲学性的问题，我们就会自觉地去追求智慧，从而创造出更美好的人生。

第5章

哲学的思辨

哲学作为一种智慧之学，绝不是各种智慧的总汇，而是把智慧作为研究的对象。哲学不是诡辩，更不会把自己的焦点建立在诡辩之上。哲学的价值在于思辨，在于通过对思考的提问和反思，让我们更加清楚地认识自己和我们的世界，认识包括思维在内的人本身。所以，哲学对问题的解答不是最重要的，重要的是我们要理解哲学的思辨方式，这对于促进我们的思维才是有价值的。

水往低处流——自然界是客观的

要命令自然，就必须服从自然。

——弗朗西斯·培根

哲学就是关于世界观的学问。有什么样的世界观，人类就会有什么样的思想意识。

哲学作为世界观的功能就是教人如何看待世界，即如何对待宇宙和人生，如何对待知识和规律，如何对待个人和社会、自己与他人。可以说，哲学就是指导我们认识和改造世界的思想工具，也可以说哲学是指导人们生活得更好的艺术。

在某个地方曾流传着一种叫作穿墙术的特异功能，一是说一旦一个人有了这种能力他就可以随心所欲地穿越于各种物质之间。事实上这是不可能的。这实际上是忽视了自然界的空间特性的客观实在性。因此，后来就有一个人自以为学会了这种穿墙术，于是便向别人炫耀自己的本领，结果他一头向一堵墙撞去，直撞得头破血流。

这在告诉我们，自然界的客观实在性是不容忽视的，谁忽视了自然界的客观实在性，谁在日常生活和工作中不顾客观的现实性，只凭自己的主观意念办事，其结果就是一头撞在墙上。

自然界也有其自身的规律，任何人只有按照这个规律去生活、去行动，才能适应自然界的发展规律，才能有所成就，否则就会功亏一篑，身败名裂。人和自然界，大致就表现出这样三种关系：一是人类推动了自然界的发展；二是人类顺应了自然的发展；三是人类逆自然的客观性而行动。

虽然自然界相对来说是静止不动的，但是却是不断发展变化的。而且，自然界的发展变化又是遵循着一定的自然规律的，就像水总往低处流动一样，这些规律的存在就不是依赖于人的主观意识改变的。人们只能通过认识自然规律，遵循自然规律，才能运用自然规律来改造世界。否则，违反了自然规律，人们的实践就会遭到失败。

自然界的存在与发展是客观的，因为自然界先于人的意识而存在；人类产生之后，自然界的存在与发展也不以人的意志为转移。这就要求人必须承认自然界的客观性，就是人类有意识地处理人与自然关系的基本前提。

课堂收获

英雄可以造时势，就是因为迎合了时代的潮流，建立了伟大业绩，但有些人的行为不一定和潮流合拍，甚至有时逆潮流而动，也会在历史上留下自己的足迹，如希特勒。所以，无论任何人，无论你是政治家、科学家，还是思想家，只有顺应了潮流才能够建功立业，否则就会一事无成，就会身败名裂，甚至自取灭亡。

是否真的有本体界叫作物自体？
——现象不同于实在

借芦苇的摆动我们才认识风，但风还是比芦苇更重要。

——纪德

什么是现象？现象就是人所能看到、听到、闻到、触摸到的，是事物表现出来的能被人知觉到的一切表象。

对于现象，按照其自然属性来分，就可分为自然现象和社会现象。如月亮东升西落、刮风下雨、苹果落地、太阳是圆的、狗长四条腿、人长两只手、人类的产生与灭亡、人的生死，都是自然现象；如战争、犯罪、起义、资本主义的产生与灭亡、国家的产生与灭亡、贫富分化、通货膨胀，都是社会现象。

现象不同于实在，实在就是物自体，物自体即事物的原实本质。所以，物自体不易显露出来。至于对象本身究竟是什么样的，因为我们没有上帝那样的眼光，所以我们不知道。因此，很多人一直认为，帮助他们观察世界的眼睛向来就是客观的，却不知道事实上自己已经在无形中为自己戴上了有色眼镜，从而使自己的眼睛歪曲了这个世界。

有部美国电影叫《英雄》，就是说一个小偷看到飞机失事了，他想上去捡点便宜，结果无意之中把飞机上的人都救出来了，结果便宜没拾到，自己的鞋子丢了。后来人们到处找这个英雄，由于他不愿意上镜，所以人们没有找到他。后来有一个人冒充他，结果成了英雄。这个情况很典型，就是说你认为他是个小偷，其实他心里面还有没有泯灭的人性，良心、良知还在。

就我们的认识而言，所有在事物对象上呈现出来的东西都是依赖于我们的认识，都不一定是物自体本身的结构。所以，康德说“人为自然立法”，就是说我们对世界的认识成为了一个人为自然界立法的过程，不是自然界为我们立法，而是我们为自然界立法，自然科学不是对自然界本身的物自体的一种反映，而是我们自己建构起来的。

现象世界就是意欲的产物和表现，是意欲在时、空中的客体化。如果把现象与本质加以比较，就会发现，现象与本质相比较易消逝。

课堂收获

做事情的时候，人必须想着“一定”这个词，因为本来你就是优秀的，并且你会付诸实际行动。这样做，虽然起初可能感到不习惯，但时间一长，经过几件成功的事之后，你就会慢慢发现“天生我材必有用”，原来自己一直就是最棒的，一直都是最出色的。

从“问”开始——一切知识的起点和基础

提出一个问题往往比解决一个问题更重要，因为解决问题也许仅仅是一个教学上或实验上的技能而已。而提出新的问题新的可能性，从新的角度去看旧的问题，都需要有创造性的想象力，而且标志着科学的真正进步。

——爱因斯坦

任何学问，都是从“问”开始的。

动物不会向自己提出问题，人类则是自我发问的动物，所以在不断解决问题的过程中，人类获得了科学、知识和智慧。

人由于种种条件限制，很容易把自己的经验，自己获得的知识绝对化，以为自己的一得之见就是完全正确的，这就会产生绝对主义。而提出问题就是对它存有怀疑，然后得到答案，这就形成了知识。

古希腊最伟大的百科全书式的哲学家亚里士多德就曾说：“由于惊异，人们才开始哲学思考。”

惊异就是问题，就是从无知到知的中间状态。完全的无知，根本提不出问题，不会引起惊异之感；完全知道了，明白了，问题解决了，也会无惊异可言。只有在从无知到知的那一过渡状态，才会产生惊异。

通过广博的学习，提出问题，就能够促进思维活动。所以，在学习时我们要善于提出问题，上课要善于用启发式思考，读书要善于怀疑和提出问题，这才能真正深入下去。而一门学科的发展，就是在这种发现问题和解决问题的过程中实现的。

问题和自知无知就是人追求知识的开始。牛顿就把自己比作一个在海滩上捡贝壳的小孩子，知识好像是大海，自己不过是在海边捡了一两个贝壳而已。爱因斯坦也做过这样一个比方，他随手画了一个圆，他说，如果人类的知识是这么一个圆的话，那么，圆外的一切都是未知的领域。这就是说，尽管人类的认识领域在不断扩大，但“无知”与“知”的矛盾是无限的，所以，发现问题和解决问题的思维过程也是无限的，永远不会完结。

知识是人类认识的结晶，人类思维的结晶，比如，“真是什么？”“善是什么？”“美是什么？”“数是什么？”“自由是什么？”“正义是什么？”“空间是什么？”“时间是什么？”“它们有没有开端？有没有终结？”诸如此类的问题，就构成了哲学的研究领域。

而人的文明生活及其进程，就是由一系列的问题及其解答所构成的。文明对付挑战的第一步，就是把挑战恰当地转化为可接纳到文明体系中去的一定性质的问题。所以，人对世界的认识是微乎其微的，只有反复地提问和责疑，才能达到比较正确和完整的认识。

因此，对于我们每一个人，就必须时刻保持疑问的态度，这样才能不断地提问题，才能获得新的认识和科学知识。可以说，只有这种敢于提出问题的认识，才永远是新知识的基础和起点。

课堂收获

成功者之所以与众不同，就在于他们善于发现问题、解决问题。要知道，有问题是正常的，没有问题才不正常。问题不可怕，问题其实就是最好老师，它会带给我们成长的机会，增长我们的经验，帮助我们真正实现自我提升。所以，只有面对问题，才能激发人潜藏的力量，才能唤醒我们沉睡的智慧。

实践出真知——实践是认识的来源

理论所不能解决的那些疑难，实践会给你解决。

——费尔巴哈

“实践出真知”，顾名思义，就是通过实践了解了真正重要的知识。

什么是实践？实践能带来什么？实践能做什么？如何实践？这就是我们必须认真解决的问题。只有形成了科学的实践观，我们才能更好地指导实际，改造世界。

有一个年轻人和许多人一同到某公司应聘采购员，工作是为这家公司采购物品。

招聘者在一番测试之后，留下了这个年轻人和另外两名优胜者。随后，面试考官提了几个问题，每个人的回答各具特色，考官很满意，面试的最后一道题是笔答题。题目为：假定公司派你到某工厂采购2000支铅笔，你需要从公司带去多少钱？几分钟后，应试者都交了答卷。

第一位应聘者的答案是120美元。考官问他是怎么计算的。他说，采购2000支铅笔可能要100美元，其他杂用大概需要20美元吧！考官未置可否。

第二位应聘者的答案是110美元。对此，他解释道：2000支铅笔需要100美元左右，另外可能需用10美元左右。考官同样没表态。

最后轮到这位年轻人。考官拿起他的答卷，答案是113.86美元，见到如此精确的数字，考官不觉有些惊奇，立即让应试者解释一下答案。

这位年轻人说：“铅笔每支5美分，2000支是100美元。从公司到这个工厂，乘汽车来回票价4.8美元；午餐费2美元；从工厂到汽车站为半英里，请搬运工人需用1.5

美元……因此，总费用为113.86美元。”

考官问他：“你怎么会想得这么全？”

年轻人说：“你给我的问题，是企业老板心里要预算的题，我答题时，把自己当作你们老板了，加上我平时实践，所以给出了这个答案。”

考官听完，欣慰地笑了。这位懂得亲身实践老板角色、懂得实践重要性的年轻人自然被录用了，他就是后来大名鼎鼎的卡耐基。

实践出真知，要想获得深刻的体会认识，就要身体力行地去想去做。很多人往往一时很难弄清楚自己的兴趣所在或擅长什么，这就需要你在实践中不断发现自己、认识自己，否则不脚踏实地地去实践，只能是白日做梦。

但注重实践，并不是一种盲目的繁忙劳碌，是要注重思考，卓有成效地开展工作，更要持之以恒，只有这样兢兢业业地去实践，工作才有意义。

课堂收获

实践能出真知，实践更能出才干。积极投身实践，就是一个人提高素质的重要环节。勇于承担艰巨的工作任务，乐于做开创性的工作，甘于做打基础的工作，既能经得住挫折和打击，从错误和失败中学习和提高，又能在成绩和荣誉面前戒骄戒躁，谦虚谨慎，积累经验，增长才干，这就使人从整体能力跃上更高的层面，进入更新的境界。

为什么维克多·雨果被称为“作家”？
——概念的内涵和外延

谁要认识自然的最大秘密，那就请他去研究和观察矛盾和对立面的最大和最小吧。

——布鲁诺

概念是通过揭示对象的特性或本质来反映对象的一种思维形式。

内涵是概念的重要特征，弄清概念的内涵是十分重要的。如果不弄清概念的内涵，就会闹出笑话来。

曾经有这样一个故事：

《悲惨世界》的作者、法国大作家维克多·雨果，有一次出国旅行，走到了某国边境，宪兵要检查登记。

检查人员问道：“姓名？”

“雨果。”

“干什么的？”

“写东西的。”

“以什么谋生？”

“笔杆子。”

于是，宪兵在登记簿上写道：“姓名：雨果。职业：笔杆贩子。”

堂堂的大作家竟然成了笔杆贩子。真是滑稽可笑！

为什么会发生这样的笑话？这就涉及了概念的内涵和外延的问题。任何一个概念都有内涵和外延两个方面，这就是概念的两个基本特征。

雨果与宪兵对“以笔杆子谋生”这个概念的内涵和外延都做了不同的理解：雨果所说的“以笔杆子谋生”，内涵指的是“以写文章获得稿费维持生计”，外延所指的对象是“作家”；宪兵所理解的“以笔杆子谋生”，内涵指的是“以贩卖笔杆子为生”，外延指的对象是“笔杆贩子”。宪兵完全没有理解雨果所使用概念的内涵和外延，所以闹出了大笑话。

事物和属性不可分割。概念在反映事物本质属性的同时，也就反映了具有这些属性的事物。这就形成了概念的内涵和外延两个方面。概念的内涵，就是反映于概念中的对象的本质属性，它是概念的质，即通常所说的概念的含义。概念的外延，就是反映于思维中的具有相同本质属性的事物对象。它是概念的量，是从量的角度反映事物对象。

作为概念的两个方面，内涵与外延是密切联系、相互制约的。内涵越大，外延就越小；内涵越小，外延就越大。比如，“人”这个概念，内涵是“有理性的动物”，外延就是所有的人类。但是概念如果是“男人”，那么内涵就比“有理性的动物”多了一点，就是“雄性的有理性的动物”，其外延就不是全部的人类了，就要排除其中的女人。

因此，要掌握一个概念，就必须把握这个概念的确切含义和所指的对象范围，一定要弄清它在具体语言环境中的确切含义。如果没有弄清它的含义，就会产生误解，出洋相。

课堂收获

正确把握这种内涵与外延的反比关系，对我们的工作、学习都有好处。无论是工作还是生活，我们总会接触到很多要签订的文件，这时就要特别注意对文本仔细推敲，若发现条款表述不清、概念模糊的，就要及时要求对方进行说明修订。这样双方在以后的交往中才不会产生歧义，从而避免不必要的麻烦。

没有矛盾的世界真的存在吗？
——可能性不等于现实性

生命在于矛盾，在于运动，一旦矛盾消除，运动停止，生命也就结束了。

——歌德

没有矛盾，就没有世界。矛盾是事物变化、发展的源泉和动力，整个世界都充满着矛盾。

没有矛盾的想法是不符合客观实际的天真的想法。世界总处于矛盾之中，总是有矛盾存在的，没有矛盾就没有世界

矛盾即“对立统一”，是指事物之间或事物内部各要素之间对立和同一及其关系的基本范畴。

矛盾的对立面，既有同一性，又有斗争性。比如，客观事物的发展总是在现实性中产生出可能性，而可能性又不断变为现实性。这种矛盾就存在于事物发展的一切过程中，又贯穿于事物发展过程的始终。

可能性和现实性是对立的，可能性不等于现实性。说是可能做到，就是说现在还没有做到。所以，可能性不等于现实性，现实性也不同于可能性，不能把二者混为一谈。

现实性是包含内在根据的、合乎必然性的存在。现实处于不断发展过程中，它是过去“现实”发展的结果，又是引起将来“现实”的原因。可能性则是指包含在现实事物之中的、预示着事物发展前途的种种趋势，是潜在的尚未实现的东西。

一粒种子，种到地里，遇上合适的条件，可能发芽，开花，结出更多的果子。要使这个可能变成现实，就要给它创造一些条件。如果种下去，不给它创造合适的条件，种子没有水就会干死，遇到病虫害也会夭折，当然也就结不了果实。如果把种子放在那里，几年不种，种子又会死掉了，也就不会再有发芽、开花、结果的可能了。

我们做事情不但要看可能性的大小，更要靠我们自己的主观努力。可能性大，不要放松努力；可能性小，也不等于不能成功。别人用一分努力，我们用十分，这样才可以逐渐缩小差距，增大可能性，最终使可能变成现实。

一个乞丐，得到一个鸡蛋，舍不得吃，放在破帽子里。他躺在那里想，把这个鸡蛋托邻家的母鸡孵成小鸡，等小鸡长大了再生蛋，蛋再孵鸡，鸡再生蛋，几年后，自己不就可以成为大富翁了吗？他想到这里，高兴极了，把破帽子一甩，鸡蛋打碎了……我们绝不能学他的样子，躺在那里空想，把可能的事当成现实。

要把可能变为现实，需要具备一定的条件。条件多具备一点，可能性就增大一点；条件都具备了，可能就变成现实了。

课堂收获

天下没有免费的午餐，机会只光顾有准备的头脑。如果你觉得自己是一个幸运儿，请记住：如果你毫无准备却有了异常的机会，那也只能眼睁睁看着机会逐渐消失，永远也不会砸到你头上。

“给我你的手”和“你来拿我的手”——概念的同一关系

“同一”保证了每个事物独立存在的资格，事物都存在自己之内，用不着和“特性”一般，寄生在别的事物身上，这就是“范畴”中“实体”的存在。

——哈佛哲语

在同一个思维过程中，使用的概念必须保持同一；在讨论问题、回答问题或反驳别人的时候，各方使用的概念也要保持同一。

什么是概念的同一？所谓概念的同一，就是具有全同关系的概念外延完全重合，而内涵却是不同的事物。如果两个概念外延完全重合，内涵也完全相同，那么它们就是不同语词表达的同一个概念，而不是具有全同关系的不同概念。所以，判定全同关系就有两个最基本的要点：一是外延完全重合；二是内涵不完全相同。

巧妙地使用同一关系的概念，可以使我们的表达生动活泼。如果不懂得概念之间的同一关系，就会出洋相、闹笑话。

有这样一个故事：

杰克有一个爱财如命的朋友。这位老兄十分吝啬，他有进无出，从不给别人一点东西。

一天，吝啬鬼与朋友们出去游玩，他一不小心掉进河里。朋友们都跑去救他，其中一个人跪在地上，伸出手并大声喊道：“把你的手给我，我拉你上来！”可是吝啬鬼宁可被水淹得两眼发直，也不肯将手伸出来。

这时，杰克走了过来，喊道：“拿着我的手，我拉你上来。”吝啬鬼一听，马上把手伸了出来，杰克与大家一起将他拉出了水面。

“你们不了解我的这位朋友，”事后，杰克对大家说，“当你对他说‘给’时，他无动于衷；如果你对他说‘拿’时，情况就不一样了。他就来劲了。”

在这里，“给”与“拿”这两个概念的外延是同一关系，而吝啬鬼却没有意识到这一点，显得特别可笑。

从概念与语词的关系上看，表达同一关系的几个概念的语词之间是同位关系，具有同一关系的几个概念实际上是从不同的方面反映了同一个对象，这就是由思维对象本身所决定的。

由于一个思维对象有许多属性，因而我们就可以从不同的角度，有所侧重地交替使用同一关系的概念而避免用词上的重复或逻辑错误，有时还能使概念用得更确切，语言更生动。

课堂收获

判定概念的全同关系有两个要点：一是外延完全重合；二是内涵不完全相同。在说话或写文章时，交替使用具有全同关系的概念，可以从不同的角度、不同的方面反映同一思维对象，这样就加深了对思维对象的认识，并避免语言重复、啰唆。有的作家就是通过把同一关系当作非同一关系的笑话，来深刻刻画人物性格，营造轻松快乐的气氛。

外延与外延的重合——概念的交叉关系

事物自身是不断发展变化的，即使所处的角度不变、所使用的标准相同，认识的结果也会因事物的自身发展而变化。

——哈佛哲语

一个概念的部分外延只与另一个概念的部分外延相同，这两个概念之间的关系就称为交叉关系。这两个概念就称为交叉概念。

交叉关系是指一个概念的部分外延与另一个概念的部分外延重合的关系。也就是说，在概念a和概念b的关系上，如果有的a是b，有的a不是b，并且有的b是a，有的b不是a，那么，a和b这两个概念之间就是交叉关系。

有一则外国幽默小故事：

英国有一位德高望重的绅士，他无论走到哪里，人们都会主动起立，对他表示尊敬。

有一次他出远门旅行，住在一家乡村旅社里。每当他出现在餐厅里的时候，大家都不约而同地从餐桌旁站起来，向他表示敬意。他也总是笑眯眯地向大家招招手，然后坐下。

一天清晨，当他神采奕奕地步入餐厅吃饭时，一个顾客从餐桌边站起身来。

“坐下，坐下，不必客气！”这位大人物风度翩翩地对他说。

“怎么啦？”那人丈二和尚摸不着头脑，反问道，“难道我去邻桌取点盐你也不准吗？”

“不是的，我以为你……”绅士涨红了脸，十分尴尬地站在那里。

“我要干什么，你怎么知道？”顾客不依不饶。

绅士只好连声说道：“对不起，对不起！”

这确实是一场误会，顾客从餐桌边站起身想到邻桌取点盐，而绅士却以为他起身向自己表示尊重。为什么会产生误会呢？这就涉及概念间的交叉关系。

所谓交叉关系，是指外延只有一部分是重合的这样两个概念之间的关系。“从餐桌边站起身来的人”与“对绅士表示敬重的人”这两个概念之间就是交叉关系。

这就是说，有的“从餐桌边站起身来的人”是“对绅士表示敬重的人”，有的“从餐桌边站起身来的人”不是“对绅士表示敬重的人”；有的“对绅士表示敬重的人”是“从餐桌边站起身来的人”，有的“对绅士表示敬重的人”不是“从餐桌边站起身来的人”。

绅士的可笑之处就在于，他没有认识到这两个概念间的关系是交叉关系，而把它们误认为同一关系，以为凡是从餐桌边站起身来的人都是对他表示敬重的人，正是这种逻辑使他在一个为了到邻桌取点盐而从餐桌边站起身来的人面前自讨没趣，限于尴尬境地。

课堂收获

说服与批评之间既有相似相通之处，也有相异相悖之处。这两部分就是外延交叉重叠的概念。所以，在说服他人时就可通过转换概念，故意改变概念含义的外延，从而收到出奇制胜的效果。

不是“生”即是“死”，不是“死”即是“生”
——概念的矛盾关系

生活本身就是五花八门的矛盾集合——有自然的也有人为的，有想象的也有现实的。

——泰戈尔

概念的矛盾关系是概念间不相容关系之一。在同一个属概念下的两个种概念的外延互相排斥，其相加之和等于该属概念的外延。

从逻辑上讲，上与下、生与死就是矛盾关系。“生”与“死”的内涵就是互相否定的，

“生”的概念否定了另一个概念——“死”的内涵作为自身的内涵。而“上”和“下”就是互为依存和对立统一的，没有“上”就无所谓“下”，没有“下”亦无所谓“上”。

再比如“正义战争”与“非正义战争”，正义战争不是非正义战争，非正义战争也不是正义战争，彼此界限分明，而且“正义战争”和“非正义战争”相加等于一切战争，中间没有第三种情况存在。所以，非此即彼，非彼即此。

有一个国家就流传着这样一种奇怪的习俗：凡是犯法被判处死刑的人，在处死之前，还要抽签请神做最后的裁决。法官在两张小纸片上分别写上“生”和“死”两个字，凡能抽到“生”字的死囚，就可以幸运地得到赦免；而抽到“死”字的死囚，立即被当众处死。

有一次，一个无辜的农夫被官府里的一个仇人陷害，法官判了他死刑。在处决的前一天，仇人为了不让他得到赦免，就把写着“生”字的小纸片偷了出来，换成“死”字的小纸片。这样，无论农夫抽到两张中的哪一张，都难逃一死。

可是，仇人的诡计被同情农夫的一个小吏发现了，小吏连忙以探监为名告诉了农夫，并要他请求法官检查两张小纸片，当众揭露仇人的阴谋。农夫听了眼睛一亮，十分惊喜。奇怪的是，他除了向小吏表示感谢外，还再三叮嘱小吏，千万不要把此事泄露出去，他说他自有办法死里逃生。

第二天，抽签开始了。农夫从法官那里抽出一张小纸片后，看也不看，立即把它放进嘴里，拼命地吞了下去，谁也不知道农夫抽到的是什么签。

法官想：两张小纸片上，一张写着“生”，一张写着“死”，农夫抽的一张小纸片虽然被毁了，而另一张小纸片还在，只要把另一张小纸片抽出来，看看上面写的是什么字，不是就可以知道农夫抽到的是什么签了吗？他把另一张小纸片抽了出来，一看上面写着一个“死”字。就大声宣布：“农夫抽到的是‘生’字！”

农夫凭着他的智慧获得赦免，死里逃生。他仇人的阴谋彻底破产了。

正所谓：“不是正义战争，就是非正义战争；不是非正义战争，就是正义战争。”农夫就是根据这个道理，巧妙地加以运用，取得了成功。

课堂收获

矛盾即对立统一，对立统一规律是唯物辩证法的核心，搞懂矛盾概念，对于准确掌握辩证思维方法具有特别重要的意义。利用矛盾关系，不仅可以解决生活中的难题，而且还有利于表达思想，使语言简洁，表达鲜明有力。

概念很有限——廓清概念才能准确适用

世界就是这样充满着矛盾，要想真正把握事物的本质，只有依靠各人的天赋、学识与领悟。

——哈佛哲语

人类在认识的过程中，从感性认识上升到理性认识，把所感知的事物的共同本质特点抽象出来，加以概括，就成为了概念。

概念既是认识事物的结果，又是认识事物的工具。概念是意义的载体，而不是意义的主动者。一个单一的概念可以用任何数目的语言来表达。狗的概念可以表达为德语的 Hund，法语的 chien 和西班牙语的 perro。概念的最基本特征就是它的抽象性和概括性。科学认识的主要成果就是形成和发展概念。概念越深刻、越正确，就越完全地反映客观现实。

明确概念实际上就是明确其内涵与外延。如果对一概念的内涵与外延不清楚就贸然使用，必然会产生混乱和笑话。

有人买了一只手表，用它和家中的闹钟测试准确度，手表每小时要快两分钟。他想，不一定是自己买的表走不准，因为也可能是闹钟走不准。于是，他拿着闹钟去对电台播出的标准时间，结果发现家里的闹钟比标准时间慢了两分钟。

这一下他高兴了，说："我的表每小时比闹钟快两分钟，而闹钟比标准时间每小时慢两分钟，可见我买的表准得很。"

你说他买的这只表到底准不准？

乍看起来，他的表是走得很准。其实，走得并不准。这是因为，当他用新买的手表同闹钟对比时，每小时快两分钟，但这两分钟并不是标准的两分钟，因为闹钟上的时间并不是标准时间。而当他用闹钟和电台播出的时间对比时，每小时慢两分钟，这却是标准的两分钟。所以，前后虽然同是两分钟，但实际上还存在着快慢的不同。

如果我们从逻辑的角度来分析，这前后两个"两分钟"的概念的内涵是不同的。前一个"两分钟"，是以走时不准的闹钟为标准的，因而这两分钟不是标准的两分钟；而后一个"两分钟"却是以电台播出的标准时间为标准的，因而是标准的两分钟。既然如此，这两个"两分钟"当然就不一样了。

所以，他由此认为手表走时很准的结论是不可靠的。恰恰相反，正由于两个"两分钟"不是一样的，由此就可认定他的手表走时不准。

对于概念是什么，一定要明确，否则就是模糊不清。所以，在解决问题时，概念一定要准确，在用同一词表达概念时，其内涵必须是恒定的。

课堂收获

搞清概念外延间的关系对于正确使用概念非常重要。概念作为人类理性认识的基本形式，会因感觉、知觉、表象等感性认识形式不同，而发生差错。而且，每个概念都有它的内涵和外延，这就对概念的理解、掌握、应用带来不少困难。所以，无论是工作还是生活，一定要准确地把握概念，认真推敲，领会其含义，否则就会出现不可挽回的错误。

世界观决定方法论，方法论体现世界观
——世界观和方法论的关系

良好的方法能使我们更好地发挥天赋和才能，而拙劣的方法则可能妨碍才能的发挥。

——贝尔纳

哲学就是关于世界观的学问。人对世界上的事情都有着各种各样的看法，有些是对整个世界的、带有根本性的看法，这在哲学上就叫作世界观。

世界观人人都有。人总会对整个世界形成一定的看法，都会有自己的世界观。由于各种人对整个世界的根本看法是不同的，因此也就有许多不同的世界观。

比如，有人认为世界是物质的，思想是从物质当中产生出来的，是物质的反映。有人却认为世界上没有什么物质，只有自己的感觉。也有人认为，世界上的一切都存在于他的思想里。又比如有人认为，世界上的一切都在发展变化。有人却认为，世界上的一切都是不变的；如果说有变化，也不过是数量的增加或减少，是一圈一圈地循环。还有人认为世界上事物的发展变化是有规律的。而有人却认为这种变化是不可捉摸的。如此等等，就有着许许多多不同的世界观。

有一则寓言：

一只正在偷羊的狼，被猎狗发现了，边逃边讽刺狗说："我虽然有时挨饿，但我是自由的，你吃得很饱，但你丧失自由比饥饿更难承受，自由才是最可贵的。"

狗被斥骂了一顿，闷闷不乐地回到家中。

它开始试着不吃东西，可是刚刚饿了一天，它就感觉挨饿的滋味实在不好受，而自由是怎么回事，它却没有办法体会。心里骂狼，让自由见鬼去吧，还是吃饱了舒服些。

这则寓言就说明了立场不同，世界观不同，人生观不同，思维方式也不同，由于对客观事物的反映不同，因而所获得的认识也不同。

方法论和世界观是一致的，就是同一个问题的两个方面。不存在脱离世界观的方法论，也不存在脱离方法论的世界观。有什么样的世界观，就会有什么样的观察问题和处理问题的根本方法——用形而上学的世界观去指导观察问题和处理问题，就是形而上学方法论；用辩证唯物主义和历史唯物主义的世界观去指导观察问题和处理问题，就是唯物辩证法的方法论。

俄国化学家门捷列夫是化学元素周期律的发现者。他的成功就在于不自觉地遵循了辩证法。他认为，质与量的统一是化学元素周期律的基础，自然界不仅有量变，而且有质变，所以化学元素有转化。

但是，门捷列夫到了晚年则成了形而上学的俘虏。他为了证明社会发展变革的不合理性，竟然反对自然界存在着飞跃，否认原子可分为“电子”，否认元素的复杂性。他竭力反对的原子结构的新发现，恰恰是对发展门捷列夫化学周期律具有重大意义的东西。他的哲学思想的倒退就妨碍了他进一步获得新的科学研究成果。

哲学意义上的“方法”就是人们认识世界、改造世界时所遵循的途径，采取的步骤。在正确的世界观和方法论的指导下，我们才可能取得成就和成功。在错误的世界观和方法论的指导下，我们就会在自己的奋斗中失去正确的方向，甚至陷入混乱和失败。

课堂收获

凡事都有一个捷径可走，就看你能不能找到一个合理可行的方法。找到了就能让你事半功倍，找不到就会被累死，还得不到成果。是用什么样的方法，还要看对方有什么样的态度，不一样的态度使用的解决方法也不同。所以，有时候，知道用了什么方法，就知道了对方拥有什么样的价值观、世界观。

要金子还是学习淘金术
——方法比对象更重要

给我一个杠杆和一个支点，我就能把地球撬起。

——阿基米德

哲学并不存在于某一种哲学理论或哲学体系之中，而是存在于过去、现在乃至将来，人类试图通达无限之智慧境界的所有道路之中，因而哲学不是一条路，而是有无数条路。

有位淘金的老人，临终前问自己的两个儿子要什么东西。大儿子说：“我要您攒下的黄金。”二儿子则说：“您把淘金的方法教给我吧。”于是，老人把金子给了大儿子，把淘金的技术传给了二儿子。老人去世后不久，大儿子就把金子花光了，二儿子却慢慢积累了许多黄金。

如果我们把前人创造的一切知识成果比作金子，那么取得这些成果所采用的方法就是淘金术。这就是哲学，它教给我们的既是科学的世界观，更是指导我们认识世界和改造世界的重要思想方法。

有个富豪走进一家银行的贷款部门前，大模大样地坐了下来。“我想借点钱。”他说。

“您想借多少呢？”

“一美元可以吗？”

“只借一美元？”贷款部的经理一脸惊愕。

富豪点点头，经理拿出手帕擦了一下汗：“没问题，只要您有担保品，随便您借多少。”

富豪马上从皮包里取出一沓股票、房地产权证、债券放在桌上。

经理清点了一下，然后说：“先生，总共五十万美元，做担保足够了。只要您一年后归还本息，我们就把这些股票和担保的债券还给您……”

但经理实在想不通这个逻辑，他开口问富豪：“我实在搞不懂，您既然有五十万美元的担保品，为什么只要借一美元呢？”

“因为我经常要到各地办事，随身携带着这些票券很碍事，我问过几家行库，想要租用他们的保险箱，但是租金都很昂贵。我知道贵行的保管工作做得很好，所以就将这些东西以担保抵押的形式寄存在贵行了。由你们替我保管，我还有什么不放心呢？况且利息很便宜，存一年才不过六美分……”

这位经理恍然大悟！

无论是生活还是工作，都需要讲究技巧和方法。然而，我们在工作和生活中，却往往忽视了对方法和技巧的研究和应用。殊不知，生活和工作中如果方法不当，有时结果就会毫无价值可言，甚至适得其反，错得离谱。

所以，凡事都要掌握好方法，有头脑又有金钱的人是幸运的，他们能用头脑支配金钱；而只有金钱没有头脑的人则是不幸的，因为他们的头脑只会被金钱所支配。

课堂收获

无论是工作、学习还是处理生活问题，方法才是最重要的。面对复杂的工作环境，光靠苦干、傻干是不行的，所以还要巧干、会干才行，只要寻找到正确的方法，分析工作方法上存在的问题，然后采取正确的方法，事情就会出现转机。方法对头了，即可化繁为简、事半功倍。

真正的胜利是战败无知——要敢于质疑

只有怀疑，我们才能克服轻信和迷信，发现事情的本来面目，发现事物的客观规律。

——狄德罗

质疑是科学研究的源泉活水，质疑是使人类社会前进的推动器；质疑使人智慧，质疑使人敏锐，只要我们在学习中、在生活中经常敢于打破常规，打破传统，那么我们的世界就会前进得更快。

在古希腊的哲学中，每一个哲学家毕生所探寻的世界本原的理论，无论其如何精论细证，多么彻底绝对，都会被后来的哲学家所否定，这就是质疑带来的成果。

当泰勒斯提出水是万物的本原后，他的学生阿那克西曼德就提出了质疑，他认为世界万物变化无穷，而水的变化有限，用水做万物的本原，就无法解释千变万化的世界，于是他就提出了世界的本原是一种无限的东西，他称为“无限者”。

可是阿那克西曼德的本原理论提出后，没多久就又受到自己的学生阿那克西米尼的质疑。学生阿那克西米尼认为“无限者”只是一个抽象的概念，不是具体的所指，应该找到实际存在的“无限者”，于是便提出了气为世界的本原。

然而，当气为世界本原的理论提出后不久，赫拉克利特便又质疑气是否真正是本原，从而提出了火为世界本原的理论。后来，毕达哥拉斯则又开始质疑一切实在的本原，并提出了数为世界的本原。

几乎每一种新哲学观点的提出都是对原有哲学观点的质疑和否定。

其中，最精彩的质疑当属赫拉克利特提出的火本原说，而且他还把矛盾运动引入了其中。因此，后面的哲学家巴门尼德才提出了无矛盾的静止的“存在”本原说。之后，他的学生芝诺为了进一步证明“存在”的合理，便又通过悖论命题的矛盾手法让人们对赫拉克利特火本原中的运动性产生了怀疑。

总之，无论是唯物主义还是唯心主义哲学，在自身内部和相互之间都充满了质疑和否定的关系。质疑不断推进后面的哲学家超越前面的哲学家，后面的哲学家则会提出更让人无限惊讶的理论。因此，如果说惊奇引出了哲学的智慧，那么正是质疑给哲学的智慧注入了生命力。

当年，哥白尼发表了“地圆说”，这不正是大胆地违背了整个主流科学界的认知。虽然今天看来当年的主流科学界，可能有许多人非常不齿他们的行径，但相同的故事可能在任何一个年代里发生，所以我们最不能质疑的就是质疑，有怀疑才会有进步。

很多时候，就如狄德罗所言：“只有质疑，我们才能克服轻信和迷信，发现事情的本来面目，发现事物的客观规律。”科学实证主义的所谓“证伪”，就是这种质疑的最好论释。

课堂收获

人敢疑、善疑，才能获得更多的知识。但敢疑、善疑不等于人要多疑。有些时候，怀疑一旦成为一种人生态度，也可能带来一些负面的东西。一个多疑的人，最终会让自己对自己都不相信，其后果可想而知。所以，怀疑要建立在一定的确信基础之上，要讲究适度原则。只因有一些东西是我们确信不疑的，所以我们的怀疑才有价值。

掉多少根头发才算是秃头？
——数学的神秘与美

哪里有数，哪里就有美。

——普罗克洛斯

远在古代人们就已对“数”产生了某种神秘感，在古希腊毕达哥拉斯学派眼中，“数”就包含着异常神奇的内容。

在那时，有些民族就根据数的算术属性，对自然界和人类社会的现象给出了神秘的解释，尽管其中不无荒诞、牵强……但这些事实告诉我们：自古以来人们对“数”有着特殊的感情，数字与人们的生活有着密切的联系。

数学是纯粹抽象的，还是扎根于现实之中呢？对于这个问题的回答就是：两者兼而有之。

对此，我们就可以通过创造“零”的经过来说明一下，这个奇特的数字——“零”就奠定了整个算术的基础。

这个过程是这样的：如果问你，这边是三块石头，那边是三个苹果，你能分清这两边吗？

——当然能！

那么，我这边拿掉一块石头，那边拿掉一个苹果，你能分清这两边吗？

——当然能！

我再拿第三次，看清楚了。你能分清这两边吗？

——当然不能，什么都没有了。

——好极了！你已经承认，如果一个集合是空的，用数学家的话讲，也就是如果一个集合的基数是零，那么它与另一个空集没有区别，只有一个空集。更准确地说，空集集合的基数叫作“一”。于是，我们便创造了数字“一”。

然后，再创造接下去的数字，就是小孩子的把戏了。

在这个逐步的过程中，既有现实，像石头和苹果，又有抽象，像使用“无”来创立单一性，即单位“一”。同样，通过在沙地上画大圆和小圆，人们有一天发明了数字“π”，这个数字本身就是一个抽象的概念。

换句话说，数学的内容都是一些概念的代表，都是一些严密运算的结果。但是它们不具有“自然性”，不是自然而来的。这种严密性使数学历来就是精确科学的典范，其他所有科学都在竭力仿效它。

然而，如果问你：“数学真理是普遍真理吗？”这却是一个难以回答的问题。在数学的诸类问题中，最显见、最简单、最令人感到神秘的莫过于数的性质问题了。

关于数学问题的“秃头悖论”就是这样说的：

一个人有了十万根头发，当然不能算秃头。不是秃头的人，掉了一根头发，仍然不是秃头。按照这个道理，让一个不是秃头的人一根一根地减少头发，就得出一条结论：没有一根头发的光头也不是秃头！

这种悖论出现的原因就是：我们在严格的逻辑推理中使用了模糊不清的概念。

什么叫秃头，这是一个模糊概念。一根头发也没有，当然是秃头。

多一根呢？还是秃头吧。这样一根一根增加，增加到哪一根就不是秃头了呢？很难说。谁也没有一个明确的标准！

如果硬要订一个明确的标准，比如说，有1000根头发是秃头，有1001根头发的就不是秃头了，这就不符合大家的实际看法。

秃头悖论的关键就在于使用了意义模糊的谓词，而谓词的模糊性就源于日常语言中的一个普遍现象：语词的意义生成过程和使用过程相互扰动。这种扰动关系就决定了命题无法获得绝对明确、稳定的意义，此即命题的测不准原则。

从表面看，秃头悖论不同于普通的逻辑悖论和语义悖论，而深入的分析表明它们生成于一个共同的基础：异常的时间秩序。对时间秩序的分析不但可以消解秃头悖论，而且提示了一种处理一切悖论的方法。

秃头悖论同时关涉逻辑世界和经验世界，逻辑世界中缺乏表达时间观念的手段是许多重大问题产生的基本原因。因此，逻辑学不应回避对时间观念的讨论。

正如普罗克洛斯所说：“哪里有数，哪里就有美。”数学中有许多新奇、巧妙而又神秘的东西吸引着人们，这是数学的趣味和魅力所在。

课堂收获

现实生活是学习数学的起点，也是学习数学的归宿。数的概念非常抽象，不结合实际仔细琢磨的话，就会导致谬误。要避免出现差错，就应摆脱习惯思维，将数字与实际结合起来。

没有肯定就没有否定——否定之否定规律

独创性并不是首次观察某种新事物，而是把旧的、很早就是已知的，或者是人人都视而不见的事物当新事物观察，这才证明是有真正的独创头脑。

——尼采

所谓“一切规定都是一种否定”，实际上是一个体现了深刻辩证思维风格的命题。

否定之否定规律就是哲学的基本规律之一，它就揭示了事物发展的前进性与曲折性的统一，表明了事物的发展不是直线式前进而是螺旋式上升的。对于人们正确认识事物发展的曲折性和前进性，就具有重要的指导意义。

比如，现代交通中的人行横道，设立人行横道，意在使步行人便于由此安全通过。人行横道是一个规定，但它又是一种否定。它否定了行人在规定之外横穿马路的方式。比如，国家法令也是一种否定。正面规定，只许如此，这就否定了其他行为方式；反面规定，不许如此，则是否定的否定，肯定了其他行为方式。凡专制者，便否定了别人的自由权利——他以别人为奴隶，而以自己为主人，但以别人为奴隶的肯定，又是对自己人格的一种否定。

又比如，人的存在，便是一种肯定，而人的存在又是对非存在物的一种否定。人的死亡，也是一种肯定，而它否定的正是人生——人的活的生命。

再比如，定式思维也是一种肯定，它否定了定式之外的内容。二二得四，三三得九，二二不得五，三三不得十。但因为思维定式否定了定式外的内容，所以一旦夸大了定式的作用或为定式所束缚，就会妨碍人的创造性。

在战争中，时常会有为了进攻而退却的事，退却就是对于原来进攻状态的否定，后来的进攻又是对于退却的否定。

否定之否定是哲学中所研究的一条事物发展的规律，否定就是事物发展的必要环节。不否定旧事物，新事物就不会产生；不否定旧状态，新状态就不会出现。睡觉就是对醒着的否定，醒来又是对睡觉的否定。上课否定了下课，下课又否定了上课。你今天是个中学生，就不能同时还是个小学生；以后你成了大学生，就又不是中学生了。

哲学上讲的否定，不是简单地说旧事物消灭了，什么都不存在了，更不是说新事物和旧事物是毫不相干的两回事。如果新事物和旧事物没有关系，它就不会从旧事物中产生出来。战争否定了和平，但战争又是和平时期政治的继续。如果没有和平时期的政治斗争，战争不会无缘无故地打起来。没有在小学里学到的知识，你就不可能考取中学，也不可能听懂中学里的课程。

同时，新事物也有它的发展过程，它也是要被否定的。当它被否定的时候，就可能出现仿佛是回到过去状态的现象。久卧思起，睡够了又要起床，似乎又回到了没有睡觉以前的状态。战争结束又归于和平。

那么，否定之否定是不是周而复始地兜圈子呢？不是的。麦芽否定了作为种子的麦粒，又结出了更多的新的麦粒，否定了麦芽。后来收获的麦粒已经不是原来的种子了。一个人从入学到离开学校，经历了“不是学生—学生—不是学生”的过程。入学之前和出校之后都不是学生。但是，这两个“不是学生”的情况是大不一样的。

正像事物的任何发展都是有条件的一样，否定之否定的实现也是有条件的。懂得否定之否定的规律，人们就可以自觉地运用它。

课堂收获

新事物里有旧事物的因素，不是不好的现象。为了跳过一条小河，就从河边后退几步，才能跳得更远。为了保证边界的和平，有时就需要先打一仗，教训一下不断来骚扰的敌人。做生意也要先投一笔本钱，才能慢慢赚钱。保证足够的睡眠，这才能以充沛的精力学习。

第6章

哲学的语言

人通过语言来赋予世界以意义，离开了语言，人便无法把握实在。然而，人通过自己制造的语言把握到的实在是真实的实在吗？语言赋予世界的意义是可靠的吗？我们用语言去言说和理解世界，同时也给万物的存在赋予了一种人为的“必然性”，一种主观的秩序。所以，一旦我们真正体会到了语言并不实在，我们就能体会到语言的不完善了。

沟通的障碍——语言是不完善的工具

好自为之吧，你并不能改变世界。只有付出你最好的努力，才能认清你的局限所在。

——奥勒

哲学思辨和语言问题是密不可分的，二者的联系与纠缠可谓源远流长。

罗素曾说："语言也像呼吸、血液、性别和闪电等其他带有神秘性质的事物一样，从人类能够记录思想开始，人们就一直用迷信的眼光来看待它。"

人类的语言用以沟通，其实是不完美的。人的思想通过语言表达出来，接受语言的人，即听到话语的人，在听的基础上又重新形成了思想。这个过程中就包含了各式各样的误解和含糊。

例如，莫里哀剧本里的一句话"小猫死了"，陈述的是一个表层客观信息的极限情况，该信息没有任何的模糊之处。然而，通过联想，这句话便会引起人们对于比小猫的死更加重的自然状态的不安。

事实上，任何句子，即使被概括成一主一谓一宾的简单形式，只要联系上下文和句子的表达方式去考虑，它都会携带超越其自身的信息。

句子确实蕴含信息，但同时又参与沟通，这就要求至少有两个人，也就是发出信息的人和获取信息的人同时介入。也就是说，一个词只有放在特定的语境中才有意义。然而，语境不可能是同样的，因此语言作为沟通的工具也必然是不完善的。

《圣经·旧约》上记载，人类的祖先最初讲的是同一种语言。他们在底格里斯河和幼发拉底河之间，发现了一块异常肥沃的土地，于是就在那里定居下来，修起城池，建造繁华的巴比伦城。后来，人类的日子越过越好。为了传颂自己的赫赫威名，并作为集合全天下弟兄的标记，他们决定在巴比伦修一座通天的高塔。因为大家语言相通，同心协力，阶梯式的通天塔修建得非常顺利，很快就高耸入云。

上帝得知此事，又惊又怒，他不允许凡人达到自己的高度，决定惩罚这些狂妄的人。看到人类这样齐心协力，统一强大，他心想：人类因为语言相通，思想统一，才能建起这样的巨塔，这样一来，日后哪还有办不成的事情？于是，上帝决定让人世间的语言发生混乱，使人们彼此言语不通。因为说着不同的语言，人与人之间就无法了解对方说的是什么意思了，想干什么也就难以合作了。因此，通天塔也终于半途而废。

所谓语言的不完善，就是指语言作为表达的工具，不能够百分之百准确地传递欲表达之意，由此语言便造成了不完整表达或者错误表达。所以，除了交谈双方彼此对这个困难的认识以及克服困难，不使对话者困在自己所说话语中的愿望，就再没有什么补救的灵丹妙药了。

没有一种语言是完善的，人类提出"语言起源"命题已有数千年的历史，至今还没有一个能说清语言演化的假说，不能不承认这确实是一个难解之谜。可以说，无论做何努力，总有一些语种中的意思无法被百分之百准确地表达出来，因为，语种的局限是永远存在的。

“通天塔”已成为历史，那么我们怎样才能重塑完善的语言呢？相信每个哲学家和学者心中恐怕都有自己的“通天塔”。那么它到底在哪里呢？我们只能拭目以待。

课堂收获

语言，有其极大的局限性。通常的语言表达，在说给一般人听的时候，往往只完成了语言功能的一半。所以，当我们所说的话别人不能理解时，我们不要总是觉得知音难觅，并因此而困惑、孤独，而应加强自身的语言修炼，这样我们才能把话说得更漂亮、更动听，才能更使人易于理解和接受。

我就是我所说的东西——人在符号中存在

语言是思想的父母，而不是思想的产儿。

——王尔德

有些人说：哲学的任务不是继续搞哲学，而是治疗哲学的“语言病”。显然，这是一种否定的、批判的态度。

在哲学的初始时期，人们对语言的重视几乎到了迷信的程度。古希腊人认为，不论是人还是超人，都逃不脱语词的力量，语言就是实在的复本。这就是海德格尔的语言观点，即“我就是我所说的东西”。

19 世纪，法国著名诗人兰波在他的诗《元音字母》中就有过这样的描述：

A 黑，E 白，I 红，U 绿，O 蓝，元音字母，

有一天，我要说出你们秘密的身世。

A 是闪闪发光的苍蝇绕着腐臭物嗡鸣时紧裹着的毛茸茸的黑胸衣，阴暗的海湾；

E 是蒸汽，帐篷的白净，白帝，伞形花颤动，高傲的冰川枪矛；

I 是紫，咳出的血，是美丽的嘴唇在愤怒或忏悔入迷时迸发出的笑；

U 是周期，绿色大海的神圣的震荡，放牧的草原的宁静，炼金术在学者宽阔的前额上留下的皱纹的宁静；

O 是无上的喇叭，奏出怪叫的声音，它划破了人世和天使世界的沉寂：——哦，

俄梅加，她眼中射出的紫色的光！

这是兰波的一首名诗，也是象征主义诗的代表作。它就直接探索语言本身的奥秘。

作为法语发音音素的五个元音字母，自身没有任何意义，但诗人凭借自己非凡的洞察力发现了它们的深长意味。通过具体可感的描绘，就把形状、色彩、味道、音响和运动等要素交织了起来，创造出了让人感觉舒服的诗歌语言。

五个元音字母不但各具颜色，A—黑，E—白，I—红，U—绿，O—蓝，而正是它们幻化出了五彩缤纷的世界。而且还带有音响——苍蝇的嗡嗡声，人的笑声，大海的震荡声，草原的宁静，喇叭的怪叫等。此外，还包含了气味和动作——苍蝇的腐臭、咳出的血、美丽的嘴唇等。这些具体的感官同时作用于人的视觉、嗅觉、听觉和感觉，就构成了充满色彩美、音乐美和气味美的生动世界。

从这首诗就使我们无法不认识到，语言本身看起来虽然是“无”，其实是“有”；正是它在组织梳理或美化我们这大千世界，而人就存在于这些符号之中。

美国哲学家皮尔士就较早集中地深思了语言、符号的问题，并做出了长期而艰辛的探索，提出了建立统一的“符号学”的伟大梦想。这一主张就与语言学家索绪尔的“符号学”设想不谋而合。因此，他的主张也有力地搅动了20世纪语言论大潮，极大地提升了后人对语言学或符号学的兴趣。

由此，语言就是探究世界和我们自身的主要通道，是唯一真正可靠的、确定的东西，因而语言学，或者说符号学，也就成了名副其实的“第一哲学”“第一科学”。

课堂收获

语言不可滥用，如果用词意义不准，表达思想错误，使用语词把从未构想过的东西表示为自己的概念，就会欺骗自己。如果不按规定的意义使用语词，就会欺骗别人。无论是自欺还是欺骗他人，这种行为都是错误的，都会对他人造成伤害。所以，人应该懂得把握自己的语言和说出的话，不可多说更不可乱说。

沉默没有错，一说就惹祸
——语言是一口诱人的陷阱

言辞是万物之始。言辞是一个奇迹，因为它我们才成为人类。但言辞同时又是陷阱及考验，圈套及测试。

——哈维尔

海德格尔说："语言是存在的家园，人类在这个家园里诗意地栖息。"

语言和人类的关系无比密切，它是人类社会最伟大的黏合剂，我们无法想象一个没有语言的世界。

然而，这个对人类贡献最大的神圣之物，也并非像人们称赞的那样美好，相反，它给人们设置了很多陷阱，其对人类的阻碍和危害并不比它开放的奇葩少。可以说，语言就是一把双刃剑。

有一天，两个学生去请教他们的希腊教师，问道："老师，究竟什么叫诡辩呢？"

希腊老师望望两个学生，想了一会儿，说："有两个人到我这里做客，一个很爱干净，一个很脏。我请他们两个洗澡，你们想想，他们两人中谁会洗呢？"

学生脱口而出："那不用说，当然是那个脏的。"

希腊老师摇摇头："不对，是干净的去洗。因为他养成了爱清洁的习惯，而脏人却不当一回事，根本不想洗。你们再想想看，是谁洗澡了呢？"

学生忙改口："爱干净的！"

"不对，是脏人，因为他需要洗澡，"老师反驳后再次问学生，"这么看来，谁洗澡了呢？"

"脏人！"学生只好又改回开始的答案。

"又错了，当然是两个都洗了。"老师说，"爱干净的有洗澡的习惯，脏人有洗澡的必要，怎么样，到底谁洗了呢？"

学生眨巴着眼睛，犹豫不决地说："那看来就是两人都洗了。"

"又错了！"希腊老师笑道，"两个都没有洗。因为脏人不爱洗澡，而干净人不需要洗澡。"

"那……老师你好像每次说得都有道理，可每次的答案都不一样，我们该怎样理解呢？"

"这很简单，你们看，这就是诡辩。"

哈维尔在谈语言时就曾说道："言辞是万物之始。言辞是一个奇迹，因为它我们才成为人类。但言辞同时又是陷阱及考验，圈套及测试。"哈维尔就继承了海德格尔家园论的思想，认为语言是人类得以存在的居所。另一方面，他又提醒我们，语言也可能成为存在的遮蔽与迷惑。

这就是说，语言会为人类设置许许多多的陷阱，会让我们误以为掌握了它就看清了世界，它会迷惑和欺骗人类，对人类施暴，酿成悲剧。因此面对语言的陷阱，人类需要谨慎和当心。

然而，正是由于语言的不完整，这种不完整也便成了语言中最大的难以解决的问题。语言一方面是表达的工具，另一方面它又确实存在着与这一属性相矛盾的困境，因此人在有所见、有所闻、有所想时，要想完全地表达出来这是非常困难的，这就形成了“言”与“意”之间的脱节。

正如卡莱尔所说：“雄辩是银，沉默是金。”因为语言的缺陷，不管你怎样表达，说出来的意思总会留下一些空白。那么在这时，“无言胜有言”可能就是最高的语言境界了。

课堂收获

适时保持沉默，是一种智慧的表现。在实际工作与生活当中，如果能够灵活运用，将对我们的事业和人生起到不少的帮助。善用语言也是一个人修养的表现，所谓“沉默是金”并不是要告诫大家不要说话，而是希望大家不要不知节制任意发表意见。否则，只图一时口舌之快，只会造成不必要的尴尬，使自己后悔莫及，终生遗憾。

侦探用郁金香巧妙破案——归纳和演绎

如果没有感性知觉，就必然缺乏知识；假如我们不善于应用归纳法或证明，就不能获得知识。证明从一般出发，而归纳则从个别出发。要认识一般，如没有归纳法是不可能的。

——亚里士多德

归纳是对观察、实验和调查所得的个别事实，概括出一般原理的一种思维方式和推理形式的过程；演绎与归纳则相反，是从一般原理推演出个别结论的方法。

归纳与演绎是逻辑学中最基本的思维方法。对于思维过程来说，归纳与演绎二者缺一不可，没有归纳的演绎走的是一条极端发散性的道路，而没有演绎的归纳则极易滑入浅薄的陷阱，而且弄不好就会成为某种没有多少价值的封闭体系。

归纳和演绎在认识论中的辩证关系就是这样的，归纳是由认识个别到认识一般，演绎法则是由认识一般进而认识个别。使用归纳与演绎的推理过程就是：人们先运用归纳的方法，将个别事物概括出一般原理，这时演绎才能从这一般原理出发。演绎是以归纳所得出的结论为前提的，没有归纳就没有演绎。

简单地说，演绎就是结论已经在推导过程中，推导的过程就已经明确地给出了结论，结论本身只是一个复述而已，如经典的三段论——人都会死，苏格拉底是人，所以苏格拉底会死。

“人都会死”和“苏格拉底是人”，这两个前提就自证了结论，“苏格拉底会死”即使不写出来，这一句其实大家都已经明白。当然这只是简化，演绎法还可以通过连续的小的演绎得到复杂的结论，比如侦探小说中常会出现的“谁是凶手”的推导过程，虽然结论已经在前提中得到了证明。

曾有一个侦探故事就是这样的：

某天夜里，有一位名叫卢班的人在某大使馆举行的宴会上盗取了一串珍贵的项链，之后他便趁没人察觉之际溜回了自己的秘密住所。

为了掩人耳目，他急忙摘掉了化装用的假发和胡须，穿上丝绸长袍坐到了书房里的沙发上。这时，他才稍稍松了一口气，但也就在这时，门铃响了。小个子侦探金田一耕助来了。

“晚上好，卢班先生，我叫金田一耕助。”这位小个子侦探自我介绍着。

金田一耕助！卢班熟悉这个日本名探的名字，但他还是做出一副若无其事的样子，露出笑脸热情地把他引到了书房，在一张桌子旁坐下来。这张桌子上摆着一个插满红色郁金香的花瓶，郁金香的所有的花瓣都如含苞欲放的蓓蕾闭合着。

“卢班先生，今晚你都去哪儿了，都干了什么？”金田一耕助开门见山地问道。

“我是一直待在家里的。你到来之前，一直是我一个人安静地在书房里看书。你看，就是那本书。”卢班说着指着桌上扣着的那本书。

金田一耕助把书拿起翻了一下，然后又放在了桌子上，但不知什么时候花瓶里的郁金香花瓣却都张开了。

这时，金田一耕助便拔出一枝郁金香看了看，并把它放在了卢班的面前，然后肯定地说：“卢班先生，你不必再演戏了，因为你的谎言已被识穿了，还是把珍珠项链交出来吧。”看着那枝郁金香，卢班的脸色也瞬时变了。

名探是如何识破卢班的谎言的？证据是什么？其实，答案就是郁金香。因为，一到夜里郁金香花的花瓣就会合上，而在有灯光照射的地方，只需十五六分钟就自然地张开。而金田一耕助注意到，在进门时郁金香花瓣还是闭着的，而现在却张开了。这就说明书房在自己进来时是黑着的，而卢班更不会在黑暗中读书，所以卢班说谎了。

事物都有其共性，共性中也必然蕴藏着个别，所以“一般”中必然能够推演出“个别”，而推演出来的结论是否正确，就取决于共性中的个别这个大前提是否正确，推理是否合乎逻辑。如果这个大前提是正确的，那么这个推理就必然是无误的。

归纳演绎的优点就是明确，结论是明确的，其认证过程一般都比较严谨，所以在同一思维过程中，既有归纳又有演绎，归纳与演绎相互联结、相互渗透，相互转化。

课堂收获

有些人与别人谈话时，认为自己有必要装腔作势或者戴上一副假面具，试图表现得过于友善，有时候甚至表现出媚态，这就有些急功近利。但这些表面功夫在有经验的人那里立刻就会被识破，就像那种喝了大量酒的人，他隐瞒不了自己喝了酒的事实，因为人们一闻就明白了。所以，在说话时，一定要记住你就是你，这样你才会真诚地对待每一个人。

聪明的囚徒——逻辑悖论与二难推理

测验一个人的智力是否属于上乘，只看脑子里能否同时容纳两种相反的思想，而无碍于其处世行为。

——托利得

悖论是一种奇特的逻辑矛盾，它来自希腊语“paradokein”，意思是“多想一想”。

在《哲学大辞典》中，对“悖论”就有这样的定义：一命题A，如果承认A，可推得－A（非A）；反之，如果承认－A，又可推得A，这就称命题A为——悖论。

对于悖论来说，如果承认它是真的，经过一系列正确的推理，却又得出它是假的；如果承认它是假的，经过一系列正确的推理，却又能得出它是真的。悖论的奇特之处就在于当人们按常规推理要肯定某件事或某种道理时，却在不知不觉之间又把它们否定了。

有一个古希腊寓言，就能很好地说明逻辑悖论和二难推理所产生的过程：

在古希腊，有一个很奇怪的国王，每当处死囚徒时，他都会让囚徒自己来选择被处死的方法，一种是砍头，另一种是绞刑。

但是，这位国王提出的选择方法也是很特别的，就是：囚徒可以任意说出一句话来，而且这句话是马上可以验证其真假的。如果囚徒说的是真话，就处绞刑；如果说的是假话，就砍头。

结果，很多囚徒不是因为说了真话而被绞死，就是因为说了假话而被砍头；或者是因为说了一句不能马上验证其真假的话，而被视为说假话砍了头；或者是因为讲不出话来而被当成说真话处以绞刑。

又有一个囚徒面临着选择何种死法的抉择，但这是一个极其聪明的囚徒，当轮到他来选择处死的方法时，他说出了一句非常巧妙的话，结果使得这个国王既不能将他绞死，又不能将他砍头，只得把他放了。

那么，这个聪明的囚徒说的是一句什么话呢？原来，这个聪明的囚徒说的是“要对我砍头”。这句话使国王左右为难。如果真的砍头，那么他说的就是真话，而说真话是应该被绞死的。但如果把他处以绞刑，那么他说“要对我砍头”便成了假话了，而假话又是应该被砍头的。或者绞死，或者砍头，都没有办法执行国王原来的决定，结果只得把他放了。

从推理形式看，这个囚徒就是运用逻辑悖论在国王面前构造了一个二难推理：如果国王把他砍头了，那么，这就违背了国王原来的决定；如果把他绞死了，那么，这也会违背国王原来的决定。总之，或者把他砍头，或者把他绞死，都要违背国王原来的决定。这是二难推理的一种常用形式，也是简单构成式。

在这个故事中就有三个前提，其中两个是具有共同后件的充分条件假言判断，另一个是选言前提，它的两个选言肢分别肯定假言前提的前件，结论则肯定其共同的后件，这种推理形式就被称为假言选言推理或二难推理。

所谓“二难推理”，这其中的“二”所指的就是只有两种可供选择的可能，“难”就是指在两种可能的情况下所引申出来的结论，令对方难以从其中一个方面做出判断。所以，二难推理要求其假言前提必须是真的，也就是说，其前件与后件之间必定具有依存的关系。

比如，有一天，甲对乙说：“电影院正放映一法国片，咱们一起去看吧。”

丁插话说：“这电影不好看。”

甲驳道：“你怎么知道不好看？你看过没有？如果你没看过，怎么知道不好看？而如果真的不好看，那你为什么要看呢？”

在这里，甲所做的二难推理中两个假言前提都是不成立的。没看过一部电影，我们也可通过别人说或报刊介绍来了解是否好看，而如果电影不好看，也可作为反面教材，为什么不能看呢？既然假言前提是错误的，也就不能由肯定前件而肯定后件。

二难推理常会使人处于进退维谷、左右为难的境地，所以，经常用来揭露和驳斥谬误。比如，中世纪神学家认为，世界是由“全知、全能、全善”的上帝创造出来的。当时的无神论者就给他们提出这样的问题：上帝能否创造一块连他自己也举不起来的石头？并做了如下的推论：如果上帝能创造一块自己举不起来的石头，那么，他就不是全能的，因为有的石头他举不起来；如果上帝不能创造一块自己举不起来的石头，那么，他也不是全能的，因为有的东西他不能创造；或者上帝能创造一块自己举不起来的石头或者不能；总之，上帝不是全能的。

这个推理就是简单构成式的二难推理，其前提是可靠的，形式是正确的，因此，结论无懈可击，直到今天仍然是反驳上帝万能论的有力武器。

课堂收获

有时别人会给我们提出二难推理，使我们面临左也不是，右也不是的困境，那么，就要避开两难的选择。同样在生活和工作中，我们也会常陷入“有得有失”的二难境地，即事业有成，家门不幸；家庭幸福，生意清淡；事业家庭双丰收，自己却体弱多病，这时就要充分进行考虑，从而做出聪明的选择。

人真的是猿进化来的吗？
——证明和逻辑

科学的真理不应在古代圣人蒙着灰尘的书上去找，而应该在实验中和以实验为基础的理论中去找。

——伽利略

哲学需要诗意般的浪漫，但哲学不是诗，哲学更需要严谨的逻辑和论证。

哲学是一门严谨细致的学问。当你提出一个观点时就必须经得起方方面面的推敲，经得起一步一步地深入追问。

“逻辑”一词源于希腊文logos——逻各斯，原意是指思想、理性、规律性等。所以，如果一个科学假设的证明包含了任何一点逻辑错误，那么这个假设就不能依靠这个证明上升为理论。

就拿进化论来说，用比较解剖学来证明进化论，形象地说就是：“如果人是猿进化来的，人和猿就会有许多相近的特征；因为人和猿有许多相近的特征，所以人就是猿进化来的。”因为，用逻辑的语言来说就是：如果一个命题为真，其逆命题也为真。

简单地说，带有一个条件和一个结论的陈述句，只要意义不是似是而非的，都可叫作逻辑命题。如果把一个命题的条件和结论互换，所得到的命题就叫原来那个命题的逆命题。如果这样再换一次，就又和原命题一样了。

因此，一个命题一旦产生出逆命题，那么它们的每一个项就都是对方的逆命题，这就叫互为逆命题。

对于互为逆命题来说，它的两个陈述其结构上是密切相关的，因为它们有相同的两个构成成分，只是这两个成分所扮演的角色——条件和结论——刚好相反，但是它们的逻辑值，也就是“真”或者“假”完全没有必然的联系。它们可能一个对，另一个错，也可能两个都对或者两个都错。

比如，“如果甲是乙的弟弟，甲就比乙小；因为甲比乙小，甲就是乙的弟弟”。这两个命题中，第一个是对的，第二个就是错的；“如果一个数能被二整除，这个数就是偶数；因为一个数是偶数，这个数就能被二整除”。这两个命题就是对的；因为“能被二整除”就是“偶数”的一个定义，用定义做条件的命题，就是可逆的，而且逆命题也是对的；“如果一个人会骑马，他就会开车；如果一个人会开车，他就会骑马”。这两个命题都是错的，因为“骑马”和“开车”之间没有任何必然的逻辑联系。

所以，互为逆命题是有条件的。在两个命题中，如果一个命题的条件和结论分别是另一个命题的结论和条件，那么这两个命题称为互逆命题。如果把其中一个命题叫作原命题，那么另一个命题就叫作逆命题。把一个命题的条件和结论互换就得到它的逆命题，所以每个命题都有逆命题。

从命题的题设出发，经过逐步推理，来判断命题的结论是否正确的过程，这就叫作证明。要证明一个命题是真命题，这就要证明凡符合题设的所有情况都能得出结论。要证明一个命题是假命题，我们则只需举出一个反例说明命题不能成立，就可以了。

现在回到第一段中关于进化论的一对命题中去。第一个命题“如果人是猿进化来的，人和猿就会有许多相近的特征”，本来就是归纳出进化论假说的出发点，虽然听似有理，其实无法证明，因为“进化”的定义不是用“相近特征”的多少来判断的。

退一步来说，即使可以证明，其逻辑值“真”或“假”也和第二个命题的逻辑值毫无关系。第二个命题“因为人和猿有许多近似之处，所以人就是猿进化来的”。由于不受第一个命题真或假的影响，其唯一可能取“真”值的办法只能是把“进化”直接定义为“有许多近似之处”。这样一来，不但猴子会是我们的祖先，满街上男女老少也全都会是我们的祖先！因为，任何的人与我们的“近似之处”都会比猴子与我们的“近似之处”多得多。

罗素在1914年就宣称，许多哲学问题就是由于语言的表面语法形式误导而产生的。一些真正的哲学问题可以还原为逻辑问题，这并非出于偶然。而是由于这个事实，即每一个哲学问题，当我们给予必要的分析和提炼时就会发现，它或者根本不是哲学问题，而是一切命题都是将一个谓语赋予一个主词的观点造成的。

语言在人类的交流中扮演着独特但是有限的角色，我们不能掉进语言的陷阱。人总倾向于将事物两极化并进行分类，比如你要么是有罪的，要么是无辜的；要么是对的，要么是错的；要么是高兴的，要么是伤心的。这种总喜欢将事物实行二分法的做法就会掉进语言的陷阱之中。

所以，我们不能太过于关注建立在逻辑基础上的结论，只有在事实确定的情况下，逻辑思考才能发挥其基本作用。

课堂收获

旧的思考习惯是非常有限、不足，甚至危险的。我们今天面临的问题虽然仍旧如初，但我们解决冲突的技术能力却是日新月异、无可限量，所以今天的思考习惯不能再建立在文字游戏或者信仰体系之上，而应建立在最新的科学研究成果之上。

突破僵化的信条——证伪和证实

陈述一个句子的意义,就等于陈述使用这个句子的规则,这也就是证实这个句子的方式。一个命题的意义，就是证实它的方法。

——石里克

一个命题的意义在于其经验成分，它要得到经验的证实才有意义，它的意义就等同于证实它的方法，这种理论就叫作意义的证实论。

卡尔·波普尔就在其著作《猜想与反驳》中提出了科学和非科学划分的证伪原则。科学和非科学的划分在波普尔这里得到了明确界定，而且是一反常识的——非科学的本质不在于它的正确与否，而是在于它的不可证伪性。

他说,所谓科学“证实”是不存在的,因为解释者总可以挑选事实来凑合已有的理论,使之看起来好像被“证实”了。但“证伪”就不一样了，比如科学的发现，其理论就必须提出可被实验检验的猜想，该猜想经过实验检验，通过结果是否符合预测来判断理论是否被证伪。科学理论必须具有可证伪性，否则就不是科学。

例如，某人养了一群鸡，每天中午 12 时，他准时给鸡喂食。也就是说，每当到这个时候，他撒下一把米粒，鸡就会围上来。但是，谁又能保证有一天主人撒米粒不是喂它们，而是把它们哄过来，抓起其中某一只，给杀掉呢？这样，我们就可以得出结论：主人撒米粒给鸡喂食只是在已有的经验基础上的归纳，而只要这个经验没有穷尽，那么这个结论就始终值得怀疑。

但是，经验又不可能被某人所穷尽。针对这种情况，波普尔以演绎的方法对证伪下了结论。他认为，一个经验的科学体系必须能够被经验反驳。这样一来，一个理论的可证伪度越高，那么它潜在的证伪因素就越多，就意味着它被证伪的机会越多，它也就越真实。

科学就是在这样一个不断地提出猜想、发现错误而遭到否证、再提出新的猜想的循环往复的过程中向前发展的。科学也包含错误，要经受经验的检验，这不是科学的缺点，而恰恰是它的优点，它的力量所在，或者说，“可证伪性”正是科学之为科学的标志。比如，不管我们已经看到多少白天鹅，也不能证明这样的结论：所有的天鹅都是白的。因为只要我们发现一只天鹅是非白的就证实了它，而发现一万只天鹅都不是非白的也不能证伪它。

一种理论只有能够被具可操作性的实验或者调查证明是错的，它才是科学理论，总能自圆其说的理论不是科学，只是玄学。任何一种科学理论都不过是某种猜想或假设，其中必然潜藏着错误，即使它能够暂时逃脱实验的检验，但终有一天会暴露出来，从而遭到实验的反驳或“证伪”。

可以说，“证伪”比“证实”更具操作性，因为证伪只需证明命题是错误的就可以。比如“所有的乌鸦都是黑的”，那么只要找到一只不是黑色的乌鸦，就可以证明这个命题的错误了。相反，如果非要“证实”才接受论断的话，那就会非常困难，可以说是不可能的，除非你把所有的乌鸦都抓来看过。

经过证实的东西，人们承认其存在，这理所当然。但是，没有证实的东西就否定其存在，这就没有充分的理由。在现实生活或学术研究中，如果某种观点缺乏充分的证据或是没有证据证实，人们往往会否定其存在，如地外文明、史前文明，甚至包括人体特异功能等。但是反过来，好像还没有谁能证明它是假的。

证伪的意思就是，任何科学理论都有一定局限性，超出某个范围就必须建立新的理论，原有的理论就被“证伪”了，但原有的理论还是真理，只不过是在原来的条件范围内有效，而不是“伪科学”。

因此，可证伪性对科学并不是一条独立的原则，和可证实性原则一样，它不能用以将科学与经验界限划开来。这也是这两个原则作为科学的划界标准的不彻底之处。

课堂收获

无论遇到什么事情，第一时间公布真相，就是最好的解决办法。有点不好的地方就想捂住，反倒会越描越黑。这时就要巧妙运用“证伪”和“证实”，不能证实就证伪，不能证伪就证实，这对于我们的生活和工作是非常重要的。

谁是说谎者？——反证

若肯定定理的假设而否定其结论，就会导致矛盾。

——阿达玛

为了说明某一个结论是正确的，但不从正面直接说明，而是通过说明它的反面是错误的，从而肯定它本身是正确的方法，就叫作“反证法”。

反证法是一种间接证明的方法，是从反面的角度来进行证明的方法，即肯定题设而否定结论，从而得出矛盾。反证法就是从反论题入手，就是把命题结论的否定当作条件，使之得到与条件相矛盾，肯定了命题的结论，从而使命题获得了证明。

比如，甲乙丙三人，甲说乙说谎，乙说丙说谎，丙说甲乙都说谎！到底谁在说谎?

使用反证法进行论证的步骤就是这样的：如果甲说的是实话，那么乙说谎了，丙没有说谎，进一步推出甲也说谎了，这就是矛盾的；而如果乙说的是实话，那么丙说谎了，甲也说谎了；那么如果丙说的是实话呢，则甲和乙都说谎了，由此便可推出乙没说谎，丙没说谎，对乙的判断矛盾。

所以，综其所述，应该是乙没有说谎，而是甲和丙在说谎。

用反证法证明命题实际上是这样一个思维过程：我们假定“结论不成立”，结论一不成立就会出问题，这个问题就是通过与已知条件矛盾，与公理或定理矛盾的方式暴露出来的。

这个问题是怎么造成的呢？推理没有错误，已知条件，公理或定理也没有错误，这样一来，唯一有错误的地方就是一开始的假定。“结论不成立”与“结论成立”必然有一个正确。既然“结论不成立”有错误，就肯定结论必然成立了。

否定结论导出矛盾就是反证法的任务，但何时出现矛盾，出现什么样的矛盾则是不能预测的，更没有一个机械的标准，有的甚至是捉摸不定的。因此，在推理前不必要也不可能事先规定要得出什么样的矛盾。只需正确否定结论，严格遵守推理规则，进行步步有据的推理，矛盾一经出现，证明就即告结束。

19世纪末，英国占卜术士巴尔特到处吹嘘他的占星术如何灵验，以此骗钱坑人。有许多唯物主义学者对巴尔特提出驳斥，但终因该人狡猾，难以找到有力证据使人信服。

当时著名的讽刺大师斯威夫特心生妙计，他依照巴尔特的占星术计算法编写了一部《预言历书》。书中预言巴尔特将于1903年4月7日清晨3时死亡。到了这一天，他又发布巴尔特的死亡讣告。

巴尔特得知此事，气得七窍生烟，但又不得不到处辟谣，说自己仍活得很好。这时，斯威夫特便向公众证明：这是按巴尔特的占星术推测的，现在无法应验，说明它是荒谬的。从此巴尔特声名狼藉，没有人再相信他的鬼话了。

这种将错就错的方法实际上就是一种反证法，就是以对方的假命题推导出对方荒谬的结论，并由此证明己方命题的真实性。

课堂收获

反证法是一种重要的证明方法。无论是它的基本思想，还是用它证题的过程都体现着辩证的思想，体现着辩证法的联系论、对立统一律、否定之否定律。对于很多结论来说，它们并不是无隙可击的，也用不着劳神费力去论述一番，这时只稍稍举出一个反例，就能有力地让谬论揭开面纱，露出本相。

“瑜伽师死了”的结论为什么错了
——选言推理

一切推理都必须从观察与实验得来。

——伽利略

什么是选言推理?

选言推理就是以选言判断为前提,并根据选言判断各选言之间的关系推导出结论的一种演绎推理。

例如:

林肯是教师或者是律师,他不是教师,所以,他是律师。(正确的)

林肯是教师或者是律师,他是教师,所以,他不是律师。(错误的)

选言推理是根据选言命题的逻辑性质而进行的推理。它的大前提就是选言判断,小前提和结论就是直言判断。选言推理的前提与结论之间有着必然性的联系,从思维进程方面看,它也是由一般到特殊,所以选言推理是一种演绎推理。

有一次,一位叫萨加姆尔蒂的瑜伽师同意医生用仪器观察他的“活埋”表演。这位瑜伽师将要被埋在土坑里八昼夜,不吃也不喝。只是在土坑里放置了一盆5千克蒸馏水。据瑜伽师说,此水不是为了饮用,而是为了湿润空气。

在此期间,心电图观察一直在进行着。当土坑上面盖上土两小时时,心率加快,第一天傍晚达到每分钟250次,到第二天晚上,心电图突然成为直线,这使在场的医生甚为惊讶。

当时,医生认为,结论只能是:瑜伽师死了!因为他们分析可能有三种情况:一是仪器坏了,二是电路断了,三是瑜伽师死了。

经过检验,仪器和电路都毫无问题。于是,医生们断定“瑜伽师死了”,决定立即停止试验进行抢救。但是,瑜伽师的助手坚决反对,他说,瑜伽师还活着,用不着担心,只不过他的心脏暂时停止跳动罢了。

到了第八天,在预定的试验结束前半小时,心电图开始出现曲线,心脏开始恢复活动,心率每分钟142次。打开土坑后,瑜伽师慢慢醒了过来。

尽管医生们的结论从医学知识、临床经验和逻辑推理上看都是无可挑剔的,但事实证明,“瑜伽师死了”的结论是错误的。

其实,医生们的推理从形式上就是一个选言推理。但毛病出在哪里呢?这就要从选言推理的前提说起，这里就有一个是选言判断，并且根据选言判断选言肢之间的关系而进行推演的推理。它通常以选言判断为第一个前提，第二个前提是肯定或否定一些选言肢，而结论则与第二个前提“背道而驰”，这相应地就否定或肯定了另一些选言肢。

选言推理就分为否定肯定式与肯定否定式两种。所以，医生们的推理就是这样的：

或者是仪器坏了，或者是电路断了，或者是瑜伽师死了。

不是仪器坏了，也不是电路断了，所以，是瑜伽师死了。

医生们的推理从形式上看正确无误，它是一个否定肯定式，第二个前提否定了选言前提中的两个选言肢，结论则肯定了“瑜伽师死了”这个选言肢。

根据推理结论不符合实际而推理形式正确，可以判定作为选言推理前提的选言肢是不穷尽的。

也就是说，没有列举出全部可能性，至少是遗漏了真正的原因。除了医生们列举出的三种可能情况外，还有第四种情况，即“瑜伽师活着，但心电图成为直线”。这表明瑜伽师像有些动物一样进入了冬眠状态。

瑜伽师的特异功能是客观存在的，这种功能就突破了普通人的生理极限。由于认识的局限性，医生们的选言前提不全面，结果就导致了结论的不可靠。

因此，要正确运用选言推理，除了要遵守选言推理的规则以外，还要注意这样两点：

一是作为大前提的选言判断，其选言肢必须穷尽一切可能。如果选言肢不穷尽一切可能就缺乏得出肯定结论的逻辑根据；

二是采用否定肯定式时，小前提不能把一切可能性都否定了。如果这样，那就没有什么可以肯定的了，也就无法推出结论了。

所以，在使用选言推理时，一定要注意大前提和小前提之间的关系，只有小前提有充分的根据，这才能得出结论，否则，小前提把大前提的一切都否定了，也就必然得不出结论了。

课堂收获

判断或推断任何一个结果，必有其逻辑前提做充分必要条件才得以实现，否则，要么是荒谬的胡编乱造，要么是恶意的谩骂攻讦。所以，前提条件是分清事理的基础，结果是对前提做出的判断，如果前提混乱，结果便一定很糟糕。

这真是“名家遗作”？
——判断间的矛盾关系

所谓智慧，就是正确判断现状，随机应变迎向未来。

——荷马

根据性质判断矛盾关系的直接推理，由于矛盾关系是不可同真的，也不可同假的关系，所以，具有矛盾关系的两个判断，可以由一真推出另一必假，也可以由一假推出另一必真。

伯蒂是一位到美国寻求发财之道的英国青年。

一次，他找到了刑事专家哈利黛安博士，从自己的公文包中取出一支钢笔和一张人物素描。

“太像莫尔诺的作品啦！”哈利黛安吃惊地说。

“一点不错，正是他的作品。全世界都知道这位大画家三年前死于阿拉斯加，但关于他死时的情况从未披露过。我和他的生前好友凯利进行了艰难的谈判，他才肯对我吐露真情。”伯蒂说。

“情况是这样，”伯蒂又说，“莫尔诺在途中遇到暴风雪，摔坏髋关节，可恶的大雪还掩埋了画家的画具和食品，一连几天温度均在零下几十摄氏度。由于他的伤势越来越重，凯利背着他找到一个废弃的简陋木屋，用自己的两只手套把窗上的破洞堵好。莫尔诺预感到自己挺不了多久，便把朋友叫到身边，让他找点画具，凯利在一个橱中找到一支旧钢笔和一瓶墨水，莫尔诺匆匆画了一张素描后就死了。画家死后，他的作品价格暴涨，而这幅素描至少也值25万，不过我可以用20万把它从凯利手中买过来。”伯蒂接着说，“你有20万吗？”

“这张素描就是要25分我都不买。”哈利黛安说。

在这个故事中，为什么哈利黛安会如此说？难道这不是莫尔诺的遗作吗？

其实，这确实不是莫尔诺的遗作。

虽然，刚开始伯蒂说“莫尔诺能在零下几十摄氏度的环境下用墨水笔作画”，那么，由此可知“有的人能在严寒下用墨水笔作画”，即断定了一类事物中有些对象具有某种性质，这就是一种特称肯定判断。

但哈利黛安根据经验得知，“任何人都不能在严寒下用墨水笔作画”（墨水会冻结），它断定了一类事物中所有对象都不具有某种性质，这一点就是与上述判断主项、谓项相同，但量项、联项不相同的全称否定判断。

由此就可以看出，二者的断定恰好是相反的。如果“任何人都不能在严寒下用墨水笔作画”为真，则“有的人能在严寒下用墨水笔作画”就是假的，而如果“任何人都不能在严寒下用墨水笔作画”为假，则“有的人能在严寒下用墨水笔作画”就为真。反之亦然。

也就是说，在这些项中，二者是不可同真，不可同假的关系，这就是逻辑上所称的矛盾关系。同样，全称肯定判断与特称否定判断之间也是矛盾关系。哈利黛安既然知道全称否定判断为真，显然可知特称肯定判断为假，即并非“有的人能在严寒下用墨水笔作画”，所以伯蒂是在撒谎。

由于矛盾关系的判断真假相反，由一真可知另一假，所以，在生活中人们常常利用判断间的矛盾关系进行反驳，这就有利于人们判别他人的谎言！

课堂收获

判断力是处理任何重要事件所必需的。今天，成千上万的人虽然在能力上出类拔萃，却缺乏果断的个性而沦为平庸之辈。要知道，在任何情况下，不能信心百倍地做出自己的决断都是一个悲剧。许多人正是因此招致失败，而非缺乏能力。所以，我们对自己的判断力及各种能力要有充足的自信心。有的人虽然能力出众，却毁于这样一个小小的个性弱点，尤其是当他在其他方面的能力都很强的时候，这就是人生最大的悲剧。

不要想，要看——无法言说的事物

唯有先理解感觉器官，以及以感觉器官作为媒介的思维过程，才有可能理解世界。

——康德

海德格尔说：“语言是存在的家园，人类在这个家园里诗意地栖息。”那么，语言是不是准确回答了“存在是什么”的问题呢？我们说，相对于“存在”，语言既是家园，又是囚牢。

人类用语言赋予世界以意义，但仅仅依靠语言，人类是无法把这个世界看明白、讲清楚的，这是因为人类生活在一个经过语言解释的现实世界，根本不可能接触到尚未经过解释的、原生的客观世界。虽然自然世界先于人类而存在，但真正意义上，是人类在创造语言的同时才创造了现在的世界。现实世界就源于命名，这样它就不再是以前的那个先在的客观真实，而是我们用语言创造的世界，而我们正无一例外地生活在这个语言化的世界中。

还有，语言不能如实反映真实的世界。面对丰富多彩的客观世界，语言表达不是全能的，是有其限度和缺陷的。语言固有的线条性和概括性决定了它不可能再现立体多维的世界，不可能充分表达事物所包含的所有意蕴。作为符号的语言，它只能承担一种简化的表达，这在一开始便埋下了隐患。于是，客观的世界就进入了语言化的世界。这样的世界便不再是真实的世界。

世界和人类思想的本质都是无法被言说的，而只能加以呈现。早在100年前，康德就已提出："唯有先理解感觉器官，以及以感觉器官作为媒介的思维过程，才有可能理解世界。"对此，维特根斯坦则更进一步，他认为既然一切理解均须通过语言，那么研究语言即能掌握世界最精确的样貌。

他说："人很容易受自己谈话方式所'迷惑'。当我说我'头脑'中有个计划时，我便会开始将头脑视为一个具有内容的盒子，于是像'这些内容藏在哪里'或是'我的头脑位于何处'等这些无意义或'令人困惑'的问题便很容易出现。"

人的头脑总是在说话。头脑可以了解文字，可以了解语言，可以了解思考的概念结构，但这不是思考。相反，这是在逃避思考。你看见一朵花，然后你用语言表达它；你看见一个人穿过马路，然后你用语言表达它。头脑把每一件存在的事物都转变成语言。于是语言变成了一种障碍、一种囚禁。

对一个头脑来说，不断地把事物转成语言、把存在转成语言就是障碍。语言是人思维的工具，但同时，语言也决定了人怎样思考，制约着人的思维方式、思维模式、思维方向，这样一来语言就成了人思想的囚笼。

存在永远是年轻的，语言永远是陈旧的。每一朵玫瑰花都是一朵新的玫瑰花，全新的。它以前没有存在过，也永远不会重现。但是，当我们把它叫作玫瑰花的时候，"玫瑰花"这个词就是一种重复。语言是死的，你越是跟语言纠缠不清，你就越是被它弄得死气沉沉。因此，你应该意识到，人对头脑的第一个要求应是：要觉知自己正在不断地用语言表达并停止它。

对于所有的哲学问题来说，都必须架构于字词中。当你发现了语言的局限，也就等于发现了哲学世界中问题与答案的限制。所以，我们要注意语言的限制，不要用过多的语言表达看到的事物，要觉知它们的在，但是不要把它们转成语言。

课堂收获

自己回忆一下，平时和别人是怎么说话的？是不是经常毫不谦虚地夸耀自己的成功，而贬低他人呢？是不是信口开河，滔滔不绝地对周围的人抱怨？其实，这些过激的语言都逃不脱别人的眼睛！他们嘴上虽然不说，心里其实已经在开始对你敬而远之了。为了我们的未来，我们还是改掉自己的不好的说话风格，不懂的就不要乱说。只有谦虚的态度才容易使别人产生好感，如果你的意见切实可行，他人才会愿意接受。

语境决定了使用语言的艺术
——语境认知与误解

不要想到什么就说什么，凡事必须三思而行。

——莎士比亚

一个词只有放在特定的语境中才有意义。语境不可能是同样的，比如一个少年和一个成年人所面临的常常就是不同的语境。

希腊文“logos”是英文单词“logic”（逻辑学）和所有其他术语诸如“biology”（生物学）、“sociology”（社会学）以及“psychology”（心理学）等中出现的“logy”的词源。“logos”在这儿是学说，或是研究，或者是某事物的理性化的意思。

“logos”在希腊语中就具有“词语”的意思，因而它也含有言说或通过一种明确的方式阐述某种思想的意思。由此可以得出，“logos”指示着某种对世界的思考，是一种把事物置于理性的语境中并用纯粹的思维之力去解释它的逻辑分析。

生活在一定自然环境和社会形态中的人所进行的一切活动，总要受到一定的自然和社会因素的影响和制约，人的语言活动也不例外。语境即言语环境，它包括语言因素，也包括非语言因素。上下文、时间、空间、情景、对象、话语前提等与语词使用有关的都是语境因素。

但同样一句话，不同身份的人所表达的语义也不同。例如，一位教师说：“明天上午八点我去上课。”一个学生说：“明天上午八点我去上课。”教师和学生虽然都说同样的话，但由于教师和学生的职务身份不同而决定了同样一句话的语义不同，教师说这句话的意思是“去讲课”，而学生说这句话的意思是“去听课”。

要正确理解一个句子的全部意义，单单了解句子内部各词的组合意义是不够的。因为对句子结构本身的理解只是表层意义，是第一步；要想理解句子的全部意义还必须进一步理解句子本身之外的潜在语义，也就是深层意义。因为一个句子给予人的全部意义，往往是由句子本身及其潜在信息共同提供的。而句子潜在信息的两个主要来源则是句子的上下文和背景知识。因此有些句子离开上下文就很难理解。

语言就是一个不自足的系统。从表达功能来看，语言并不会把所要表达的东西都体现在字面意义上，从理解的角度看，许多话语的真正含义单从语言结构本身是无法理解的，在特定的交际环境中，交际双方进行的常常是一种“只需意会、不必言传”或“只可意会、不可言传”的交际活动，即“言外之意，弦外之音”。

让·若雷斯就一再强调不要混淆尊重与宽容。他认为“宽容”这个词就是非常危险的，而且是不全面的、高傲的，甚至是侮辱性的：“我宽恕你！”为什么“宽容”

这个词会给人造成如此大的误解？因为使用“宽容”这个词的意义非常含糊。因为，“宽容”是把自己放在统治、裁判的立场上，是自我感觉良好地不计别人的错误而接受别人。所以，在使用“宽容”时，我们应该换个完全不同的思路，应该想到别人与自己的差别。

表达一个想法是一项不易的活动，必须进行练习。自然给予了我们成为人所必需的所有器官，可是它并没有向我们指明接下去应该走的路。要获得自我认识能力这一神奇的本领，就必须利用他人的目光，必须一点一点地建立与他人的关系，这些关系是我们作为人的真正所在。

语境制约语义，就是它能排除任何语言中的歧义现象。孤立的一个词，无所谓好坏，但当它进入一定的上下文里，是好是坏就分明地表现出来了。所以，任何句子只要离开上下文或语境条件，都会产生歧义。

选择词语，可以因语境而改换词语，也可以因语境而变通词语，甚至可以创造新词以求得情境交融，这样就既能增强对语境的认知，又能减少对语意的误解！

课堂收获

在同一个社会环境表达同一思想内容，不同的应酬交际场合要求采取与之各自相应的语言形式，否则就达不到交际的目的。因此，说话是否得体，要看身处的环境和环境中的人。如果你说话随便，不看周围情况，说出不合时宜的话，就会很难堪，甚至会伤害到别人。

语言的突破——沟通的首要条件是尊重

向随便什么人征求意见，叙述自己的痛苦，这会是一种幸福，可以跟穿越炎热沙漠的不幸者，从天上接到一滴凉水时的幸福相比。

——司汤达

沟通是我们生活的主要部分。不论是语言或文字、符号、非语言、故意或偶然、积极或消极，沟通是我们所做的事情中必不可少的部分。

事实上，我们大多数人都会花费50%~75%的工作时间，以书面形式、面对面的形式或打电话的形式进行沟通。而在交流中80%是以语言即说的形式进行的，那么说什么以及怎样说，这就要尊重对方的接受能力，这就是我们成功沟通的关键。

曾听一个业务员说过这样一个例子：

他的工作是为强生公司拉主顾，主顾中有一家是药品杂货店。每次他到这家店里去的时候，总要先跟柜台的营业员寒暄几句，然后才去见店主。

有一天，他到这家商店去，店主突然告诉他今后不用再来了，他不想再买强生公司的产品，因为强生公司的许多活动都是针对食品市场和廉价商店而设计的，对小药品杂货店没有好处。这个业务员只好离开商店。

他开着车子在镇上转了很久，最后决定再回到店里，把情况说清楚。走进店里的时候，他照常和柜台上的营业员打过招呼，然后到里面去见店主。

这次，店主见到他很高兴，笑着欢迎他回来，并且比平常多订了一倍的货。

这个业务员对此十分惊讶，不明白自己离开店后发生了什么事。店主指着柜台上一个卖饮料的男孩说："在你离开店铺以后，卖饮料的男孩走过来告诉我，你是到店里来的推销员中唯一会同他打招呼的人。他告诉我，如果有什么人值得同其做生意的话，就应该是你。"

从此，店主成了这个推销员最好的主顾。

这个推销员说："我永远不会忘记，关心、尊重每一个人是我们必须具备的特质。"在这里，店主与推销员的沟通，就不是先通过语言，而是从尊重开始。

沟通的首要条件是尊重，只有尊重才能保障沟通的进行。

对一个真心的朋友，你可以传达你的忧愁、欢悦、恐惧、希望，以及压在你心头的事情，这样的你才不会背负太重的灵魂。

而值得庆幸的是，有效的沟通也是一种可以不断发展的技巧。它就需要有意识地去实践，并在实践中勤于思考。在交流中既要坦诚、直率，又不要使问题简单化。通过实践，我们的技巧就会得到发展，人们之间的相互理解也将会加深。

因此，任何沟通的首要条件其实都是尊重。尊重他人，就是把他人看作是自我的一部分，这就符合了一个明显的事实——假如我们接受"我就是我与他人交织的关系"这个定义的话。因此，伦理学不再是罗列从天而降的箴言，而是意识到我们是什么和什么创造了我们的结果。

沟通就像在跳交际舞，必须相互尊重。通过与他人沟通，就可以实现我们的许多目标和抱负，使我们取得显著的进展，使工作和生活更圆满。

课堂收获

在人类精神财富中，最为珍贵的莫过于对他人的尊重。尊重就是要承认他的人格尊严，倾听他人的意见，接纳他的感受，原谅他的错误，分享他的喜悦。尊重就应当是完全地接纳他人。没有尊重就没有良好的沟通，没有尊重也就没有真正的朋友，尊重就是如此重要。

第7章

物质与意识

哲学的主要研究对象是物质与意识之间的关系。即唯心主义和唯物主义的对立关系。凡是承认物质为第一性，意识是物质的产物，以物质为第一性，以意识为第二性的，就称为唯物主义者；凡称意识为第一性，物质依赖于意识存在的，就称为唯心主义者。

世界是普遍联系的统一整体
——世界统一于物质

万事并不是从无中所产生，因此不会回归于乌有。

——叔本华

世界上一切事物都处在普遍联系之中，没有任何一个事物是孤立存在的，整个世界就是普遍联系的统一整体。

有一位著名的牧师做完祝福祈祷后，说："诸位兄弟姐妹，你们对于上帝还有什么怀疑之处吗？"一位学生举手问道："一切都是上帝安排好的，为什么我们教堂顶上还要装避雷针呢？"

假如，你就是那个牧师你会怎么回答呢？其实，世界上的一切事物都处在普遍联系之中，这并不意味着人们在这种客观联系面前无能为力，人们是可以认识和利用事物的这些客观联系的，从而改变事物的状态，建立新的具体的联系，为人类服务。对于上面这个问题，大科学家爱迪生就幽默地给出了这样的答案。

美国费城盖了新教堂，教会派人去问爱迪生："是否要给新教堂装上避雷针？"爱迪生说："当然要装，因为雷公也有疏忽大意的时候。"

自然界的存在和发展是客观的，自然界中的一切事物都是统一的物质世界的组成部分，都有自己的起源和发展史。

比如，海中的墨鱼在遇到敌害而逃避不及时，就会从体内排出乌黑的"墨汁"。"墨汁"在水中迅速扩散，这就把对方搞得晕头转向，墨鱼从而溜之大吉。然而，打鱼的人见到墨汁却不会被这些现象所迷惑，而是赶快撒网，这时墨鱼就只得乖乖就擒了。

"墨鱼吐汁"的启示就告诉我们，联系是客观的，要正确认识和把握事物的真实联系，就要认识到事物联系的形式和作用是多样的，要具体地分析事物之间的联系，包括直接和间接的联系、原因和结果的联系，要具体分析周围事物对自身的影响，既要防范近处事物的威胁，也要防范远处事物的威胁，这样才能趋利避害，克服顾前不顾后的错误偏向。

世界上没有任何孤立存在的事物。一切事物、一切现象都是互相联系的。整个物质世界就是以多种形式相互联系的整体。例如生物的发育成长，离不开阳光和水分，而水的形成又离不开氢和氧。人离不开大自然所提供的各种物质生活资料，而任何人又不能不与社会发生各种联系，孤立的人是不存在的。

世界上的一切事物都处在普遍联系之中，任何事物都不能孤立地存在。周围的事物是该事物存在和发展的条件。联系是事物本身所固有的，是客观的、不以人的意志为转移的。这就是联系的客观性。

物质世界是普遍联系的，事物不但与它周围的事物互相联系、互相作用，而且事物内部的各个部分之间也是处于联系和互相作用之中，并构成一个开放的系统。因此，看问题就不能割断历史、不能只看一时一事。只有了解过去，才能理解现在，预见未来。

课堂收获

由于事物的联系是复杂的，所以，事物条件也是复杂的：有主观条件和客观条件、内部条件和外部条件、必要条件和非必要条件、有利条件和不利条件等。不同的条件，对事物的存在和发展起着不同的作用。具体地、全面地分析各种不同的条件，这就是我们正确分析问题、处理问题的前提。

航行规则的确定——物质决定意识

物质第一性，意识第二性，物质决定意识，意识是物质世界发展的产物，是人脑对客观事物的反映。

——马克思

物质是意识的基础，这是客观事实。世界的本质是物质的，意识源于物质，人是自然界长期发展的结果，是生物进化的结果。世界上先有物质后有意识，物质决定意识，所以我们必须一切从实际出发，使主观符合客观。

关于物质决定意识，就有一个这样的小笑话：

一艘军舰在夜间航行过程中，舰长发现前方航线上隐隐约约出现了一丝灯光。于是，舰长立即呼叫“对面船只，右转 30 度”。

哪知对方丝毫不甘示弱，也大声回一句“请对面船只，左转 30 度”。

舰长有点生气了，以警告的口吻对答一句“我是美国海军上校，请马上右转 30 度”。

谁知对方也以先前一样的声调回答：“我是英国海军二等兵，请左转 30 度”。

此时，舰长有些气急败坏，小小一个士兵也敢与我堂堂上校讨价还价，大声命令道：“对面听着，我是美国海军最强大的‘莱克星顿’号战列舰舰长，右转 30 度。”

可对方语气还是一如既往的平和：“我是灯塔管理员，请对面船舶左转 30 度。”

现在我们应该知道是该舰长左转还是该灯塔右转了吧。即使你官阶再大，武装力量再强，嗓门再高，灯塔也是不会给你让路的。

谁先谁让，不是由官阶决定的，也不是由双方船舶的实力说了算的，当然也不能等待临时谈判。要避免或减少海上两船相撞的发生，至少要制定一些大家彼此都遵守的、不容谈判的规则，比如像许多国家规定的车辆在标志不明显的马路上要靠右行驶等，让当事人有章可循，有法可依。

比如，两个骑自行车的人面对面行驶，很容易碰个正着。其原因就在于他们都不知道对方会不会躲，又会往哪边躲，这就决定了自己也不知道该如何行驶，才可以与对方很好地配合。所以，就有了一半的概率是两个人撞到一起。

自行车相撞一般不会造成什么大的交通事故，可是如果换成行驶速度较快的摩托车、汽车，就可能会出现很大甚至是灾难性的伤亡。所以，应该有一个人为的、强制性的规定，来指导、告诉人们该怎么做。比如，“靠右走”“红灯停，绿灯行”等规则就是减少事故的一些很好的措施。

海上航行也要面临同样的问题，尽管海面辽阔，但航线是固定的，所以，船舶在航行中交会的机会就很多。对于两艘相向而行的船舶，如何调节谁进谁退的问题呢？有时相会的两艘船舶可能分属于不同的国家，因此，约定一个大家都遵守的航行规则就显得十分必要。

于是，人们就从制度上对其进行了规定：迎面交会的船舶，彼此各向右偏转一点儿，这样问题就解决了。而在十字交叉处交会的船舶，就规定谁先看见对方船舶的左舷，谁就要先让，行驶速度慢一点或者将船舶偏右一点儿都可以。

总之，物质第一性的，意识第二性的。物质决定意识，意识是物质的反映。意识的能动作用再大，也离不开物质的决定作用，也要受到物质的决定作用的制约。

课堂收获

如果每个人只从自身利益出发，不考虑他人的想法，不按规矩办事，这个世界便会混乱不堪，也会危及每个人的利益。不按规则做事情也许一时可以掩盖过去，但一旦出了问题，就可能亡羊补牢、为时已晚。人类社会之所以发展到今天，不仅仅取决于智慧和创造，更应该归功于不断完善的规范制度。正是有了法律、道德、公德的制约，人类才能充分发挥聪明才智，推进社会和经济的发展。

用照相做比喻——意识是物质的派生物

物质是始因，是永恒而独立的存在物。

——梅叶

人类反躬自问“生命是什么？”，一半问的是生命的肉体，这是物质的；一半问的是生命的意识，这是精神的。肉体是直观的，可以解释；意识是无形的，难以捉摸。

意识就是智慧，是感觉、记忆、思维、感情和欲望的集合，是推动生命体行为的原动力。

精神世界是丰富多彩的，但是精神世界的源泉是什么呢？

“精神”一词就是从拉丁文“呼吸”变化而来的。我们呼吸的是空气，无论它多么稀薄，但毫无疑问它是物质。尽管“精神”这个词的使用与物质相对，但我们不能脱离物质而谈论“精神”。

宇宙间的一切，无论微粒还是星系，无论石子还是动物，都无一例外地具有存在性——万物俱存在。但是，不管何物，其定义都是任意的。这个石子或者那个星系，只是由于观察者，才被看作具有个性的存在。而观察者则通过划出物质的界限，规定其特性。所以，宇宙中的物质，也是观察者所言及的物质。

当然，人并不是唯一的观察者。拥有视觉的动物，与人完全一样，也能看见每天早晨天空中升起的亮点。然而，只有人能够超出这一观察到的现象，将亮点描述为一种物质：太阳。该星体，同所有星体一样，就是人类话语的创造。没有人类，宇宙只不过是一个无结构的连续体。

这种创造物质的目光，每个人都可以引到自己身上。于是，自身就成为了话语的对象。因此，每个人不仅仅存在，而且知道自己存在。这便是意识。

唯心主义者往往把某些自然界的变化、灾异和动植物当作不祥之兆，并从中寻找国家兴衰的原因，借以麻痹人民，维护统治；而唯物主义则从实际出发考察和预断国家的命运。

对于照相，大家都非常熟悉，照相就离不了照相机。照相机就是一个略带方形的暗箱，前面装着一个镜头，外界事物的影像，可以经过镜头射进暗箱内部。暗箱的内部装着涂有化学药品的底片，影像射到底片上，就会使药品发生变化，照相的手续便告完结。然后，再把底片拿去冲洗，物像就显露出来了。

在这里，暗箱、镜头、底片，以及其他附带的东西，就是每架照相机所必不可少的要件，这些东西适当地配合起来，就构成了照相机。同样，也就具有了摄影的能力。摄影的能力，就是这些东西在适当的配合状态之下才存在的。没有适当的配合和组织，那么，镜头永远只是镜头，暗箱永远只是暗箱，底片也只是底片，绝对照不出相来。

同样，有了人类的肉体以及人类的头脑和五官，才会有精神和意识的现象，才能够认识事物。肉体、头脑和五官都是物质的东西，这些都是精神的基础，没有物质的基础，就没有精神和意识。所以，物质是第一性的，根本的东西，而意识和精神只是附属的，派生的东西。这就是唯物论认识论的第一个大前提。

人类认识周围的事物，情形与照相机就差不多。比如，当我们看见一间房屋时，我们的意识就能使我们确实知道这儿有间房屋；当我们走在路上时，我们的精神就能够知道这儿有一条路。所以，这种认识的能力，这些存在的精神和意识，也就像摄影功能一样，不是凭空出现的。

物质决定意识，意识是物质的反映。这就要求我们必须坚持一切从实际出发，主观符合客观，必须坚持唯物主义，反对唯心主义，这才能正确地分析问题和解决问题。

课堂收获

意识能够正确地反映客观事物，早已被人们的实践活动所证实。人类在实践活动中能够取得成功，达到预期目的，就说明了原有认识是符合客观事物性质、状态、规律的，证明意识能够正确反映客观事物。因此，对于“意识能够正确反映客观事物”的含义要有正确认识。

从“震骨器”到自行车
——认识的提高，智慧的创造

你给我物质和运动，我就给你构造出世界来。

——笛卡儿

人类的历史在不断地向前发展。随着科学的发展，人类认识事物的本领也会愈来愈大。许多事情，在某个时期弄不清楚，以后总可以逐步地认识清楚——世界上绝没有永远不能认识的东西。

自行车，又称“脚踏车”“单车”，是一种以人力驱动的双轮交通工具，这是现在的样子。

然而，在世界上第一辆自行车诞生时，其实其外形是十分粗劣的，而且车架和轮子都是木头做的，也没有轮胎。骑着它人会十分费劲，还颠簸得十分厉害。因此，当时人们都讥讽这种自行车是“震骨器”。

把原始的自行车叫作“震骨器”，这个名字中就充满了讽刺之意。但之后经过人们一次又一次改进，自行车逐步完善起来。此时，很多人做出了贡献：

1817 年，德国德莱斯发明了车把，这让车主骑车时可以自由控制方向，减少了转弯时上下车的不便。

1839 年，英国麦克米伦用钢结构的两轮替换了木马轮，并且让前轮小，后轮大。不仅如此，麦克米伦还发明了脚蹬板，通过曲柄连杆机构转动后轮，让车子前进，这样在行驶时就不用用脚蹬地了，大大提高了行驶速度。

1861 年，法国米肖父子又把自行车做成前轮大、后轮小的两轮车，并将曲蹬安装在前轮上，以转动前轮驱车前进。

1874 年，英国劳森发明了链条。在这时就形成了现代自行车的基本式样。

直到 1887 年，英国医生邓禄普发明了充气轮胎，至此，自行车才完全进入了定型阶段——最初的现代自行车样式。

说起邓禄普发明充气轮胎，其中还有一段小插曲：

一天，邓禄普正在诊所看病。这时，门外跌跌撞撞跑进来一个头破血流的年轻人，当他仔细一看才大吃一惊，伤者竟然是他的儿子。

邓禄普忙为儿子检查伤口，边包扎边责怪道：“这么大的人了，怎么还像个淘气包。”

儿子痛得大叫道：“全怪那震骨器！”原来，他所在的学区决定举行一次中学生自行车竞赛运动会。儿子作为学校的参赛选手即将前去参加比赛。为了在自行车比赛中获胜，他努力地练习骑自行车。

对于邓禄普来说，这种车子自己是从不敢骑的。但瞧着儿子的狼狈相，他还是决定为儿子改进一下自行车。

就在这段时间的一天，邓禄普正用橡胶水管在花园里给花浇水，他发现当水经过橡胶管时，由于水的压力使得水管胀得鼓鼓的。于是，他下意识地握紧，松开，又握紧，又松开。

这种弹性忽地使他心中一动：“如果把这种橡胶管安到自行车车轮上，不就能使自行车车轮有了弹性，不就可以减轻自行车行驶时的颠簸了吗？”

于是，他把橡皮管按自行车轮子的大小弯成了圆环形态，并把两端用密封胶带粘在了一起，并把粘好的橡皮管打足了气，然后绑在自行车的车轮上。做好以后，他试着骑了一圈，果然自行车变得非常轻快了。

到了比赛的那一天，儿子便骑着父亲给他改装的带有轮胎的自行车登场了。裁判员一声令下，选手们一起出发。由于儿子的自行车又轻又快，所以一路遥遥领先，取得了最后的比赛冠军。

从此以后，再出现的自行车上便都装上了这样的充气轮胎。

对于现代自行车来说，尽管已经比那些原始的早期的自行车完善了，但人们对它的改进仍然没有停止，比如充气的轮胎往往会被路上尖硬的东西刺破漏气，这就给人们带来不少的麻烦。所以，现在人们又研制出一种灌有化学混合液的轮胎，这种轮胎一旦被刺破，化学混合液就会流出来把裂口密封住。这就给人们的出行带来了极大的方便。

从自行车发明到不断完善，这其中就让我们看到，任何新生事物都有一个逐渐完善的发展过程，都具有由低级到高级、由简单到复杂的发展过程。因此，这些新式的自行车就变成了一种新的、同客观规律相适应的事物，就具有了广阔的发展前途和强大的生命力。

智慧是人类认识事物和运用知识、经验解决问题的能力，无论这一切是从先天获得还是后天培养的悟性、技能和才思，都可归结为智慧之果。所以，人类正是运用这种智慧和对智慧的不懈追求，才成为了大千世界的万物之灵。

学哲学，就是为了有一个自觉的、系统的、正确的世界观，克服那些不正确的世界观。因此，只有用哲学的看法来指导我们的思想、学习和工作，才有可能得到正确的思想方法、学习方法和工作方法，我们的事情才可以做得更好。这就是哲学的巨大作用。

课堂收获

任何事物都有一个不断变化发展的过程，都经历过去、现在和未来，所以，我们观察一个事物要预测它的未来，而不是只了解它的过去，观察它的现状，只有弄清事物的全部，我们的思想才会符合不断变化着的客观实际，适应发展中的形势需要。所以，我们不要害怕变化，应积极地去改变不合理的事物，让事物更符合人类的生活和发展要求，这样人类才会一直进步，才会使生活变得更加美好。

意识是客观世界的主观印象
——分析问题要避免想当然

对某一客观事物，你是如何思考的，你就有什么样的看法；你有什么看法，就会得到什么样的结果。

——叔本华

人都有一个毛病，就是更愿意相信自己拥有一定判断能力，即便是对一些“想当然”的想法，人们也倾向于认为那是“思考过后的结论”。

有人就问过这样的一个问题：

有一个人上午 8 时驾车从 A 地到 B 地办事，预计办完事后再从原路返回，这样便可以在正午之前赶回 A 地。然而，不料在外出途中因交通阻塞，以至于比预计的时间多了两倍才到达目的地，接着他才按原来所花时间办完了事。

现在请问：如果这个人在返回时，以四倍于去时的速度加速往回赶，还能否在正午以前赶回A地?

对于这个问题，有人就给出了这样的分析结果：去时多花的时间，返回时补了回来，因此可以在正午以前赶回A地。

其实，这个分析结果是错误的。错误的原因就在于缺乏对事物具体的细节和数量进行分析。

试想：去时所花费的时间已等于预计来回的总时间了，等办完事后，实际上已是正午了。所以，这个人不管如何加速，在正午前都不可能赶回A地。

对于这一问题的思考就启示我们，分析问题时一定要避免想当然，要注意细节的分析，有必要的话，还要进行数量上的分析。

人脑具有意识的机能，这个机能的实现即意识的产生。所谓意识，其实就是人类的主观意象。客观世界并没有好坏、美丑、善恶、进步与落后等，但意识中有。所以，客观世界反映到人脑中，必然要进行加工改造，以主观的形式而存在，因而意识的形式是主观的。因此，人认识事物就像看一个五颜六色、布满各种纹理的巨大球体，观察者分布在它的周围，观察结果也因所处的角度及离被观察对象的远近不同而异。

同时，被认识事物自身也在不断发展、变化，即使所处的角度不变、所使用的标准相同，认识结果也会因事物的自身发展而变化。这个角度决定了被观察对象信息的开放程度、真实程度、及时程度和多少程度。

因此，为了避免陷入无谓的争议和误解，避免做出错误的判断和行动，人类唯一能够减少这些错误的办法就是努力提高个人的文化涵养和经历，这样才能使自己的视野变得更开阔、悟性更高，才能避免因人的第二信号系统——语言和文字的反应误差。所以，人对于事物的观察要从不同角度、不同层次、不同时间去观察，这样才能得出比较全面、深刻、客观的认识结果。所以，由于正确的意识和错误的意识都是对客观世界的反映，它们的形式都是主观的，内容都是客观的。而意识的正确与否，就区别于形式与内容是否统一。

意识是客观世界在人脑中的主观印象，所以自然界的万物都存在客观性，事物的存在和发展不会以人的意识为转移。因此，人们只有时刻按照客观规律办事，才能有大的收获。如果总是主观臆断，妄下断言，无疑会走向极端的错误。

课堂收获

思维方法是人们认识世界的中介，科学的思维方法就是客观规律在人脑中的内化，特别是理性思维的重要工具，它们就是人认识世界，从实践中获得成功的重要条件。所以，只有掌握科学的思维方法，才能增强人的认识能力，做好各项工作。

自杀是人类的现象，与动物无关
——意识是人类独有的精神现象

肉体不可思议，灵魂更不可思议，最不可思议的是肉体居然能和灵魂结合在一起。

——帕斯卡尔

人与动物的本质区别就在于人可以从事哲学思考，而动物不可以。这是因为人类具有高度组织起来的器官——人脑，意识是人脑的机能。

意识是人脑的机能和属性，人脑是意识的物质承担者。无人脑的意识是不会产生的。现在人脑就是一个具有高度组织起来的完善、复杂而严密的物质结构系统，由大脑、间脑、中脑、脑桥、延髓、小脑六个部分组成。

人脑有1000亿个神经细胞，其结构极其复杂。每个神经细胞由细胞体、轴突、树突、神经末梢构成。每个神经细胞都同其他的神经细胞相联结，形成一个多层次、错综复杂的神经网络系统。各部分的神经细胞各司其职，分工极其严密细致而又相互合作。

人的大脑皮层还有专司语言的中枢，这是任何动物的大脑所不能具有的。人的意识活动过程，是通过人的大脑对客观外界刺激的一系列反射活动实现的。反射活动的物质结构基础是反射弧，反射弧由感受器、传入神经、反射中枢、传出神经、效应器五部分组成，外界信号刺激感受器后，很快由传入神经进入反射中枢，再经传出神经到达效应器，指挥人体动作。人的这种反射活动与高等动物的反射活动就有着本质的区别，人的反射信号不仅可以是实物，而且可以是语言。这种语言刺激引起的反射就称作第二信号系统，是在实物刺激引起反射的第一信号系统基础上产生的，为人类独有，是人脑生理机制完善的表现。

对于人来说，人一旦变成有意识的，就变成了单独的。意识越强，就越能觉知自己的单独。无论是否客观都无关紧要——每个人都有自己的真理和现实，并相应地采取行动。而且，我们还会不自觉地收集能够支持我们信念的信息，无论这些信息是否“正确”。所以，我们每个人都从自己的角度看待真理和现实。

可以说，人类的意识有十分复杂的结构。从高低层次看，人就有潜意识和显意识之别，在显意识中又有感性和理性的区分；从反映的领域看，就有认知、情感和意志，认知向外，情感指内，意志把内外结合起来，直接控制人们的行动。

所以，人的自杀和动物的自杀就有着本质区别。动物的自杀通常都是受到不明刺激，神经系统受到影响所致，而人的自杀属于正常的思维活动产生的结果。

课堂收获

有人买错鞋子就自杀，有人腿没了仍旧跳舞。同样是人，为什么抗压性差异这么大？关键就在人的逆商指数。我们没有办法一辈子保证自己免于人生暴风雨无常之凌虐，但我们可以提升自己的逆境智商，让我们即使不幸拿到一副人生坏牌，还是会尽力去打出最好的结果。这样，我们才能做到不管到了哪里，都一定会成功。

意识是一切行为的前导
——意识主导身体

当我走进我所称的自我的内心深处时，总是会获得一些特别的感觉或其他像是热或冷，光或影，爱或憎恶，痛苦或快乐的感觉。没有感觉，我无法了解自我，我只能遵循自己的感觉。

——大卫·休姆

思想意识是一切行为的前导，也是构成一个人世界观的基础。意识是对物质的反映，并能反作用于物质，正确的意识能指导人们有效地开展实践活动，促进事物的发展；错误的意识则会将人的实践引向歧途，阻碍客观事物的发展。因此，我们必须重视意识的作用和力量。

比如，一直相信自己心脏有毛病的人，如果不能对自己的这种信念加以检讨，反而认定其为“事实”，便会因为自己的认知产生相对应的焦虑情绪。久而久之，这样的信念加上伴随产生的焦虑感，便会开始影响他的心血管系统，进一步地对心脏造成确定性的伤害。尔后，当这个人到心脏科看门诊时，便会在医师的诊断及确实的检验报告中，更“确定”自己得的是心脏病。但是，他也许从来没有发现，一开始其实只是因为自己“相信心脏有毛病”的信念，启动了后来的一切病程。

我们身体的不随意系统本来就与内在所有的想法、观念及情感相连，如果想要进一步地治疗不随意系统的毛病，一定要从自己有意识的想法及情绪状态着手。

在美国的军队里，新兵训练营的军官们面对一批曾经是犯人的新兵就采用了一种特殊的训练方法，巧妙地将教育内容融入家信之中，让教育建立在他们爱家爱亲人的情感之上，引导新兵在读信抄信的过程中，通过无声无息的心理暗示，使他们首先树立了正确的意识，并逐渐内化为他们的思想觉悟，终于形成了良好的行为习惯，变得军容整齐，精神焕发了。

这件事情就发生在越战时期，当时美国的一所新兵训练营接受了一批刚刚从劳教所改造后的新兵，这些新兵肚子里墨水虽不多，但身上恶习不少。很显然，要怎样把他们训练成合格的军人就是一个令人头疼的问题。

面对这样的情形，训练营的军官们就发明了一个“怪招”，他们便有计划地精选了一些家信发给大字不识几个的新兵，让新兵们学着读、照着抄。信的内容是什么呢？无非就是告诉家人自己在军队养成了新的生活习惯，如每天早上刷牙，晚上睡前洗脚，不酗酒，不打架了等。

说来也怪，一段时间后这些新兵还真的克服了原来的许多坏习惯，变得军容整齐，精神焕发了，后来有人做进一步的分析研究和实验，把这种现象概括为心理暗示效应。

人类的发展史就告诉我们，从穴居野处到高楼大厦，从被开垦的处女地到栽满果树的山野，从钻木取火到原子能发电，从刀耕火种到现代化农业生产，从牛车、马车到火车轮船，以至于宇宙航行器的出现，无一不是人类意识伟力的结果。

对于人来说，人的意识就像一块巨大的磁铁，不论我们的思想是正面抑或是负面的，我们都会受到它的牵引。而思想就像轮子一般，使我们朝一个特定的方向前进。毕竟，我们的生活并非全由生命中所发生的事决定，而是由自己面对生命的意识和态度，所以我们怎样来看待一件事的好坏就是由意识来决定的。

课堂收获

有的人在工作中畏首畏尾，前怕狼后怕虎。总觉得自己没把握，总想依赖别人，宁肯错过100次机会，也不肯试一试自己的身手和能耐。没有尝试的胆识和意识，就永远不可能掌握新本领、新知识，只能在原地停滞不前。只有勇敢地迈出第一步，第二步就有了经验，坚持下去，就会有更多的机会与进步。

没有劳动就没有人，就没有人类社会
——劳动创造了人本身

意识一开始就是社会的产物，而且只要人们还存在着，它就仍然是这种产物。反之，如果脱离社会实践，不参加任何社会活动，就不会形成人的意识。

——马克思

哲学的智慧不是从人们的主观情绪中凭空产生的，而是人们在认识世界和改造世界的活动中，在处理人与外部世界关系的实践中逐步形成和发展起来的。

人类社会的形成需要哪些物质条件？是什么原因促成了由古猿的生存环境到人类的社会环境、由古猿的群体结构到人类的社会结构的转变？在由古猿的生存环境到人类的社会环境、由古猿的群体结构到人类的社会结构转变过程中，劳动就起了决定性作用。

人类不是从来就有的，而是由古猿发展而来的一个特殊的生物种群。在从猿到人的演化过程中，劳动可谓起着决定性的作用。劳动创造了人的生理结构，形成了手脚分工；劳动使猿脑变成了人脑，形成了语言和意识；劳动使人结成了社会联系，形成了社会关系。因此，劳动创造了人和人类社会，没有劳动就没有人，就没有人类社会。

劳动创造了人本身，劳动就是整个人类生活的第一个基本条件。人的劳动同动物活动的根本区别就在于制造和使用工具。而在制造和使用工具改造外部世界的劳动中，人们不仅认识到了事物的表面现象，还通过抽象思维深入到了认识事物的本质和规律。

同时，在劳动过程中，由于交流的需要人类还产生了语言。而语言的产生就极大地推动了人类意识的发展。在劳动和语言的推动下，就使猿脑变成了人脑，并随着社会劳动的进步而日趋完善，这就为意识的产生和发展提供了物质基础。

意识虽然是自然界长期发展的结果，但又不是自然而然的东西。自然进化只为人类意识的产生提供了生理基础和心理基础，这是意识产生的自然条件。人类意识的产生还需要一个十分重要的基础，它就是人类社会实践活动，这是意识产生的社会根据。所以，动物的大脑和单纯的动物心理并不会自发地产生意识。意识是同人类社会一起产生的。意识是社会劳动、语言和人脑的必然产物，在这个意义上，我们又可以说意识是社会的产物。

物质生产活动使意识的产生不但成为必要，而且也具有了可能。人类的生存方式就要求人们的反映形式必须能够认识事物的本质和发展规律，因此动物的感觉和心理活动必须进化为人的意识活动，而物质生产活动也能够产生高级的反映形式。在物质生产活动和社会交往活动中，类人猿的动物脑就进化为了人脑，有了人脑，意识的产生就有了物质基础。

一句话，哲学的智慧产生于人类的实践活动。社会的产生，既不是什么神灵的杰作，也不是人的意识的创造，恰恰是客观世界自身力量长期作用的必然结果。

课堂收获

人类文明的进步离不开劳动，创造美好的生活更需要劳动，天上掉馅饼的故事只有童话世界里才有，不劳而获的事情现实生活中也不存在。劳动和自然界一起就是一切财富的源泉，自然界为劳动提供材料，劳动把材料变为财富。劳动就是整个人类生活的第一个基本条件。为了让年迈的长辈能安度晚年，为了让爱人和孩子生活得更加幸福，所以我们应该热爱劳动，用自己的双手创造幸福，因为热爱劳动也是一种美德。

对事物的看法，没有绝对的对错之分
——主观与客观的统一性

事物的本身并不影响人，人们只受对事物看法的影响。

——叔本华

人脑是意识必备的物质器官，但不是意识的源泉。意识之外的客观事物才是我们意识的源泉和被反映物。意识是一种反映，这就决定了反映者总是依赖于被反映者。

比如，人类的认识和照相有什么不同呢，举最重要的一点来说：照相机只能完全照着外物表面的样子拍出来，有这么一种东西，就只能拍这么一张照片，除了照着外物拍照以外，别的作用一点也没有了。但人类的认识却不同。人用自己的感官，从外物得到感觉，这一点倒可以说是和拍照一样的。但是，人类的认识除了感觉以外，还有想象和理解等的作用，它能够利用过去感觉所得的东西，自己构想成种种东西，不一定要真正有那东西存在，分明世界上没有鬼，人类偏偏可以想象出鬼来。这就不是照相的比喻可以说明的了。

譬如这里有一块糖，我们知道它是甜的，这只是我们感觉的甜罢了，这感觉，完全依赖着我们舌尖上的感官，没有舌尖，甜的味觉是不会存在的。又譬如我们认识一个人，我们一眼看上去，只能看见这人的正面或者侧面。当看见这人的正面时，我们不能同时也看见侧面。但真正的人是正面侧面同时并有的，我们只看见一面，足见不能认识到真正的人。

就拿这块糖来说，我们觉得甜，这甜味，当然只是舌尖上的感觉，这种感觉的形态，是一种主观的形态，但我们不能说它完全是主观的幻觉。因为，如果糖的本身没有甜的作用，我们就万不会有这种感觉，甜，它的内容根本还是由糖的本身得来的，也就是说味觉是完全要靠客观的东西决定。所以，当我们说糖是甜的时候，我们所认识到的这种感觉，在形式上固然是主观的，但在内容上不能否认这是糖本身的作用，不能否认我们已认识到了一种物质的客观性质。

在这里，这种主观的形式与客观的内容就是相结合着的，这就叫作主观与客观的统一。我们认识一切事物，都是在主观与客观的统一中实现的。并不只是主观的幻觉，也有着一滴滴的客观物质的真实面影。在主观形式里，我们可以认识到客观物质的真实面影。但正因为有主观形式的限制，所以我们所认识到的最初只是事物的一点一滴或一小部分，不能一眼就看穿了事物的全部。然而，我们的认识能力是能够活动能够运动的，对于周围的一切我们可以渐渐地愈加完全地去认识它，这叫作认识的过程。

无数事实告诉我们：一切结果的根源常常不是事物的本身，而是有权对该事物做出不同评价与解释的我们自己——我是一切的根源！我们可能无法掌控风向，但我们至少可以调整风帆；我们可能无法左右事情，但我们至少可以调整心情，让我们不再抱怨，因为，我是一切的根源。

现实生活中，有人会因为失败而跳楼，也有人因为战胜失败而成就一番更大的事业；有人会因为对手强大而畏惧，也有人会因为挑战巨人而使自己快速成为巨人；有人会因为产品卖不出去而抱怨产品，抱怨公司，抱怨顾客，也有人因为产品卖不出去而创新出大受市场欢迎的新产品和新服务；有人会因为受不了上司的严厉而每每跳槽，也有人会因为“严师出高徒”而使自己能胜任更复杂的工作后不断晋升到高位！

对事物的看法，没有绝对的对错之分。但有积极与消极之分，而且每个人都必定要为自己的看法承担最后的结果。消极思维者，对事物永远都会找到消极的解释，并且总能为自己找到抱怨的借口，最终得到消极的结果。接下来，消极的结果又会逆向强化消极的情绪，从而又使他成为更加消极的思维者，从而形成恶性循环。

正如叔本华所说：“事物的本身并不影响人，人们只受对事物看法的影响。”所以，我们不能改变环境，但我们可以改变看事物的角度；我们不能改变自己的容貌，但可以展现笑容，我们不能控制他人，但可以掌握自己。

课堂收获

“调整”是现今一个很热门的词语，上到国家政策，下到个人心态，任何事物在其发展过程中需要调整。调整的目的就是不断地进步。所以，调整是一种接受，也是一种改变，是对当下生存环境的适当改造。因此，随时调整自己的视角、心态甚至身份，这就是成功的必要前提。

精神不是万能的，但没有精神是万万不能的——意识对物质具有反作用

强者容易坚强，正如弱者容易软弱。

——爱默生

物质决定意识，意识对物质具有能动的反作用，正确的意识对物质具有积极的推动作用，错误的意识则会对物质起阻碍作用。

意识不仅能够正确地反映客观事物，还能够反作用于客观事物，正确的意识通过人们的实践，就能够促进客观事物的发展，而错误的意识就会歪曲对物质的反映。所以，

信仰作为一种意识就对物质具有能动作用，不同性质的信仰就对物质具有不同的作用。

横跨美国曼哈顿和布鲁克林之间河流的布鲁克林大桥堪称世界建筑史上的奇迹，殊不知，为了修建这座大桥，就曾演绎了一段感人肺腑的故事。

1883年，工程师约翰·罗布森是一位富有创造精神的桥梁专家，他得知国家准备修建这座大桥后，就意欲着手这伟大的设计。

可是，当时的桥梁专家们都劝他趁早放弃这个天方夜谭般的计划。只有他的儿子华盛顿·罗布森愿意支持他，并确信大桥可以建成。于是，父子二人便开始了构想建桥方案，并琢磨着如何克服种种困难和障碍。

当所有设计方案都准备好之后，他们又想办法说服了投资人，然后开始建造这座梦想的大桥。

谁料到，就在大桥刚刚开工几个月的时候，施工现场却发生了一场灾难性的事故——约翰·罗布森在事故中不幸身亡；华盛顿·罗布森的大脑也严重受伤，无法讲话也不能行走了。

遇到这种严重的事故，所有人都以为这项工程一定会停工。但是，出乎人们的意料，尽管华盛顿·罗布森丧失了活动和说话的能力，但他的思维还和以前一样。就这样，他躺在床上用一种交流密码和唯一一根能动的手指，以敲击桌面的方式与妻子进行交流。

就这样，用了整整13年，雄伟壮观的布鲁克林大桥最终落成，完成了父亲的心愿，也实现了华盛顿·罗布森自己的愿望。

在约翰·罗布森父子的成功过程中，可以说意识起到了举足轻重的作用。他们在别人认为是“天方夜谭”的事情上，却能够科学地预见大桥可以建成。正是这种正确认识的指导，父子俩开始构想建桥方案，并克服了种种困难和障碍组织施工。这就启示我们，成功与失败的距离有时看似遥不可及，有时却又近在咫尺，其差别就在一念之间。只要希望不灭，百折不挠，义无反顾，必将排除万难，创造出人间奇迹。

物质决定意识，意识对物质具有反作用，但意识又是和物质融合的。因为，意识能够反作用于客观事物，正确反映客观事物的意识促进客观事物的发展，歪曲反映客观事物的意识阻碍客观事物的发展。

人们在意识的指导下通过使用一种物质的东西作用于另一种物质的东西，从而使另一种物质的东西具体形态发生改变。比如：大楼的设计蓝图是意识，在蓝图的指导下，人们使用工具，作用于原材料，使原材料的形态发生改变，变成一栋大楼。

人之所以区别于动物，就在于人的活动是有意识的、自觉的，这种自觉意识的成分里就包含着人所特有的一种目的性和计划性，包含着物质客体的对象世界和人自身主体需要的关系的观念。正是这种自觉意识才使人能够能动地认识世界的本质和规律，并以这种认识为指导，通过实践能动地改变着世界，使世界的变化不断地符合着人自身的需要。

人总是要有点精神的，因此我们要重视意识的作用，重视精神的力量，树立正确的思想意识，克服错误的思想意识。虽然我们无法改变人生，但我们可以改变人生观；

虽然我们无法改变环境，但我们可以改变心境；虽然我们无法调整环境来完全适应自己的生活，但可以调整态度来适应一切的环境。

人具有主观能动性，精神对物质具有反作用力。精神不是万能的，但人又不能没有精神，精神状态有助于抵抗物质的牵引，这样人就能拥有所需的精神状态。

课堂收获

意识对客观事物有反作用，对客观实际的歪曲反映，会给客观事物带来消极的作用。所以，我们一定要重视意识的作用，重视精神的力量，自觉地树立正确的思想意识，克服错误的思想意识。

人为何不能两次踏进同一条河流？——事物是变化发展的

没有什么东西比变化万千的情节、荣枯无常的命运更能取悦于读者了。

——西塞罗

宇宙万物没有什么是绝对静止的和不变化的，一切都在运动和变化。

古希腊朴素唯物主义哲学家赫拉克利特，其哲学思想中最光辉的就是他的辩证法思想。他把存在的东西比作一条河，他说：“人不能两次踏进同一条河流，因为当人第二次进入这条河流时，是新的水流而不是原来的水流在流淌。”

“人不能两次踏进同一条河流”就反映了辩证唯物主义的运动观。辩证唯物主义运动观认为，运动是物质的根本属性和存在方式，世界上不存在一成不变的事物，只有永恒运动着的物质。

实践证明，一切物质都是变化的，没有变化的物质是不可以想象的。

日本宫崎县的幸岛上，除了有条小溪和一群猿猴外，就再没有其他东西了。

后来，京都大学的研究人员来到幸岛考察猴子的生活，他们担心猴子会挨饿，于是专门种下番薯供它们食用。

很快地，猴子发现番薯从地下刨出来后可以吃，只是上面粘着的泥巴很讨厌，于是它们在吃之前就用手来拍落上面的积泥。

这样过了些时日，有只猴子不小心将番薯掉进小溪里，无意中发现溪水可以洗净积泥，使番薯吃起来味道更鲜美。于是，它就把这个发现告诉了其他的猴子，就这样一传十、十传百，很快猴子都学会了用溪水来洗净番薯后再吃。

又过了些日子，岛上的小溪干了，没办法洗番薯了，猴子们变得手足无措起来。在茫然中，又有一只聪明的猴子发现用海水也可以洗番薯，而且味道还不错，便把这个办法告诉给了其他猴子。于是在很短的时间内，猴子们又都开始用海水洗番薯吃。

可见，世间在不断出现新观念和新变化时，猴子是这样，人类也是如此。就像“金融大鳄”索罗斯这样坚忍不拔的强势人物，面对记者的“你最害怕什么”时，他都会不假思索地回答：“最害怕不确定性。”

有时候人的时间完全不受自己控制，比如飞机的晚点，比如原本以为事件的发展应该是这样的，然而最后的走向完全是另外一种样子。其实事情的轻重缓急原本可以规划，但是一旦步入了规划，便会发现这个世界上永远不变的便是变化。

很多人认为，事情总有个轻重缓急，以为自己可以不这么忙碌，以为过了今天明天就会更好。但是，真正生活下去，才会发现所有的以为只是一种理想状态。在理想状态之外，人总是要走向现实，而现实生活就像一张未落笔的纸，怎么落笔想是想好了，但真正下笔的时候才发现，这一笔与想的那一笔又完全不同。

什么是人生？所谓人生，其实就是在不断的变化中不停地行进着。所以，世界上永远不变的就是变化，而且是偶然的，不以人的意愿为转移的！

课堂收获

变化是永恒的，恐惧和回避变化的人，只能被历史抛弃。如何面对变化？“水”就教给了我们一个合理应对并战胜变化的简化原则——因势随形。也就是说，人要学会“变”，一是要变得快，通过快速变化来满足社会需求，实现自身的变化；二是要善变，在变中找到机会。

自在的存在和自为的存在
——人类认识的局限性

哲学是一种特殊的思维运动，哲学的对象是绝对，哲学的历史就是追求绝对的历史。

——黑格尔

如果问：“有没有一种存在是我们没有‘感知’过的？”这个答案无疑是肯定的。因为，人要真正认识客观事物，并恰如其分地表现它，是一件极不容易的事。

人类认识的局限性，决定了我们的认识只是一个阶段、一个方面，存在于我们的认识之外的是所谓的“自在”。因此，人总是喜欢通过一个片面的角度得出一个结论，然后自以为是，这样的答案就是不客观的，有时甚至是错误的。

比如，在地面上看世间，人间的世界熙熙攘攘；从万米高空的飞机上往下看，地面人间世界如同尘土，只是薄薄一层。1969 年 7 月 21 日，美国阿波罗登月计划的实现，使得人类第一次站在月面，在月球上仰望地球，就是一个蓝色动人的“大月亮”，而这样的经验感知和概念认知则是在地球上永远也无法生成的。同样，亲临其境在月球上看月貌是一个漆黑荒凉、无声无息的经验感知和概念认知，同地球上所见的那个明月皎洁的经验感知和概念认知有着天壤之别。

“人的局限性”就是人类的本性。比如宇宙在大爆炸之前是什么，死后是否有灵魂等。后来突然发现这种问题完全没有必要去思考，因为人类根本没有能力去思考这些问题。人类的思维方式就天然地包含了逻辑，没有“因”和“果”的概念，我们无法去思考。而人类思考还需要另一个条件，就是感知。无论我们发明了什么样的探测器，最终我们接受的信息都会变成图像、声音、气味、压力、压强等人类天生的感觉。所谓思考，就是对感知来的“物料”用“逻辑”进行加工。

所以，像这些问题，如宇宙大爆炸之前是什么？假设大爆炸理论是真实的，大爆炸之前时间还没有存在，因果链条在那断了。还是，死后有没有灵魂？问题是如何确定这个东西是不是灵魂，如何进行观测，除非灵魂开口说话，否则我们永远无法知道。这样的问题，一个是逻辑失效，根本无所谓观测，一个不能进行观测，没有“物料”。这种问题就是人类不能够去有效思考的。换句话说，也就是人类的知识水平就到此为止了。

人类的认识是有局限性的。从笛卡儿的“我思故我在”到康德的“心灵方式”，从主体划归上就揭示了认识的主观性状，即一切认识都有着主观性状的参与和制作。这种揭示在哲学上就具有极为重要的认识论的意义。

对于世界来说，其一切存在就可划分为这样两个领域，即自在的存在和自为的存在。自为的存在就是人有意识的存在，自在的存在就是一般所谓的客观实在。而人的意识是自为的存在。人的身体由于其物质性，就是一个自在的存在，因此人必须存在于世界之中。但由于人有了意识，所以人就是自为的存在。意识作为自为的存在，虽然以人的身体这种自在的存在为依凭，但它不受自在的决定。

一切认识都依存于外部世界所提供的对象，离开了外部世界所提供的对象也就没有了认识。然而，外部的世界所提供的对象在人类的头脑中所呈现的认识样式，却又是以主观性状所建构的，所以离开了主观性状，这种认识的样式就无法生成。所以，认知是不可能扬弃意识方式而进入无须意识方式的认知的。

比如，水给予我们“凉快”的感知和认知，火给予我们“灼热”的感知和认知。在这里，

"凉快"的、"灼热"的感知和认知，既与"水"与"火"这两个不同自在对象的物理性状相关，又与人类触觉、神经、大脑经验感知的主观方式，以及概念认知的主观方式相关。如果神经回路被麻醉和切断，大脑功能被损坏，水的"凉快"和火的"灼热"的经验感知就会消失。

因此，人类的智慧和知识，归根到底都是由经验感知和概念认知所打造的，这里就内含了自在和心灵的主客互为关系，这种关系就决定了人类的心灵总是以自身的方式取相自在，造就经验感知和概念认知。离开了心灵的自身方式，一切经验感知和概念认知都必将走向它们的消失。

这就告诉我们，人类的认识总是有局限性的，而人类正是在不断认识自己的局限性中发展过来的，所以只有多元的思考才有助于克服局限性，才能完善人类自身。

课堂收获

人类的思维就是这样，先入为主，所以这也是我们人的可怜之处。几千年前，亚里士多德说两个形状相同重量不同的铁球从同一高度同时落下，不会同时落地。几百年后，伽利略就在无数迷信者的眼前击碎了他们那愚昧、固执的所谓的"信仰"。这样的实例不胜枚举。既然现代科学走了"实验"这条路，就必然要一次又一次地推翻自己定下的结论，如果迷信某一种思考方式，必然画地为牢、自取灭亡！

第8章

宗教与科学

哲学从它产生之日起，就担负着把人的思想从宗教神话的束缚下解放出来的任务。古希腊最早的哲学家泰勒斯提出的“水是万物本原”的思想，震惊世界，它标志着希腊人已经开始抛弃宗教神话的思维方式，改换用哲学的思维方式考虑世界了。

上帝被猿颠覆——人类是进化的产物

国王与哲学家皆拉屎，贵妇人亦然。

——蒙田

上帝不是被尼采杀死的，是近代科学的发展摧毁了人们对上帝的信仰。具体地说，进化论便是压倒骆驼的最后一根稻草，进化论使人和上帝之间的联系被彻底切断了。

据说，在久远的远古时代，四极寂寥，八荒落寞，冷冷清清的地球上没有动物也没有植物。湖泊池塘，面平如镜，连一片浮萍都没有；大海汪洋，一望无际，连一根海藻都没有。

偶然有一天，电闪雷鸣，轰隆隆地在海面上滚动；狂风呼啸，把海水卷起来化作浪头。霎时，雷电抓住了一个涌得最高的海浪，把它打得粉碎，连水分子都分解开来，和空气中的氮原子合成了氨基酸分子——这就是地球上一切生物的本原。

氨基酸分子偶然地又产生出了最低级的生物——海藻；海藻在数不清的“偶然”机会后，又变出了低级植物和动物。又不知经过了多少“偶然”机会后，低级动物变成了鱼类，两栖类，爬行类，哺乳类，最后是灵长类的猴子——据说这就是人类最直接的祖先。

这就是达尔文的进化论，这些偶然机会发生的突变就被称作“进化”，是一种“物竞天择，适者生存”的过程。

进化论使人和上帝及神之间的联系彻底切断了。人不再是上帝按照自己的形象创造的，人成了猴子的后代。人和一切动物一样，没有任何的优越性。甚至可以说，人就是动物，人并不比动物高级。

人在这个世界的存在完全就是偶然的，是基因突变的结果。所有的生物活着都只是为了生存，通过生存竞争而进化——生物为了生存而弱肉强食，为了进化而独霸配偶。

在知识界，科学与宗教的关系问题一直是数百年来人们关心和争论的重要课题之一。就某一具体的科学理论来说，没有哪个理论能像达尔文的生物进化论那样对基督教产生如此巨大而深远的影响。进化论让我们知道了人的行为与动物是多么相似。胜者为王，败者为寇。赢者通吃天下，输者死无葬身之地。商场上、战场上就不用说了，人与人之间的关系也充满了竞争的味道。竞争，竞争，这也成了社会中最有力的生存法则。

由于在这个世界上所有的生命都只有一个信念，就是生存和竞争。这就与基督教的信仰和信念完全相反。因此，基督教从一开始便不接受进化论，但可以接受日心说。

而哲学的渴望则是对宇宙和人生有一种普遍理解，并且哲学又立足科学，用科学的眼光去寻求确切的知识，这就是哲学的伟大之处——宗教依靠祷告、禅定、神启、感悟等宗教体验来使人们接受宗教对世界和人生的解释，而哲学则希望依靠理性来追求终极问题。

对于哲学来说，“上帝”和“神”就只是发展历程中的一个记号，记录了我们追问终极根据而不可得的迷惘。

从巴门尼德到雅斯贝尔斯，都以“存在”为生命意义之源泉，可是他们除了示意“存在”的某种不可言传的超越性和完美性之外，还能告诉我们什么呢？我们人类无法得知，这时只好借助于上帝，认为上帝创造了一切，直到进化论的出现，人们才恍然顿悟，人世间的一切不过是物竞天择进化而来的。

所以，当一个人对人性有了足够的理解，他看人包括看自己的眼光就会变得既深刻又宽容，在这样的眼光下，一切隐私都可以还原成普遍的人性现象，一切个人经历都可以转化成心灵的财富。

人类是进化的结果，而不是上帝创造的。正如蒙田所说：“国王与哲学家皆拉屎，贵妇人亦然。”这就是最正常的人性现象，因此我们完全应该以最正常的心态去面对。

课堂收获

科学技术本身没有错，而因为人操纵了科学技术，即使科学技术带来了地球、太阳系，甚至银河系的毁灭，也是因为人的欲望导致的。哲学，对世界、对人类、对存在、对意识始终充满着令人惊异的疑问，它促使人们大胆地面对种种成规惯例的束缚。

人为何受苦？
——琐罗亚斯德教与罪恶的问题

美德的道路窄而险，罪恶的道路宽而平，可是两条路止境不同：走后一条路是送死，走前一条路是得生，而且得到的是永生。

——塞万提斯

在哲学上，琐罗亚斯德教是非常令人感到特别的，琐罗亚斯德神学融一神论和二元论为一体，很是耐人寻味。

“罪与恶的问题”就主要来自琐罗亚斯德教，根据琐罗亚斯德教的说法世间只有一个真神，那就是阿胡拉·玛兹达。阿胡拉·玛兹达支持正直和诚实。但琐罗亚斯德教还相信世间存在一个凶神——安格拉·曼纽，代表着罪恶和虚伪。

在现实的世界里，善神和凶神双方的势力之间就在不断地进行着斗争。你是站在善神一方，还是站在凶神一方，每个人都有权做出自己的选择。

《约伯记》就讲述了一个好人的故事，尽管此人忠实地履行上帝的全部律法，但受到了可怕的惩罚。撒旦嘲笑上帝，认为约伯表现得正直，只因为上帝对他太好了。为了"考验"约伯，上帝允许撒旦将最悲惨的个人灾难降临到约伯和他的家人身上。自始至终，虽然约伯频繁地恳请上帝帮助他，但一如既往地过着虔诚的生活。最终，上帝恢复了约伯以前的幸福生活。

但是，上帝并没有因此善待好人，而是仍旧坚持他的做法不必得到人类的理解。因此，尽管在这个世界上存在着明显的不公，人类仍然需要信仰，但留下了亟待解决的罪恶问题。

在我们的理解中，恶人受苦是理所当然的，这一观念几乎是人类共有的信念。但是，为什么好人也会受苦呢？却是我们所无法理解的，以至于在人类的理性中，不得不产生怀疑上帝的存在或公义的念头。

其实，对于一般苦难的来源，《圣经》早已给予了我们答案。《创世记》就很清楚地向我们说明了这样一个真理，就是苦难正是由于人类的罪行带来的恶果。在基督教的《圣经》中有这样的说法，因为人吃了智慧果，上帝要惩罚他。上帝对人说："你必终身劳苦，才能从地里得到吃的。地必给你长出荆棘和蒺藜来。""你必汗流满面才得糊口。"这就是说，人要受苦，是命里注定的，任你怎样努力也没有用，只能服从命运的支配。

《创世纪》所记述的这个人类犯下罪行的故事，就意味着罪恶是经由人的选择而来到世界上的。因此，千百年来人们对于这类宿命论的思想，可以说是又信又不信。信，是因为人的力量常常比不过自然的力量，比不过周围环境的力量，他们觉得自己在斗争中尽了力，还是免不了要失败，就认为这是由命运决定的，是天意。

因此，罪恶问题不但是由假定的彼此交战的双方来决定，而且也是人类针对选择道德和自由的追求来决定的。人类就可以选择同其中一个神结盟，善的神或恶的神。然而，作为一个宗教，琐罗亚斯德教就希望吸引信徒并鼓励他们在思想、言辞和行为各方面都信奉善的神。并且，只有与善神结盟，人类才会得到回报：在世界末日的时候，琐罗亚斯德将带领那些与善神结盟的人走向一个永恒幸福的存在。这一具有吸引力的命题就在基督教哲学中找到其超自然的家园——天堂。

课堂收获

人们应当为所经受的苦难而自豪，任何苦难都能成为成功者幸福的回忆。不成功时能吃苦，成功了也能吃苦。把苦难和失败看作人生的导师，在面对挫折时不怨天尤人，而要保持冷静的头脑笑对失败，这种苦难的背后其实就是财富的源泉。

上帝与人，你听谁的
——有比较才有鉴别

最智慧的人和神比起来，无论在智慧、美丽和其他方面，都像一只猴子与人类比起来是丑陋的。

——赫拉克利特

你知道吗？人体的 80% 都是由水构成的。这是真的——你和我的 80% 都是一样的！真正把我们区分开来的不是我们有多高或者我们的头发是什么颜色，而是我们的内在世界：我们的价值观、信仰和想法。

这些价值观、信念和想法很重要。它们就决定我们作为一个人的精神面貌，它们就是我们观察世界的工具，并把我们的所见所闻以及得出的结论涂上颜色，决定了我们的行动和生活方式。

史密斯是一位产科医生，在 5 月孕妇分娩的高峰期，他都会放弃回家休息，住在医院里，随时为产妇接生。有一天晚上 10 点刚做完手术，整个人几乎虚脱。于是，他来到办公室小憩。可是，刚刚躺下，护士便急忙跑来："史密斯医生，琼丝女士要生了。"

琼丝是一位 42 岁的高龄产妇，而且是头一次生孩子，预产期已经过了三天却迟迟没有动静。琼丝和她的丈夫显得有些着急，尤其琼丝，既紧张又怕痛，开始大哭起来。在琼丝长达两个小时的哭声中。她终于顺利产下一个婴儿。就在大家都松了一口气的时候，意外发生了，残留在产妇子宫内的一片胎盘组织引发了大出血，鲜血决堤似的向外涌出，并且无法止血。"必须立即输血！"史密斯医生当机立断，下达了输血的命令。

然而，意想不到的事发生了，在生命的紧要关头，琼丝和她的丈夫居然拒绝输血。这是为什么呢？

原来，琼丝和她的丈夫都是宗教的信仰者，琼丝的丈夫说："我们的宗教规定我的妻子不能输血，否则就是对宗教的亵渎，信仰对我们来说比生命更重要，当信仰与生命发生冲突时，我们宁愿放弃生命坚守信仰！"

对于他们来说，死亡只不过是一次超脱，信徒可以再生。在整个美国，所有的医生也都知道这一条规定：如果患者要求坚守信仰，医生必须做出必要的让步。所以，史密斯医生也束手无策了。

然而，史密斯医生认为自己不能这样看着一个生命就此消失。作为医生，治病救人是他的神圣天职，但是他又不能违背病人出于信仰而做出的决定。可是，如果再不下令输血，就会眼睁睁地看着病人死在自己面前，这是犯罪，他的良心会因此而不得安宁。产房里的气氛紧张到了极点。

时间分分秒秒地过去，生命一点一滴地消逝。再也不能拖延了。史密斯医生旋风般冲出产房，驾车高速冲向州高级法院。史密斯医生做出了只有美国医生才会做出的事：要求法官发出输血的命令。

这时已经是凌晨2时。从睡梦中惊醒的法官听完史密斯医生简短的陈述后，立即做出紧急裁决——这是他30多年法官生涯中唯一一次在夜里做出裁决，也是最快最特殊的裁决：允许史密斯医生在未经病人同意的情况下施行输血。

得到法官的裁决后，史密斯医生激动地流下了眼泪，立即揣着判决书风驰电掣般赶回医院。法律高于一切，琼丝和她的丈夫不得不违心接受输血。琼丝得救了。

当信仰进入我们的心灵世界并指导行为时，它会转化为无比强大的动力，并且产生出让人难以想象的奇迹。

宗教只能给我们答案，却不能给我们解释；能给我们结果，却不能给我们原因。它只要你接受，却不要你提问。所以，宗教所要的是信仰，而不是理性。而我们所需要的正是原因，而且是理由充分的原因。

我们要问："为什么？为什么是这样？有什么根据？"宗教只会说："祷告吧，上帝会告诉你的。"或者说："慢慢悟吧，总有一天你会领悟到的。"只有科学能够给我们原因。只有科学能够告诉我们为什么，并提供根据。

科学才是一切，科学摧毁了一切，科学还将重建一切。科学摧毁了信仰，也只有科学才能重建信仰。这个信仰就是建立在人类理性基础上的，不需要超自然的神的存在。

课堂收获

信仰不是盲目的迷信，信仰必须是有根据事实的。在信仰中我们要知道事实的缘由，知道为什么要这样做而不是那样做。所以，我们必须具有理性的信仰，是合乎理性的，是有其事实根据的，否则我们就会迷信。

何谓觉悟？——佛教与释迦牟尼

人们不能用禁闭自己的邻人来确认自己神志健全。

——陀思妥耶夫斯基

宗教对许多人来说是一个陌生的领域，甚至有人把它看成是异端邪说。但在实际上，宗教倾向深深根植于每个人的本能需要与情感渴求中。

宗教情怀作为精神生活的一个层面，凡人皆有。一个人在现实生活中往往感到自已无根无据，茫然失措，情无所钟，魂无所系。而当我们想从文学中寻求精神慰藉时，或者更深一层，去寻求人生的终极价值时，特别是当我们对那至高无上的理想境界表现出强烈的渴望时，事实上就显露出我们的宗教情怀。

我们知道，人不仅需要物质生活，还需要精神生活。情感要求，求知欲望，这是我们精神生命的主要功能，然而最重要的是，我们为什么有求知欲，而且知道得越多就越觉得有更多的东西需要去探求、去了解呢？这一精神现象作为人的某种本性，便显示出神秘的性质，也就是说，每次情感满足、每次知识获得，都激起更进一步的对未知世界的要求。

当初，佛教的创建者释迦牟尼，本来他是一个王子，诞生于一个高贵的家庭中，他骑马出巡，目睹了世上的苦难、疾病、贫困和死亡，幡然决定出家修行，以求彻悟，于是成了乞丐和隐士。

他效仿其他苦行僧为了求得凡世的解脱摒住呼吸，曝晒于烈日之下，而辟谷几乎让他丢掉了性命。但真正的彻悟却是在找到了“中道”之后才得以实现：他不再把自己的身体看作是敌人——而是吃饱放松坐在菩提树下。

这时他才发现，人的生老病死均是因为有了求生的欲望而产生，因此，要想从中得以解脱，只能通过无欲无求，最终在涅槃中升华。经过几番反复，他终成正果，成了佛陀——觉者，并组建了僧团，传播自己的学说。

可以说，佛陀就是处理人事关系的大师，他善于在僧团中保持平和，不施加任何压力。对他最重要的就是，他的弟子们均在公开中行动，因为他觉悟到——大雨会使包裹起来的东西变腐，但显露在外面的东西不会。

当然，同其他的宗教创建者一样，佛陀在他的发展进程中也一再遇上敌手。但他从来不会对他们表示愤怒和仇视，因为他知道，正是这些情感造就了无谓的求生欲望，最后只能制造痛苦。而且，敌手之所以成为敌手，说到底也不是他们的责任——因为一切状态均受其他状态的制约，然后再去制约另外的状态，自我制约是不存在的。当认识到这一点，佛陀就不会去仇恨任何事情，因为那并不是他的意念。

在觉悟中，佛陀就悟出了世界的虚无与空幻，就会像《黑客帝国》的主人公一样，突然觉悟到我们生活于其中的美丽世界原来只是个假象，而这个假象的世界又如此可厌，于是，你接下来自然而然的想法就会是赶紧“解脱”。

赫拉克利特就曾这样解释：“对于神来说，所有事物都是善的；而在人类眼里，事物却有些是善，有些是恶。对于神来说，所有事情都是对的；而在人类眼里，事情有些是对的，有些是错的。”其实，苍蝇一点都不邪恶，它之所以显得邪恶只是因为我们厌恶它，就连“敬畏大自然”的那些环保主义者对苍蝇也显然缺乏足够的敬意。

所谓觉悟，就是在外界乱的时候保持我们的心不乱，仍能做到用最安静的心、最祥和的心去面对人生；就是不要有贪念，因为贪会产生恨，有恨就会产生伤害别人和自己的想法和行为。因此，如果一个家庭里的一个人因恨而遭到伤害，那么这个家庭就有可能因此而毁灭。所以，既不要有贪和恨，更不要让外界扰乱了内心，能做到这一点的人是非常不容易的，如果你能做到，那就是一个觉悟者，就是大吉祥者！

就像佛陀所坚守的那样，只要我们勇敢地迈出那一步，执着地不回头，信念不歪，别人说他的去，我们修我们的……这样一直往前走，就会达到特别的境界。这就是觉悟！

课堂收获

面对当今竞争激烈的社会，每个人心里装着太多的自私想法，一个人的心里装的东西太多，就会活得很累。所以，我们卸下过多的私念，多奉献一份爱心，这样我们就会走向觉悟，拥有幸福和永恒。由此，人的心态一旦改变的话，那么面对的整个世界也就改变了。

智能竞争的社会
——科学技术是第一生产力

人类的整个发展取决于科学的发展，谁否定科学的发展，谁就阻碍了人类的发展。

——**弗希特**

科学是人类追求真理的行为，研究的是客观事物，涉足的是全新领域，探索的是未知世界。

人类研究客观事物或探索未知世界的一切行为都是科学，因此哲学也被定义为是对自然科学、社会科学和思维知识的概括和总结，同时这也明确指出了哲学的任务、范围和研究对象，并从侧面指明了哲学的科学性、概括性和严肃性。

科学教导我们，宇宙不是恒固不变的，它有着一个起源——大爆炸；科学告诉我们，一切所谓“有生命的”物质都是以独一密码方式记录在DNA分子上的信息开始构成的；科学使我们探入到基本粒子的奥秘，这些基本粒子的活动正向人类的逻辑提出挑战。

哲学不是凭空产生的，它是以科学为基础的，科学的进步推动着哲学的发展，离开了科学，哲学就会干涸、枯萎。科学技术就是我们认识世界改造世界的工具和手段，这就是说，我们还需要为这种工具和手段确定目的、价值和方向，这就是哲学的工作。

哲学为科学提供世界观和方法论的指导。科学家的研究活动都是自觉或不自觉地在某种世界观的指导下进行的，缺乏正确的世界观和方法论的指导，科学家就会在自己的研究活动中失去正确方向，甚至陷入混乱和失败。因此，任何轻视哲学、否认哲学对具体科学的指导作用的看法，都是错误的、有害的。

牛顿的世界观对他的科学研究有什么影响？如果牛顿不相信上帝，还会得出“第一推动力”的结论吗？牛顿研究工作的得与失能给我们什么启示？牛顿的经历告诉我们，唯物主义世界观推动了他的科学研究，唯心主义世界观阻碍了他的研究工作。如果牛顿不相信上帝，是不会得出“第一推动力”的结论的。牛顿工作的得失告诉我们，科学研究应该以科学的世界观和方法论为指导，否则，科学研究就会失去正确的方向，甚至陷入混乱和失败。

科学是哲学的基础，科学的进步推动着哲学的发展。哲学之所以富有生机和活力，能够存在和发展，就在于它以不断丰富的科学知识为基础，从中概括出最一般的结论。所以，哲学不是生活经验的简单总结，用说几个故事、讲几个成语来进行哲学教育，虽有其可取之处，但毕竟不是扎实的做法。只有彻底的理论，才能彻底地说服人。

年轮，是大树树干上那一圈圈色泽不一、大大小小的同心环纹。科学家们通过这些环纹，不仅能够发现树的年龄，还能对环境的变化等诸多问题进行研究。但是，在以前要认识年轮，就要把大树砍倒，这样才能发现其中的奥秘。而现在，据说有一种专门的钻具，可以从树皮一直钻到树心，取出一个有全部年轮的薄片。这样就可以不再需要砍倒树木来计算出树木的年龄了。这就是科技的进步。

科学技术本是人类利用自然、改造自然的智慧结晶，科学技术是第一生产力的提出，把人的智力活动作为推动生产发展、社会进步的第一动力，标示着人们从祈求救世主的恩赐，转向对人类自身的崇拜，这就是人类认识自己，提高自己，进而完善自己的一大飞跃。

课堂收获

科学虽然给人类带来了巨大财富和物质幸福，但科学也给我们带来了种种负面效应，如人口的膨胀、资源的枯竭、核子的毁灭、生态的恶化、体能的退化等，这是否会因此使人类走向毁灭？因此，人类需要从人类与地球、人类与环境的主客互为关系上，从人类生存意义、人类生活方式取向的新的哲学思考上，来审视数百年来由科技力量所造就的现有人类生活方式，不能再把这种生活方式视作人类发展的自我绝对和理所当然，而要从哲学的新的统摄思考中，调整人类的观念和行为，造就科学与人文，自然与人类，发展与环境互为协调的和谐发展。科学提供知识，哲学提供智慧，两者既是互为的又是不可彼此取代的，这才是科学的最终目的。

科学可不可靠，关键在于我们如何看
——差异之前没有科学

科学就是整理事实，以便从中得出普遍的规律或结论。

——达尔文

智慧是最有魅力而又古老的人生追求，是人类认识事物和运用知识、经验解决问题的能力，一切从先天获得、后天培养的悟性、技能和才思都可归结为智慧之果。人类正是怀有这种智慧和对智慧的不懈追求，才成为大千世界的万物之灵。

科学就是由人类感知的自然现象，通过观察、抽象、总结形成的宗教个性论说，之后又形成了有因果系统的宗教共性论说，再通过设置实验环境、证明宗教论说的真假、形成有因果系统的科学个性结论，并在之后形成有因果系统的科学共性结论，进而形成了有因果系统的有实验共性结论的可重复验证的学问，这就是科学。

19 世纪可以说就是科学时代的开始。在天文学领域，科学家们开始论及太阳系的起源和演化。在地质学领域，英国的地质学家赖尔提出地质渐变理论。在生物学领域，细胞学说、生物进化论，孟德尔的遗传规律相继被发现。在化学领域，原子－分子论被科学肯定；拉瓦锡推翻了燃素说，并成为发现质量守恒定律的第一人；1869 年，俄国化学家门捷列夫发表了元素周期律的图表。

同时，19 世纪最重大的科学成就是电磁学理论的建立和发展。在 19 世纪之前，人们基本上认为电与磁是两种不同现象，但人们也发现两者之间可能会存在某种联系，因为水手们不止一次看到，打雷时罗盘上的磁针会发生偏转。1820 年 7 月，丹麦教授奥斯特便通过实验证实了电与磁的相互作用，他指出磁针的指向同电流的方向有关。这就说明自然界除了沿物体中心线起作用的力以外还存在着旋转力，而这种旋转力就是牛顿力学所无法解释的，这样，一门新学科——电磁学就诞生了。

19 世纪，自然科学在多个领域也取得了辉煌的成就。自然科学发展史就是研究自然科学发展过程及其规律的科学。它的依据就是历史事实，并通过对科学发展历史过程的分析来总结科学发展的历史经验并揭示其规律。在漫长的自然科学发展史上就出现了三次严重的危机，并由此也带来了三次重大的突破，从而推动了自然科学向前进一步发展。

比如自然科学，就是以天文学领域的革命为开端的。天文学是一门古老的科学，后来通过毕达哥拉斯、柏拉图、喜帕恰斯、托勒密等人的研究，已提出几种不同的理论体系，成为一门最具理论色彩，又是提出理论模型最多的一门学科。同时，天文学又与人们的生产和生活最为密切，人们种田要靠天、畜牧要靠天、航海要靠天、观测时间也要靠天，这就必然有力地推动了天文学的发展。

当然，由于天文学是一门十分敏感的学科，在天文学领域就存在着两种宇宙观，在最初阶段新旧思想的斗争就十分激烈。特别是到了中世纪后期，天主教会还别有用心地为托勒密的地心说披上了一层神秘的面纱。硬说地球处于宇宙中心，证明上帝的智慧，人就是上帝派到地上来统治万物的最高阶层，所以人类的住所——地球也处于宇宙的中心。

在当时，这种荒唐的说法是被当作权威来加以崇信的，托勒密的学说就是不可怀疑的结论，这就严重阻碍了天文科学的进步。然而，地心说却存在着极大的错误，也就是基督教历法的微小误差经过长时间的积累，其数据同观测资料越来越大相径庭。有一次，一位葡萄牙亲王的船长就是这样说的："尽管我们对有名的托勒密十分敬仰，但我们发现，事事都和他说的相反。"

托勒密体系的错误日益暴露，人们亟须建立新的理论体系。当时，文艺复兴正蓬勃开展，这不仅大大解放了人们的思想，同时也推动了近代自然科学的产生。波兰天文学家哥白尼从1506年开始，就在弗洛恩堡一所教堂的阁楼上对天象仔细观察了近30年，从而创立了天文学的新理论——日心说。到1543年哥白尼公开发表《天体运行论》，也成了近代自然科学诞生的主要标志。

不管对巫师、宗教徒、平民还是科学家来说，知识都是指正确的陈述，正确的预见，即知识就是人认为的"真理"，但只有科学家才非常严格地审视"真理"。不光要看"公理"是否来源于直觉、实验或有充分理由，而且要严密地审查推导过程中的任何细节，并考察其任一导出结论是否与实验或生活经验相冲突。这些标志性的差异就区分出了巫术与科学的明显界限。

课堂收获

人类对自然的敬畏源于无知，无知产生了崇拜，崇拜就演变为了宗教。人类对自然的改造源于生存的需要，需要产生了认知，认知就发展为了科学。科学的发展不是凭空进行的，而是以已有的科学成果为发展起点的。因为，从人的认识规律来看，人类对客观事物的认识总是从认识简单事物进而深化认识复杂事物的。当今时代，科技的发展日新月异，群体化、社会化、高速化的趋势和特征异常明显，我们随时可能面临新的危机，新的挑战，只要我们不断开拓、不断创新，科学的明天一定会更加美好。

信仰是人精神“自我”的栖居地
——科技不反对信仰

人得救的条件不是要反对什么，而是接受上帝白白的恩典。只要你肯，仍然可以在科学里爱上帝、敬拜上帝。

——波义耳

信仰就像给船下了锚一样，在大浪之中，船仍能稳定，保持平衡，不会被巨浪给翻覆。

一个人的自信当然来自个人成功的经验，但最主要的自信力，却源自虔诚的信仰。有坚定信仰的人，既是快乐的也是安定的。

信仰是人类心灵生活的一种需要。信仰是相对于“不信仰”而说的，是基于对两种以上的对象比较、思考和选择的结果。如果没有可资比较的对象，没有思考的过程，没有抉择的权利和自由，就不能叫信仰。

信仰本身就是享受思考自由和抉择自由的体现。剥夺获得不同思考对象的权利，不给比较和选择的自由，也就剥夺了信仰自由。

正如黑格尔所说：“一个没有形而上学的民族就像一座没有祭坛的神庙。”没有祭坛，也就是没有信仰，没有神圣的价值，没有敬畏之心，没有道德的约束，人生唯剩纵欲和消费，人与人之间只有利益的交易和争斗。它甚至不再是一座神庙，而成了一个吵吵闹闹的市场。

自柏拉图以来，西方思想的传统是把人的生活分成两个部分，即肉身生活和灵魂生活，两者分别对应人性中的动物性和神性。它们各有完全不同的来源，前者来自自然界，后者来自超自然的世界——神界。不管人们给这个神界冠以什么名称，是柏拉图的“理念世界”，还是基督教的“上帝”，对它的信仰似乎都是绝对必要的。因为如果没有神界，只有自然界，人的灵魂生活就失去了根据。

对于这个问题，存在主义的回答是，力量就来自自我，在一个没有上帝的世界上，自我是绝对自由的，又是绝对孤独的，因而能够也只能够凭借自己的力量肯定自己。“存在本身”通过我们肯定着它自己，反过来说，也是我们通过自我肯定这一有勇气的行为肯定着“存在本身”。存在的勇气即是信仰的表现，只不过这个信仰不再是某种神学观念，而是一种被“存在本身”的力量所支配时的状态。

把信仰解释为灵魂的一种状态，而非头脑里的一种观念，这就是最发人深省的提示。科学似乎已经否定了神的存在，可事情的真相并不是这样。人们可由不同的途径与世界建立精神关系，而且一切简单而伟大的精神都是相通的，在那道路的尽头，它们殊途而同归。说到底，人们只是用不同的名称称呼同一个光源罢了，受此光源照耀的人都会走在同一条道路上。

科学是严谨的，如果一个学说本身都自相矛盾，还有什么道理可言？科学是以事实为基础的，当一个学说与事实存在根本对立时，我们只能相信事实。然而，进化论并没有做到这一点，它最多只是解释了人的肉体和理智的起源，却无法解释灵魂的起源。

人类的精神在宇宙过程中也许是极短暂的存在，但它也必定是有来源的，不可能没有来源。因此，关于宇宙精神本质的假设是唯一的选择——就是信仰。这一假设永远不能证实，但也永远不能证伪。

正因为如此，信仰可以说是一种冒险，也可以说是一种人类的自我安慰。但是，无论是冒险还是安慰，人们已经无法再找到比这种做法更好的办法了。而正是信仰向我们启示了一个独立的内心世界，坚持了动机纯洁性本身的绝对价值，给生活注入了一种高尚的严肃性，给了心灵一种真正的精神历史。

无论在什么时代，每一个个体都有必要并且能够独自面对他自己的信仰，靠自己获得精神个性。灵魂就是人的精神“自我”的栖居地，所寻求的是真挚的爱和坚实的信仰，关注的是生命意义的实现。幸福就是灵魂的事，它就是爱心的充实，是一种活得有意义的鲜明感受。

对于我们自身来说，重新占有精神生活的过程就是赋予生活以意义的过程。这样一来，生活的意义和价值何在这一问题的答案就便有了着落。

课堂收获

信仰作为生活的支点，它是很简单的，但一定要诚心诚意。人活在世上，有没有信仰让人生变得不同。一个经常沉思，心怀信仰的人，和一个整天沉浸在歌舞升平中的人，是完全不同的。一个心怀信仰的人，一定会对生命负责和珍惜。

从“万能神”到“科学头脑”——科学传播的最终目的

人类看不见的世界，并不是空想的幻影，而是被科学的光辉照射的实际存在。尊贵的是科学的力量。

——居里夫人

无论人类怎样看待科学，人类的一切都与科学紧密地联系在一起。人类不可能回到愚昧中去。人类最好还是充分利用科学。

人类传播科学和技术的活动究竟始于何时至今仍无从考究。但是，西方学者认为，有一点应该肯定，那就是，在人类利用科学技术从事生产活动的时候，传播科学技术知识和信息的活动就已经开始了，只不过在历史发展的各个阶段其特点有所不同罢了。

科学素养对普通公众是十分重要的。一个远离科学，没有科学素养的公众群体是无法承担民主政体对他们的要求的。因为在民主政体中，公众舆论是决策过程的重要影响因素，民主程度越高，其影响就越大。可以说，没有具备一定程度科学素养的公众就不可能有国家和社会的民主和进步。

但是，毋庸讳言，在一定的范围内，或某些特定时候，人们还只是承认“科学是有用的”，只是停留在对科学所带来的后果的接受和承认，而不是对科学的原动力、精神的接受和承认。这种现象的存在也是我们每一个人所不能忽视的。科学的精神之一，就是它自身就是自身的“第一推动力”。

也就是说，科学活动在原则上是不隶属或服务于神学，也不隶属或服务于宗教，同样科学活动在原则上也不隶属或服务于任何哲学。科学是超越宗教差别的，超越民族差别的，超越党派差别的，超越文化的地域差别的，因此科学是普遍的、独立的，它的自身就是自身的主宰。

1962年，美国女科学家蕾切尔·卡逊的代表作《寂静的春天》第一次用通俗易懂的语言，用预言的形式向广大公众揭示了化学技术对人类生存环境的破坏性影响。由此公众开始对科学和技术的影响进行思考和讨论。人们由过去“科学万能”到对科学的作用怀疑和质问使人类对自身的智能所带来的结果采取了冷静和审视的态度。

科学技术的传播是人类的社会性所决定的必然行为。科学技术的传播速度和质量随着人类对自身权利的要求和经济发展，以及对环境的关注程度的提高而发生了重大的变化。广大公众对于科学和技术给人类带来的影响由过去的盲从、期望、崇尚，乃至迷信转为冷静的思考和怀疑。从社会的意义上讲，这是人类的进步，而不是否定科学的倒退。

研究已经表明，物理学、生物学、行为科学，甚至艺术和人类学，都可以用一种新的途径将它们联系到一起来。有些事实和想法初看起来彼此风马牛不相及，但新的方法很容易使它们发生关联。我们常常问自己：简单性和复杂性究竟意味着什么？现在连这个恼人的问题也开始可以做出回答。

科学素养对人类是十分重要的。一个远离科学，没有科学素养的人类群体是无法承担社会发展对他们的要求的。没有人类科学素养的提高，世界的未来也会变得一片渺茫！

课堂收获

科学技术时刻在发展，科学知识也永无止境。树立尊重科学的价值观，人们才能主动接近科学。掌握了科学的思维方法，人们就能够自己去探索科学知识，寻求问题的答案。具备了理性、严谨的科学精神，才有可能以科学的态度应对现实问题，做出正确的判断。

诡辩和幻想——伪科学与错误的科学

如果我们拿起任何一本书，例如，关于神学或学院形而上学的著作。让我们问一下，它包含任何涉及量或数的抽象推理吗？没有。它包含任何涉及事实和存在的经验的推理吗？没有。那就将它付之一炬，因为它含有的不过是诡辩和幻想。

——休谟

知识与迷信、空想或伪科学的区别是什么呢？

就科学而言，科学就有伪科学与错误的科学之分，而且两者是有区别的。科学和伪科学之间的严格区别就在于，与伪科学相比，科学对人类的不完美性和犯错误的不可避免性具有更深刻的认识。科学就是在改正一个又一个错误的基础上发展起来的。

科学是人类追求真理的行为，研究的是客观事物，涉足的是全新领域，探索的是未知世界。人类一切研究客观事物或探索未知世界的行为都是科学，包括研究行为、研究过程、研究思路、研究方法和研究成果都属科学范畴。只要是严肃的科学研究，无论研究什么事物，无论采用什么思路，无论运用什么方法，无论得出什么结果，都是科学！

科学不全等于真理。科研成果有可能是真理，有可能是谬论，这是需要分清的。虽然科研成果有对有错，科研水平有高有低，科研思路有正有反，但科学行为无真伪。只要是经过研究得出结论的行为就是科学，结论错了也是科学，而不是伪科学。比如，地心说统治人类超过 1400 年，只能说地心说不是真理，不能说地心说是伪科学。假如未来科学否定了相对论，也不能说爱因斯坦的研究是伪科学，更不能说爱因斯坦是伪科学家。

但是伪科学恰恰相反。伪科学的假设是经过精心设计的，以防任何能够提供反证的实验。伪科学的实践者采取防守战略，谨慎小心。他们激烈反击对他们的论点表示怀疑的任何调查和研究。当他们的假设经不住科学家的调查和质问的时候，他们就会策划出压制科学家的意见的阴谋。因此，即使在原则上存在错误，它们也无法被认为是无效的。

几千年的思想史已经告诉我们，许多人完全虔信荒唐的信仰。如果信仰的强度是知识的标志，那么我们就不得不把关于神灵、天使、魔鬼和天堂、地狱的某些故事看作知识。因此，即使一个陈述似乎非常“有理”，每一个人都相信它，它也可能是伪科学的；而一个陈述即使是不可信的，没有人相信它，它在科学上也可能是有价值的。

在科学推理中，理论要面对事实。科学推理的主要条件之一就是理论必须得到事实的支持。一些所谓的科学家为了使自己的理论受到尊敬，配得上“科学”即真正的知识这个称号，往往会配备上一个非常可信的说明。但总无法自圆其说，终究还是伪科学。伪科学就像真正的科学一样在同样的程度上会被人了解，其思想同样会被人接受。伪科学对人的危害是巨大的。伪科学使我们墨守成规，不思进取，使人变成轻信的牺牲品。

美国著名天文学家卡尔·萨根曾说：“我们生活的社会极度依赖科学技术，但几乎谁也不懂科学技术。”这句话就说得非常有哲理，值得人类好好掂量，这句话的潜台词就是：在科学面前，无论专家还是平民，都显得很无知。那些自以为懂科学的人，未必懂多少，即使他们的理论受到追捧或得过大奖，也未必就是真理。因此，不要迷信科学，不要迷信权威，只要有疑问、有兴趣，谁都可以去探索神秘的未知世界。

科学是认真的、严谨的、实事求是的，同时，科学又是创造的。科学总是寻求发现和了解客观世界的新现象，研究和掌握新规律，总是在不懈地追求真理。科学的最基本态度之一就是疑问，科学的最基本精神之一就是批判。所谓“批判”，就是人要有自我批评的精神。所以，人不要迷信知识，更不要迷信书本。书中有错误，书中有水分，就要剔除错误，挤掉水分。只有知识，没有思想，不会有成果，更不会有成就。

搞科学研究最需要的是思想，只要有思想就可以在一切领域自由驰骋，没有任何障碍可以阻挡思想的宣泄。只有知识没有思想，绝对不能发现真理、创造知识。

课堂收获

科学不是深奥难懂、莫名其妙的东西。两千多年前，有人从太阳、月亮和星星围绕着地球转的现象，悟出地心说，没想到这个理论却是错的；五百年前有人提出日心说，这已经被人类视为真理了，不过还是错的，因为运动是相对的，地球围绕太阳转也可说是太阳围绕地球转。你按着地球不动，地球绕日运动就转化为太阳绕地运动了。一切由你的立场决定，就看你是站在地球上还是站在太阳上了。

第9章

真理和虚妄

“真理”一词希腊文写作aleetheia。这是一个复合词。a—是前缀，表否定。leetheia由动词leethein而来，leethein是动词lanthanein的古体。lanthanein意为“隐蔽”“不被注意”“不被看见”。由此，真理aleetheia在本义上通常被解作“去蔽”，也就是去除遮蔽，使真相大白于天下。

寻求真理的过程就是去蔽的过程。但去蔽不单单意味着寻求、思考，它不仅仅是一种单纯的智力努力的过程。aleetheia更为准确的意思乃是“无蔽”或者说“敞亮”。正是在这一点上，aleetheia与sophia具有内在的关联。因为，sophia的词根为phoos，光。从而，sophia本真的意思乃是“一种光明”，凭借这种光明，sophia把自己展现为一个澄明之境，而这正是真理aleetheia“无蔽”“敞亮”的内涵。

谬误移动一点就成真理
——真理是谬误的邻居

真理之溪从它错误的河道里流过。

——泰戈尔

印度诗人泰戈尔曾说过这样一句话："真理之溪从它错误的河道里流过。"

这句话是耐人寻味的，世界本身并不是永恒的确定，不是固定的实在，而是大化流行，是生成的流变。所以，当我们以为自己在探讨真理的时候，我们很可能只是在探讨真理之川所流过的那条渠，而这条渠的名字就叫作谬误。

泰戈尔还说："如果你把所有的错误拒之门外，那么真理也会被关在外面。"这就提醒我们，我们不可以拒绝谬误，简单地把谬误打发掉。相反，到真理的邻居那里去，其实也是向真理的趋近。

因此，老老实实地来探讨谬误，恐怕会比对真理的草率而冒失的夸夸其谈更有裨益。只有从谬误的角度，来打量那些我们称之为"真理"的东西，这才能使我们的思维不断深入，使我们的生活不断展开，这才是真理的呈现。

美国哲学家詹姆士就讲过这样一个故事：

有一天他从山脚下走过，碰到两伙人在争论一个问题。说来也挺可笑，说有个人站在一棵大树前，树背后趴着一只松鼠，他很想看看松鼠长得什么样，于是他就绕着树跑过去，可是淘气的小松鼠偏不让他看到自己，所以当这个人绕着树转的时候，它也绕着树转。

就这么转来转去，转了不知道多少圈，反正这个人一直没有看到松鼠，因为松鼠始终趴在大树的另一侧，他看不到的那一侧。那么，这两伙人就争论：这个人到底有没有绕着松鼠跑？一伙说有，一伙说没有，而且两伙人的人数一样多，所以哪边也说服不了哪边。

这个时候，他们看到詹姆士走过来，连忙想把他拉入自己的一伙。

詹姆士听明白了他们的意思，笑着说道："哪一边对，要看你们所谓'绕着'松鼠跑的实际意义是什么。要是你们的意思是说从松鼠的北面跑到东面，再到南面和西面，然后再回到北面，那么这个人显然是绕着它跑的，因为这个人确实相继占据了这些方位。相反，要是你的意思是说先在松鼠的前面，再到它的右面，再到它的后面，再到它的左面，然后回到前面，那么这个人显然并没有绕着这个松鼠跑，因为松鼠也相对活动，它的肚子总是朝着这个人，背朝着外面。确定了这个差别之后，就没有什么可争辩的了。你们两边又对又不对，就看你们对'绕着跑'这个动词实际上怎样理解的。"

这个故事告诉我们，当我们看到两个发生分歧的观点时，我们所应该做的也许并不是急于把其中的一个观点赞成为真理，而把另一个观点贬低为谬误。这种非此即彼的方法看起来很清楚，一下子就表明了立场。

但是，真正有意义的事情不在于表明一个立场，而在于澄清问题。这就要求我们分析两种观点的前提，也就是条件，因为一个观点之所以提出，必然有一定的前提，世界不存在无前提的观点。这样，我们就发现，一个观点之所以正确，是因为它在它的前提之中，相反，一个观点之所以是谬误，是因为它超出了自己的前提。不仅发生分歧的观点是如此，而且一切观点都是如此。

对于前提的研究，可以帮助我们从谬中发现真的，当然，同样也可以帮助我们从真中发现谬的，从而把我们对该问题的研究推向深入。

课堂收获

真理是两方面的统一，不要以为扬弃了谬误就得到了真理，扬弃谬误之后我们得到的还是谬误。只要我们活着，我们就总是处在各种谬误之中。只有死人才是完美的，无谬误的。无谬误的真理就像无谬误的悼词，虽然完美，但是献给死人的。

指羊为狗，谎言成“真”
——谎言重复千遍成真理

谬误的好处是一时的，真理的好处是永久的；真理有弊病时，这些弊病是很快就会消灭的，而谬误的弊病则与谬误始终相随。

——狄德罗

社会上的流言蜚语常常以讹传讹，流传已久。有些人出于某种目的，蓄意编造谣言，一经传播，便会成为一种精神上的“传染”，一传十，十传百，若有人从中推波助澜，则会影响更多的人。

在《波斯趣闻》中有一则《指羊为狗》的故事。

有个脑子简单的人来到伊斯法集市买了一只绵羊，走在街上。几个骗子看见了，其中的一个骗子便对他说：“你牵着这条狗干什么？”

“别开玩笑，这是一只绵羊。”他牵着没走几步，迎面又过来一个骗子：“你为什么牵着狗哇？你要这狗干吗？”

“这是绵羊！”这人冒火了。

不过，他心里升起了疑团，会不会真是。

没走几步，他又听见有人在喊：“喂！小心些！别让这条狗咬一口。”

“天啊，我真糊涂！”脑子简单的人终于大叫起来，“我怎么会把它当绵羊买来了？”

他信了骗子们的话，把绵羊扔在大街上。于是，那几个骗子便捉住绵羊，美美地吃了一顿烤羊肉。

“谎言重复千遍成真理”，这就是骗子们的信条。

重复谎言就是这样的一种谬误，认为一种主张、观点或事件，在一定的程度上不断地被重复，慢慢它就会使人认为是真的。

对于头脑简单、没有主见，对某一主张缺乏坚定信念的人来说，谎言的重复往往就具有撼动人心的力量。

比如，捕获尼斯湖水怪就是这种举世闻名的谎言。有的报纸发消息说，一个由英、德、法专家组成的研究组用一只钨钢做成的金属网捕捉到了水怪。这头水怪从鼻子到尾部全长 60 公尺，且有 80 吨重，研究组捕到水怪后，给它戴上了一个电子装置后又将它放生了。

这则消息说得非常形象逼真，具有很高的可信度。其实呢，经人向英国有关研究机构咨询，这则消息纯属杜撰，根本没有什么尼斯湖水怪。

据 1994 年 3 月报载，所谓尼斯湖有怪兽一说，不过是 50 年前几个人蓄意制造的一个国际玩笑，只是一个天大的谎言。其真相是，有人精心伪装了一个模型，并对之拍照。由于几十年来人们以讹传讹，搞得沸沸扬扬，煞有介事，由此便欺骗了天下人。

自律神经系统就像一个仆人一样，紧紧跟随着我们的话语。要想更好地差遣它，我们还需要一些小技巧。自律神经系统最大特征就是：无法区分想象与现实。无法区分想象与现实，也就是无法区分谎言与真实。它才不理会现实情况到底怎么样，而只对我们脑海里所想的和嘴里所说的话做出反应，从而实际地行动起来。

有一个家庭主妇，怀疑邻居在她家的饭菜中放毒，以后其丈夫及子女共八口人都先后出现了“中毒”症状，并咬定是邻居放毒而诉诸法律。经查，这位主妇患的是“偏执型精神病”，她的“被毒妄想”感染了全家人。

所谓妄想，是有悖常理、不合逻辑的想法，按照常理，家人应能识别，但被与自己关系亲密的人所“传染”，这就是“精神感应”的巨大作用。

课堂收获

流言的精神效应之大，不可低估，因此，听信传言，应认真思考，不可轻信，更不能“随大溜”，跟人起哄、传播。凡事要有自己的主见，用自己的大脑来判定事物的是非，这才是塑造严谨、准确、注重细节、对正确与错误严格区分的独立人格的关键。

看不懂的故事
——最简单的真理往往最难发现

生活中有许多不可能的事却变成了现实，生活中也有许多可能的事却永远是虚幻。

——伯恩斯

很多事情原本就很简单，然而由于人们总喜欢将简单的事情复杂化，所以本来简单的道理也会变得极难发现。

意大利著名的航海家哥伦布发现了美洲大陆之后，他的名字很快传遍了欧洲大陆，有些人却妒忌这位发现者。一天，哥伦布参加西班牙一个贵人为他而设的宴会，那些妒忌他的人也都出席了。他们都是一些傲慢自负的人，迫不及待地要给哥伦布一个难堪，于是便向哥伦布说道："你发现了一个奇怪的大陆，那又有什么了不起？我们不明白为什么要对这件事大谈特谈。任何人都能穿过海洋航行，并且任何人也都能像你一样有所发现，这是世界上最简单的事情。"

哥伦布没有回答。过了一会儿，他从碟子里拿起一个鸡蛋，对那一伙人说："先生们，你们当中谁能把这个鸡蛋直立起来？"

桌子四周的人一个一个地都试了试。结果，鸡蛋传了一圈，谁也没有成功，都说那是不可能的事。这时哥伦布拿起鸡蛋，轻轻地将鸡蛋的尖头在桌子上磕了一下，把蛋皮稍稍碰破一点，鸡蛋便直立在桌子上。然后，哥伦布说道："先生们，还有什么比这更简单的事情吗？"妒忌者们一个个面面相觑，说不出话来。

以直立鸡蛋这件事来说，哥伦布的办法是愚笨的办法，但这种愚笨的办法却是那些自称为聪明的人所难以想到的，这恰恰就说明了世界上最普遍的辩证法。

格林教授每天都要在临睡前，给孙子讲故事，但当他讲《家教周刊》上的一篇叫作《三个猎人》的故事时，他却讲不下去了。这个故事说：

从前有三个猎人，两个没带枪，一个不会打枪。他们碰到三只兔子，两只兔子中弹逃走了，一只兔子没中弹，倒下了。

他们提起一只逃走的兔子往前走，来到了一幢没门没窗没屋顶也没有墙壁的屋子前，招呼房屋主人："我们想要煮一只兔子，可以借个锅用一下吗？"

"我有三个锅，两个打碎了，另一个掉了底。"

"太好了！我们正需要掉了底的锅。"三个人听了特别高兴！他们用掉了底的锅，煮熟了逃走的兔子，美美地吃了个饱。

格林教授想了好几天，也没有想出这个故事讲的是什么。于是就给《家教周刊》写了封信，认为这篇故事逻辑严重错误：第一，兔子中弹了，怎么还能逃走，那只没中弹的兔子，怎么会倒下？第二，既然兔子已经逃走，猎人又怎么能把它提起煮着吃？第三，怎么能用没底的锅煮熟逃走的兔子，并且还美美地吃了个饱？

格林教授的信被多家报刊转载，同时，他也收到了大量的读者来信。来信都是支持格林教授的观点，格林教授很受鼓舞，对幼儿读物成人也看不懂的现象，又一连发表了多篇批评文章。

一年以后，格林教授的家里来了位客人。这位客人与教授一见如故，相谈甚欢。谈到某重点大学毕业生因为害怕失去一份高收入的工作，考上研究生之后却放弃读研究生的机会，到储蓄所去做了储蓄员；劣迹斑斑、臭名昭著的黑社会分子却做了警察局局长等等现象，两人更是唏嘘不已、再三叹惜。

不知不觉大半天过去了，醉眼蒙眬中客人突然举杯问教授："你还记得《三个猎人》的故事吗？你现在能读懂《三个猎人》了吗？"

格林教授愣了愣，默然无语。客人止住谈兴，端起酒杯，咂了咂嘴，又放下。良久，教授又喊："喝酒、喝酒。"两人便再喝酒，边喝边叹，边叹边喝。

突然，格林教授豁然开朗，"哎哟"一声，端起酒杯顿了顿，说："最简单的真理往往最难发现。《三个猎人》就是为了让孩子们从小就懂得，有很多可能的事会成为不可能，不可能的事却能成为可能……"

课堂收获

最简单的真理往往最难发现，最没逻辑的故事也许隐含着最深刻的道理。真实往往是通过一种夸张表现出来的，最荒诞的论断正是以它的光芒让我们看到其中我们曾过分忽略的事物，正像文中《三个猎人》的故事，它以它独特的角度告诉我们：生活的逻辑与思维的逻辑是不同的，生活才是真实的。

实用主义的真理——有用即真理

包含着某些真理因素的谬误是最危险的。

——亚当·斯密

对于实用主义来说，其真理观最简单的说法便是——有用即真理。

实用主义者认为，凡是有实用效果的或者实验成功了的，他都会看作真理，不管这种实验是不是可靠。实验的结果前后不同，他们也不管。他只问眼前是怎样，就是怎样。只要眼前实用得下去，就是真理。至于将来怎样只有等将来再说。

“有用即真理”这一命题是由美国著名哲学家和心理学家威廉·詹姆士首先提出的，后来被美国人约翰·杜威发展了，成为实用主义哲学的著名命题。

然而，实用主义只注意眼前的实用，只要能满足眼前的应用，都看作真理，只要适合眼前的目的，都是真理。这种理论就是典型的实用主义真理观，它就把真理的本原问题和真理的作用混为一谈了，从而否定客观真理，主张主观真理。

可以说，“有用就是真理”的要害就在于抹杀了真理的客观性，混淆了真理和谬误的界限，并会导致真理多元论。按照这种观点，谎言也可以成为真理，因为它对骗子是有用的；按照这种观点，犯罪也可变得有理，因为不同的理论对于不同的人来说都是有用的；按照这种观点，某一理论今天对我们有用，今天它是真理，明天对我们无用或者有害，明天它就是谬误。

真理的确是有用的，因为真理具有价值性，它能够满足人的需求。但是，价值性并不是真理的根本属性，真理的根本属性是客观性，真理的价值性是以真理的客观性为基础的。“真理是有用的”就是一个正确的命题，但是不能把它换位成“有用的就是真理”。显然，并非所有“有用的”理论都是真理。

人的目的，常因生活地位等种种状况的不同而有种种差异，所以各人心目中的真理，是有种种不同，真理是各人主观的东西，没有客观的真理。你认为是真理的，在他看来完全是假事，他认为是真理的，你也看作虚妄。现在是真理，过一会儿马上也可以不是真理。所以，在实用主义者看来，凡是我们自己在眼前所知道的真理，都只是在眼前，只是对于我们眼前的地位才能算作真理，并不能应用到过去或将来。这种只能应用在眼前，只能适合眼前的地位、状态或目的的真理就叫作相对的真理。

实用主义只承认主观的相对的真理，结果就把真和假分不清楚了。比如，科学是有实用价值的，所以实用主义者不反对科学是真理。但同时，与科学绝不相容的宗教，在实用主义者看来，也可以算是真理，因为宗教的迷信很有迷惑人的力量，这也是一种实用的效果。因此，实用主义的首倡者詹姆士便极力主张人们要信仰宗教。

实用主义就其理论特征而言，它把哲学和人的认识局限于经验范围，把哲学和科学所研究的世界归结为经验世界，强调人认识活动的创造作用，声称反对“形而上学”和“二元论”，借此超越哲学的党性派别。因而它与科学主义思潮的各哲学流派一脉相承。

但是，实用主义也有自己的独特性，即它强调哲学要立足现实，以确定信念为出发点，以行动为手段，最终去获得效果。这里的“现实”所指的就是主体所经受、对待、改造的现实，带有主观性；而“信念”则是指个人的主观愿望；“行为”即包括纯粹主观的意识活动，因而“效果”就是以“有用”为标准的。由此可见，其自身具有主观唯心主义倾向。

真理必须和客观事物一致，不能够由主观随意捏造出来，主观的真理是没有的，因为完全由主观产生的见解绝不会是真理，凡是真理，都要有客观性。

课堂收获

真理是有用的，因为它符合客观事物的本性及规律，可以指导我们变革客观世界的社会实践活动，但绝不可以反过来说“有用就是真理”，因为“有用”与否，标准因人而异，具有很大的主观性。所以，“有用”虽然符合个人的主观愿望，可以用来满足个人的需要，但很多时候这种主观是错误的。因此，人不能成为一个主观的实用主义者而随心所欲，我们还要讲究事实和客观规律，只有符合事实和客观规律的真理才是真实可信的真理。

人不能完全把握绝对真理
——真理越辩越不清

没有一个人能全面把握真理。

——亚里士多德

我们的认识在不断地进步，将来还要无限地进步，所以我们绝不能完全把握绝对真理。绝对主义在日常工作中，所表现出看问题、办事情最明显的一点就是喜欢走极端，认为好的，一切都好；坏的，一切都坏。缺乏一分为二和具体问题具体分析的科学态度。

假设你是一个有轨电车司机，你的电车以每小时六十英里的速度疾驶。忽然，你看到前面轨道上，有五位工人在工作。你想停下电车，但刹车坏了。你感到绝望，电车正在向五位工人撞去，他们必死无疑。就在这个时候，你发现轨道右边连接着另一根轨道，那根轨道的尽头，也有一位工人在工作。电车的刹车坏了，可是方向盘没有失灵。你可以把电车开上右边的轨道，前面轨道上的五位工人可以躲过一劫，但右边轨道上的那位工人却会被撞死。问：现在我们怎么做才是对的？

对于这个问题，大多数人可能都会同意电车转向。认为，为了挽救五个人的生命，牺牲一个人是值得的。那么，你好好想一想，实际果真是这样吗？还有其他的可能性吗？所以，这也就产生了第二种可能。

如果还是那辆刹车失灵的电车，不过这一次你不是司机，而是一个旁观者。你站在桥上看着桥下的电车撞向五位工人，悲剧即将发生而自己却没有一点办法挽救这一切。然而，这时你突然发觉身边还站着一个胖子，很胖，胖到如果他卡在轨道上，电车就会停下，五名工人就会得救。当然，这个胖子也会因此而被电车轧死。

对于这种可能，你认为是应该把胖子推下桥去，还是让事故在自己眼前发生，却无能为力？所以，这个问题的性质同前面的问题的性质是一样的，都是“牺牲一人胜于牺牲五人”。那么，这回又会有多少人同意把胖子推下去呢？

当然，故事还没完。由于你的犹豫不决，电车的事故已经发生。在这次事故中五个人都已经不同程度地受伤，其中四个人是中度伤害，一个人重伤。这时，你却是一名外科医生，你看过五个人的伤情之后，你得出结论：如果救活重伤号，要花掉你一天的时间。但是，重伤号救活了，其他四个人却可能会因为缺乏及时疗救而告不治。这时，你认为自己是应该先救治这四个中度伤员呢，还是去全力救治那个重度伤员？

还有，你是一名技术精湛的外科医生，你在查看过伤情之后发现，其中四个人的器官都受到不同程度的损伤——一个需要心，一个需要肺，一个需要肾，一个需要胰脏。而那个重伤员却是脑部受伤，但通过你的救治是可以痊愈的。如果你从他身上取走四个器官，他肯定会死，但你可以救活另外四个人。这时，你觉得应该是这四个人的生命重要还是脑部受伤伤员的生命重要？

对于这一系列的问题，已经涉及一些重要的道德原则，你认为什么才是真理？有没有绝对的真理？其实，对于任何人来说都没有标准答案。这就是生活，凡事都没有标准答案，只有你自己的答案。而哲学却能让你获得思考能力，让你自己的答案饱含智慧。

课堂收获

世上没有一成不变的事物，也没有永恒不变的真理，以为自己的认识具有绝对可靠性是绝对真理，而否认真理的相对性，这是极其错误的。真理并不是一种外在的绝对，也不是一种形而上学的信仰，真理在本质上是一种人类的概念建构。所以，没有绝对的真理，也没有绝对的谬误。若非要辩出一个明明白白的是非来，只能是越辩越晕。

“猿案”的审判——真理是不可战胜的

真理之火有时会变得暗淡，但它永远不会熄灭。

——李维

真理的标志是思维和存在的同一性，它是认识所要实现的最终目的。真理的属性是永恒不变的，真理的形式却是相对可变的。由此体现出真理的属性同一，形式对立的特点。

1859年，达尔文的科学巨著《物种起源》问世了。从此，进化论推翻了“神创论”，完成了人类正确认识自然界的一次飞跃。

可是，在《物种起源》出版66年后，达尔文逝世43年之后的1925年，在号称最发达的资本主义国家美国，居然发生了轰动一时、令人啼笑皆非的“猿案”大审判。一位普通的高中物理教员约翰·斯考柏斯，因在课堂上讲解了达尔文的进化论而被推上法庭受审，最后，竟被判罚款100美金。

事情的经过是：

1925年7月10日，在美国一个只有居民1500人的小镇戴屯，开庭审判斯考柏斯，旁听者达到2000人，法庭容纳不下，只好改在露天审判。当时，戴屯学校分两个教派：原教旨主义派坚持《旧约全书》的传统观点，即“神创论”；现代主义派则赞成达尔文的进化论，即一切生灵都是由共同的原生物演变而来的，猿和人也不例外。

原教旨主义派在田纳西州颇有势力，他们制定了一项法律：“《圣经》中上帝创造万物的叙述是千真万确的，除此，其他任何异教邪说，一概严禁传授。”显然，这是针对达尔文的进化论的。斯考柏斯在课堂上讲猿变人，就触犯了这一法律。

法庭开庭那天，支持斯考柏斯的达洛大声说道：“跟真理是无法决斗的，真理战无不胜……真理不需要什么布莱恩知名人士，真理是持久的、永恒的，它不需要任何人的支持。”审判过程中，起诉人借助《圣经》向进化论进攻。这时，达洛向布莱恩指问：“布莱恩先生是研究《圣经》的专家，《创世记》中说，上帝在第一天创造了早晨和夜晚，太阳是在第四天创造出来的。你是否相信呢？”布莱恩回答：“相信。”

达洛又追问：“那么，第一天没有太阳，怎么会有早晨和夜晚的呢？”布莱恩当然回答不出来。达洛步步紧逼，又问布莱恩：“上帝为了惩罚蛇，让蛇用腹部爬行，你相信吗？”布莱恩回答：“相信。”“那么，你知道在这以前蛇是怎样行走的吗？”法庭理屈词穷，恼怒地进行了宣判：罚斯考柏斯100元，但布莱恩这个“胜者”却痛苦不堪，心力交瘁，宣判后的次日便一命呜呼，见上帝去了。

美国田纳西州的“猿案”审判说明，真理是不可战胜的。尽管那位教师在宣传和坚持真理的过程中，遭到打击和诋毁，但是最终的胜利属于这位掌握真理的人。这就是因为真理正确地反映了客观事物的真实面目和必然的发展趋势，它是不以人们的主观意志为转移的。

课堂收获

真理是实践检验的结果，而不是某个天才或权威决定的。真理的力量来自从事实出发，而不是主观臆断。真理揭示和反映了客观事物运动、发展的规律，是主观与客观相统一的产物。真理是不可战胜的。违背真理的人，不管装出多么吓人的样子，迟早要在客观规律面前碰得头破血流。

可爱者不可信，可信者不可爱——假象

真理喜欢批评，因为经过批评，真理就会取胜；谬误害怕批评，因为经过批评，谬误就要失败。

——狄德罗

在哲学上，有一句话叫作：“可爱者不可信，可信者不可爱。”

这就是说，真相并不都是非常令人高兴的，而一些用甜言蜜语说话的人总是不可能把一些事情的真相说出来——这就是假象。

可信者，指的是一种强调理性的学派风格。这些学派比较注重逻辑、确定性风格的哲学。但这种风格的哲学一般都比较枯燥，烦琐，晦涩。因此，虽然他的哲学很有道理，但是让读者觉得很难受，不可爱。

可爱者，是指非理性主义的哲学流派。这种哲学并非是从概念到概念，一般行文都比较优美，有点像文学作品，像诗歌。但这种哲学一般没有理性主义哲学那样缜密的逻辑，严格的理论体系的风格，因此可爱，但是不可信。

通观哲学、文学、历史、政治，都存在这样的“吊诡”现象。比如，“这个小孩将来会死的”。这是诚实的话，但是很不好听。“这个小孩一定能长命百岁，将来做大官”。这话好听，但又有几个人相信呢？

同样，在认识事物时也是这样，一切事物的本质都可能表现为一定的现象。在一个大气压下，水烧到100摄氏度时就要开了。水果不新鲜就会失去它的光彩。人们正是通过各种现象，来认识事物的本质的。可是，一定的本质表现为一定的现象是有条件的。条件发生了变化，现象也会跟着起变化。这就使人们认识事物出现了困难，有时不免要产生一些错觉。

现象是表现本质的。人们往往只看到这一点，而忘记了现象有的时候也可能同本质相背离。事物的本质就是事物相对稳定的内部联系，事物的现象就是人们的感官可能感到的事物的表面特征和外部联系。前一类叫真相，后一类叫假象。有些人一味地追求现象的东西，而忘记了本质的东西。比如，两军对战，每一方都努力把自己的实力和意图隐藏起来，并且尽可能使对方产生错觉。“声东击西”“诱敌深入”等计谋都是这一类策略的运用。而各种侦察活动，则是为了排除假象，取得真实的情报。在社会生活当中，也可以看见这样的人：表面上忠厚老实，实际上诡计多端；当面甜言蜜语，背后却在算计你。

现象有可能背离本质。然而人们还是可以通过现象了解本质。因为现象背离本质是有条件的，是有规律的，这些条件和规律都是可以被认识的。而且，同一个事物的本质相联系的现象往往不止一种。因此，这就提醒人们要从多方面去认识事物。一碗

汤究竟烫不烫，我们还可以从它是不是刚离开炉子来判断，通过我们手摸、口尝的感觉来判断。把橘子剖开来，对它内在的质量就可以有清楚的了解。重要的是，不要满足于看到一点现象就轻率地做出判断。

事物的现象是错综复杂的，有些现象同本质相一致，有些现象则同本质正好相反。所以，人看问题不要过于简单，不要主观，更不能片面地认为这就是对的，不能被表面现象所迷惑，被假象所蒙骗。

课堂收获

被人赞美固然让你心情愉快，但他如果赞美得不合实际则你要小心；经常说实话的人，虽然不会讨好你，但他是可信赖的人。对于一个理想主义者而言，这可能是最为无奈却又极为明智的选择。

谬误是片面和主观的孪生兄弟
——片面产生主观

无论在什么时候，永远不要以为自己已知道了一切。

——巴甫洛夫

凡真理，其思维形式的结构必定是正确的，但并非所有借助正确思维形式结构所推导出来的结论都是真理。

黄昏的时候，公鸡和猫头鹰碰头了，它们之间发生了争论。

公鸡说："这是确确实实的，天上那个发亮的圆圆的东西一出来，天气一下子就暖和了。谁都能感觉到，它是能够发热的。"

猫头鹰说："你的说法毫无道理！我以亲身的体验打赌，那个发亮的圆圆的东西一出来，只觉得冷凄凄的。它一点也不发热。"

公鸡说："发热的。我已经试过几十个早晨了。"

猫头鹰坚持道："不发热。我每天开始活动的时候，一次都没有感到过它会发热。"

他们一个说的是太阳，一个说的是月亮。

片面产生主观，而谬误又常常是跟随着片面和主观而来。感知在最好程度上也有片面性，它不能算是对于一个对象的全部属性的细察，就像我们只根据那些为数不多的，于我们有用的，与我们的利益有关，或是能满足需要或者是会威胁需要的属性来为一个对象分类一样。被动地、无偏见地感知一个现象的多面性是审美感知的一个特点。

一个社会学家在非洲丛林考察。她拿出相机，准备给一群正在嬉闹的土著儿童拍照。突然，那些孩子向她大声嚷嚷起来。

女社会学家脸红了，她赶忙向土著首领解释，说她忘了有些土著人是不让人照相的，因为他们认为这样做会摄走他们的灵魂。随后，她又详细地向土著首领讲解起照相机的原理，土著首领几次想插话都找不到机会。最后，女社会学家感到足以使土著人息怒时，才让土著首领说话。

但土著首领笑着说："那些孩子嚷嚷是在告诉你，你忘了打开照相机的镜头盖。"

在这个故事中，社会学家想向土著人兜售真知。可惜，人家只关心常识，而不是所谓的真知。对他们而言，照相就要打开照相机的镜头盖，说其他的都是白搭。

人类的性格结构，尤其我们文化中具体的性格结构极易造成人为的片面因素，因此处于这种文化环境中的人就会一直维持这种片面性。所以，如果人总是武断地站在自己的角度揣想他人，总以为自己的认识就是最有效用的，这种有限的思想方式，有限的推论就直接违反思辨精神，从而玷污和歪曲他人的理念。

谬误是片面和主观的孪生兄弟，片面容易产生主观，而谬误又常常是跟随着片面和主观而来。所以，只有当精神走上思想的道路，不陷入虚浮，而能保持着追求真理的意志和勇气时，才可以立即发现，只有正确的方法才能够规范思想，指导思想去把握实质，并保持于实质中。

换言之，与其说我们认识事物会带有片面性，不如说是我们的经验在作祟，所以我们不能闭锁自己的心灵，而应在历史、文化、政治、经验、宗教的综合之中找到正确的认知。

课堂收获

人应学会谦虚，因为人是一种非常复杂的动物，复杂到即使经过几千年的进化，或是几万年、几十万年的演绎，人对于自身依然不能全面了解，更谈不上准确掌握。所以，一个人即便拥有很多才能，也有缺陷，就算拥有多方面的专业知识也会有不了解的知识。即使知识渊博、才华横溢，却仍会轻易地被某种可笑的风潮所鼓动。这种现象呈现的就是人的片面性与有限性，而这也正是人必须谨慎与谦虚的原因。

真理不能理解，只能信仰
——真理永远寻找不到

遇到有承认自己错误的机会，我是最为愿意抓住的，我认为这样一种回到真理和理性的精神，比具有最正确无误的判断还要光荣。

——休谟

我们永远找不到真理，只能不断地接近它，所以，任何以为自己掌握了真理而在别人面前指手画脚的人，一定不是唯物主义者，只能是唯心主义者。

真理永远寻找不到！我们只能通过不断地不懈地努力、进取、磨砺、提高来接近真理。由于对真理我们只能永远不断地接近它，但我们永远无法企及，所以也正是这种无限的追逐的过程，才使得我们的人生和整个人类具有了更大的意义。

在古希腊，亚里士多德可谓是最有名的学者，因此这种名声也为他带来了许多学生。但是，由于亚里士多德学识渊博，所以说出来的话并不能使每一个学生都能领悟，而是只能一知半解，所以这就使得慕名而来的莘莘学子产生了疑惑。

有一天，一个学生终于鼓足勇气向亚里士多德提出了自己的看法：“老师，为什么你的许多论点我们都不能够领悟呢？”

亚里士多德笑笑说：“我想，这也许是因为你们对我这个老师过于崇拜的缘故吧！”

“这怎么会呢？”学生对亚里士多德的解释仍然是一知半解。

看着学生满脸的疑惑，亚里士多德说：“好吧，那我们现在讲个故事吧。”

听说老师要讲故事，其他的学生也赶紧围了过来。

亚里士多德说：从前，有一位天性愚钝的樵夫，他对许多事情都不理解。有一天，他像往常一样到山上去砍柴。突然，他看到了一只过去他从来没有见过的动物从他的身边经过，于是就伸手拦住了它。

樵夫看着这只不认识的动物就产生了疑问，并自言自语道：“这到底是什么动物呀？”

“我叫‘领悟’。”这时，那个动物突然开口说话了。

樵夫听了非常高兴。心想：我不正是因为缺少领悟才如此愚钝吗？如果我能把这只叫“领悟”的动物抓回去，那我就不再愚钝了。

于是，樵夫就丢下手里的活，准备把这个自称“领悟”的动物带回家，把它锁起来。

谁知，这时那只叫作“领悟”的动物却突然说出了樵夫心里的想法：“你现在是不是想要把我抓回家去呀？”

樵夫听到这话，不觉吓了一跳。

于是，樵夫又心想：我刚才想的念头，它怎么就知道了呢？现在它知道了我的想法，我要想抓住它就难了。不如我现在装作若无其事的样子，等有机会时再下手。

哪里知道，樵夫刚这么一想，那个叫“领悟”的动物就又说出了他的想法：“你现在又想装出若无其事、漫不经心的样子来哄骗我，趁我不注意时再下手抓住我。”

樵夫两次都被“领悟”说破，非常生气。心想：这只坏东西真是可恶，为什么它总是能知道我心里的想法呢?

哪知，樵夫刚一在心里寻思，“领悟”就又开口了：“你现在是因为没有能够抓住我而生气了吧？”樵夫心里的想法又被“领悟”说出来了。

这时，樵夫心里就有点害怕了。心想：这个叫“领悟”的东西可真像我肚子里的蛔虫，我的心思它全都知道。所以，我应该把它完全忘掉，专心致志地砍柴。我今天上山来的目的是为了砍柴，可不是为了这个叫“领悟”的小东西才来的。

想到这里，樵夫就再也不理睬“领悟”了，于是便挥起斧子专心致志地砍起柴来。

就这样过了一会儿，樵夫手中的斧子一不小心脱手掉到了地上。当他俯身去拾斧子时，却意外地发现斧子刚好压在“领悟”的身上。于是樵夫毫不费劲地就抓住了“领悟”。

讲完故事，亚里士多德问学生们：“你们说说看，为什么樵夫千方百计想要抓住‘领悟’时，却总也不能如愿以偿，而当他不经意时，却能够轻易地抓住‘领悟’呢？”

学生们虽然聚精会神地听着亚里士多德讲这个故事，但是无法回答老师最后提出来的这个问题。

于是，亚里士多德便说出了他讲这个故事的真正目的：“这就是说，我们常常为了要悟出真理而过于执着，然而，我们又由于这种执着而产生了迷惘和困惑。因此，我们只要恢复我们的平常之心，顺应自然的发展，那么真理反而就会变得唾手可得了。”

听老师这么一说，学生们才恍然大悟：“哎呀，原来是这样啊！这就是说，我们只要恢复我们的率直之心，以平常心来听老师的教诲，那么我们就一定可以获得对老师见解的正确理解了。”

世界的美好就在于它永远拥有希望，永远拥有五光十色、光怪陆离的大千世界让我们拥有无穷无尽的探索乐趣。这就是我们拥有的世界所给予我们的最好礼物。

真理，是美好的，但真理是我们人类永远的希望，而不是掌中之物！不然，我们有一天拿到了这个世界的真理，那么人类就可以制造出任何想要的东西了。这样一来，那么我们自己也就成了上帝，既然是上帝，那么我们也就没有继续生存下去的必要了。

简单的结论是没有的，人类的每一次思考都会使真理深化一步，不断地深化下去，永远是逼近真理而不能穷尽真理，不能抵达你最后的目标，只能逐步逼近。

课堂收获

真理之所以有力，不是因为它的正确，而是因为它可以是刺中骨髓的尖利、拨云见日的深刻。一个诚实的人，其实是最需要勇气的，他必须敢于面对事实和真理，在别人含含糊糊、唯唯诺诺的时候，敢于明确地指出真相。这样才是诚实的人，才是战胜一切的智谋。

万变不离其宗——追求真理是一个过程

人的天职在勇于探索真理。

——哥白尼

真理具有在时间到来或成熟以后自己显现出来的本性，而且它只在时间到来之后才会出现，所以它的出现绝不会为时过早，也绝不会为时过晚。

人们对一个事物的正确认识往往要经过“实践—认识—实践”的多次反复才能完成。因为人的认识会受到各种条件的限制，比如人从主体上会受到主观与客观的限制；其次从客体上，客观事物都具有复杂性和变化性，要使其本质显露和展现出来就需要一个过程。

每个时代、每个人的认识发展都具有有限性，同时这也构成了整个人类认识发展的无限性。因为人的认识是不断发展的，人类的知识是世代延续的，而且客观事物随着时间的推移又具有无限的变化性，所以人类无论对任何事物都需要一个由不认识到认识，由认识到利用的过程。所以，人类的知识具有反复性，在认识过程中所获得的真理也是不断向前发展的。而且，这种认识不是圆圈式的循环运动，而是一种呈波浪式前进或螺旋式上升的趋势。

真理不会停止，已经确定的真理也会不断地向前发展，当发展到某一阶段人们就会发现原来认为正确的会被现在的真理所取代。所以，我们要在实践中认识到真理发展的曲折性，要时刻记住在实践中检验和发展真理。因此，人类的认识是无限发展的，追求真理也是一个永无止境的过程。人类追求真理的过程不是一帆风顺的，这就决定了人们对一个事物的正确认识往往要经过实践到认识，再从认识到实践的多次反复才能完成。

比如，2006 年 8 月 24 日，在捷克首都布拉格召开的国际天文学联合会闭幕大会上，2500 位来自不同国家的天文学代表就对四个关于确定太阳系行星身份的草案进行了投票表决，最后决定取消冥王星“行星”的地位，其被划为“矮行星”。这就意味着，传统意义上的太阳系九大行星论被修改了。所以，真理也是可以被人修改的，只是这种修改要符合客观规律，要具有科学依据。

当然，真理的变化也是有规律的，那就是真理的最基本属性是客观的，因此人们不能随意修改真理。这就是说，真理也是受条件限制的，正所谓“万变不离其宗”。

课堂收获

实践是检验真理的唯一标准。因此，要在实践中认识和发现真理，在实践中检验和发展真理，我们就要懂得与时俱进，要懂得开拓创新，要明白真理就是我们不懈的追求，追求真理就是我们永恒的使命。

人类的创造离不开批判——批判精神

我可以怀疑一切，但我不能怀疑我正在怀疑。

——笛卡儿

没有永恒不变的自然和社会状态，更没有永恒不变的不再被丰富、发展的认识和真理。

人类社会也是不断发展的。它的每一个社会形态，都有自己产生、发展和灭亡的过程，各个社会形态的依次更替，都是一个不断发展的过程。

实践和科学揭示，自然界中从宏观到微观，从大的天体到基本粒子，从基本生物细胞到高等的人类，都是一个不断变化发展的过程。人的认识，就是从不知到知，从知道得不多到知道得更多，从肤浅到深刻的发展过程。

无数事实表明，世界上的一切事物，都不是永恒不变的，都是不断地运动变化发展的。无论是对整个世界的认识，还是对世界某一领域、某一方面的认识，乃至对某一具体事物的认识，统统如此，概莫能外。比如，我们经常见到的汽车，其实最早的汽车就是由马车发展而来的。

1769 年，法国一位叫尼古拉斯的陆军军官，在一辆马拉三轮车的前边，装上一台蒸汽机，带动车辆转动，这就是最早的一辆汽车。它时速只有 3 公里，不如人走得快，第二次试车就翻了车。

1838 年，英国制造了 20 台蒸汽机作为动力的汽车，其中包括 9 台公共汽车。这些汽车体积庞大，车身重，震动大、伤路面。时速只有 20 公里左右。当时驿站和铁路部门的人，以汽车为扰乱交通的危险物为理由，极力反对。在 1835 年以后的 60 多年里，英国议会一直都规定，汽车前边必须有人摇摆旗帜开路，行进时速限制在 6.4 公里以下。

1891 年，法国开始制造汽油发动机汽车，这种汽车轻便有力，行驶安稳，速度快，受人欢迎。1893年，法国人把发动机安装在汽车最前边。1895年，汽车有了充气橡胶轮胎。到 1900 年，汽车大体改进到目前的样子。1909 年，美国汽车大王亨利 · 福特大量制造福特汽车，在一年中就出售了 19000 辆。

汽车的发展史就说明了事物总是处于发展和变化之中的，这种发展的趋势就是一个从低级到高级，从简单到复杂的前进运动的过程。

对于许多人来说，人类的各项发明都是熟悉的，也都是这些发明和创造的受益者，但是这些发明是如何诞生的，却不甚明了。对于许多人来说，牛顿、爱因斯坦、爱迪生这些名字是耳熟能详的，但对他们何以取得那些举世闻名的成就，却仅仅止于“苹果落地”这样的故事。事实上，可以说，人类所有的发明创造都有一个共同的基础，那就是批判精神——创造者的批判性思维。

世界永远处在不停地运动、变化和发展的过程中，任何事物对它发生的那个时代和那些条件说来，都有它存在的理由；但是对它自己内部逐渐发展起来的新的、更高的条件来说，它就变成过时的和没有存在的理由了，它就不得不让位于更高的阶段，而这个更高的阶段同样也会走向衰落和灭亡。

任何事物的产生都是有条件的，对于它赖以产生的历史条件来说，它的存在是合理的、必然的，有积极意义的。但任何事物的存在又不是永恒的，随着时间的推移和条件的变化，其存在的合理性就会逐渐丧失，由原来合理的变为不合理的，由积极的变为消极的，这时，事物内部的否定因素就逐渐发展为主要方面，处于支配地位，于是否定方面战胜了肯定方面，事物便由旧质向新质转化。

由此可见，新事物代替旧事物是通过否定实现的，不经过否定，旧事物不会灭亡，新事物也不能产生，所以，没有否定就没有事物的前进和发展。

课堂收获

由于思想决定行动，我们如何考量自己的思想和观念往往就决定了我们的行动是否明智。具有批判精神是让你总体上更明智。当然，具有批判精神并不教唆自己去批评别人，或者去攻击别人的观点，更不是对他人进行人身攻击或贬诋他人，而是在自己正确的基础上去帮助他人做出正确的判断，所以在我们指出别人观点的漏洞时，更要为他人指出正确的明确的道路，以免酿成大错。

究竟是先有蛋，还是先有鸡
——辩证逻辑的圈套

给我物质，我将创造出整个宇宙星空，并指给你们看，这一切是如何发生的！

——康德

辩证逻辑是一种物的方式，是物的一种流程，更是一个物的自身方式的演进。

早在古希腊时代，亚里士多德就在他的《形而上学》中，试图以形式逻辑的方式确立思想的原则和语言的原则，从而达到确定性的思想和语言。在亚里士多德看来，思想和语言必须符合形式逻辑的规定，以此为唯一的和绝对的标准，凡符合形式逻辑的思想和语言就是真的，不符合形式逻辑的思想和语言就必须予以去除。

后来，到了黑格尔这里，亚里士多德的形式逻辑就显得过于片面了，辩证逻辑的提出就赋予了逻辑新的解读。对命题的分析，传统的做法是进行语法结构的分析，而现在则要从概念分析着手。比如经院哲学的“上帝是万能的，上帝能不能画一个方的圆”，以及芝诺的悖论“跑得飞快的阿基里斯追不上乌龟”等，这些命题的问题，并不是语法结构的问题，用语法结构分析是解不开的，用形式逻辑分析，以及用分析哲学的种种语言使用规则分析也是解不开的，只有用概念分析才能解开。

究竟是先有鸡还是先有蛋？实际上，在科学无法达到的时期，这原本就是一个无解的问题，因为这是由于无限循环的主题和外部条件的缺失所造成的，由此也注定了它将受到永远的争议。因此，这一经典的问题也困扰了人类数百年。然而，当科学达到解答的水平时，我们就可以破解这个谜团了，其答案就是：“先有鸡，后有蛋。”其理由就是：发现了一种能够催化蛋壳形成的蛋白质，它只存在于鸡的卵巢内。

对于这个问题，英国的科学家就用一台超级电脑“放大”了鸡蛋的形成过程。并从中得出结论：有一种名为OC-17的蛋白是加速蛋壳生长的催化剂，没有OC-17蛋白，鸡蛋的外表就无法结晶形成蛋壳。这种蛋白能将碳酸钙转换为构成蛋壳的方解石晶体。这种方解石晶体就存在于许多骨骼和蛋壳内，只是由于母鸡形成方解石晶体的速度会比其他任何物种都快，所以一只母鸡在24小时内就能生成6克重的蛋壳。

因此，英国的科学家也很有把握地说出了这样的话：“我们发现了OC-17蛋白，并猜测它与鸡蛋形成有关。但在展开细致研究后，我们终于了解到它是如何控制鸡蛋形成的过程的。有趣的是，各种禽类似乎都有类似OC-17这样可催化蛋壳形成的蛋白。所以，有了蛋壳、蛋黄和保护小鸡的液体，小鸡在蛋壳内才有地方住，要是没有鸡卵巢里的OC-17蛋白就不可能有鸡蛋。因此，一定是先有鸡再有蛋。”

黑格尔说：“判断种类的不同是由逻辑观念本身的普遍形式决定的。因此，我们起初得到的是三类主要的判断，这三类是同存在、本质和概念这三个阶段一致的。这三个主要的类中的第二类，根据本质这一分化阶段的性质，本身又有双重性格。”由此可见，辩证法是不崇拜任何东西的，按其本质来说它的批判就是革命性的，是带有创新性的。

辩证逻辑和旧的单纯形式的逻辑是相反的，不像旧的单纯形式的逻辑那样只满足于把思维运动的各种形式列举出来，并毫无联系地并列起来。相反，辩证逻辑由此及彼地推导出这些形式，不把它们并列起来，而使它们互相从属，从低级形式发展出高级形式。

比如，在“先有蛋，还是先有鸡”这个问题上，有一点就被大家忽略了，那就是蛋的定义问题。蛋指的是鸡所下的蛋还是指能够孵出鸡来的蛋？如果是前者，那么当然是先有的鸡，如果是后者则反之。但是这个问题便与哲学家们所提出的问题有了不小的出入，哲学家们所问的是蛋是在鸡之前还是之后出现，但是后者已经确定了这一切，所以完全可以很轻松地回答出来。

纯思辨的哲学一点意思也没有，因为无法检验真伪。只有科学的思辨才是符合事物客观规律的，虽然奇迹永远比常理更具有吸引力，但真理永远是真理，不会因为惊奇而成真理。

课堂收获

世界上先有鸡还是先有蛋的问题，让我们明白，世界上有很多我们无法解答的事情。你如果一定要用严格的逻辑去探寻答案，可能只会是费了很大的劲，最后还是一无所获。因为一切命题都是概念方式的建构，所以对命题的解读应从概念分析中寻求。

伽利略登斜塔是否错？
——实践是检验真理的唯一标准

一种纯粹靠读书学来的真理，与我们的关系，就像假肢、假牙、蜡鼻子甚或人工植皮。而由独立思考获得的真理就如我们天生的四肢——只有它们才属于我们。

——叔本华

哲学是人类最高智慧的结晶，是人类向知识和智慧更高境界的进军。任何一个民族、一个国家的发展，都不能没有自己的理论思维，不能没有哲学思想的指导。

黑格尔曾提出一个比喻，“密纳发的猫头鹰到黄昏时才起飞”。我们要说，东方的雄鸡在黎明时分即啼叫。来源于实践并指导实践，让人们充满智慧，科学地认识世界和改造世界，这就是哲学的力量！

迷信只是暂时的现象，任何一种力量如果不以真理、理性和正义为基础，就不能长久存在。而实践就是认识发展的动力、是检验认识的真理性的唯一标准、是认识的目的和归宿。所谓实践，简单地说，就是改变世界、改变环境的活动。只有在改变世界的活动中，才能够和世界上的一切事物密切地相接触，我们对于世界一切的认识是否真实，是否不落在空想里，也只有在实践中才可以得到证明，得到矫正。

当年，意大利年轻的科学家伽利略登上比萨斜塔，为的就是证明古希腊科学家亚里士多德传播了1800年的“物体降落的速度和物体的重量成正比”的结论是错误的。

那天，伽利略站在塔上，同时将两个分别重100磅和1磅的铁球从54.62米的高处丢下来，而这两个铁球却“咚”的一声同时落地。这就从实验上，给亚里士多德的结论做了最好的证明。

按照亚里士多德的理论，重1磅的球和重100磅的球被同时从高处推下，100磅的球会比1磅重的球先着地。所以，按照亚里士多德的逻辑，如果把100磅重的球和1磅重的球拴在一起，从高处推下就会得出两种相互矛盾的结论：

第一种，捆在一起的101磅的球，会比100磅的球先落地；因为两个捆在一起的球，重量比100磅的球重1磅，因而要先落地。

第二种，捆在一起的重101磅的球，会比100磅的球后着地。这是因为1磅重的球与100磅的球连在一起，会由于1磅的球比100磅的球降落得慢，1磅重的球的降落速度会减慢100磅球的降落速度，这样，捆在一起的球就比100磅的球后落地。

然而，结果果真如亚里士多德所说吗？其实，一切实验后的结果都有力地证明了这个理论的错误。

一切的学问，如哲学、科学等都是同样的道理。一种学问必定有很多的派别，但不一定都是真理，只有在变革的实践中得来的理论，才能够真正把握事物的本身。

在现实社会里，人就分成了两大部分。一个部分是希望保守着社会的现状，另一个却在努力地变革社会。前者不能变革社会，他们的哲学与实践便脱离了关系，只能是一些空洞的说明，只想遮掩社会的丑恶替现状辩护，他们是得不到真理的。后者才是在实践中生活着。他们的哲学，不是空洞的说明，而是从实践中得来，能够帮助实践，改变世界。如果不是真理，是绝不能改变世界的。

我们对于世界的认识，是在实践中得来的。在实践中，几乎免不了总要有一些痛苦的失败，一些血腥的牺牲，但只有实践才能够给我们许多丰富而真实的教训，矫正我们的错误，给我们丰富的真实的知识。

伽利略用实验证明了他的自由落体定律的正确性，说明实践是检验真理的唯一标准，这就是说，任何理论只有经过实践的检验，才能称之为真理。

课堂收获

认识是主体对客体的能动的反映，这种反映只有在实践中、在主体和客体的相互作用中才能完成。在实践活动中，人们借助于一定的工具为手段，同客观对象发生关系，这就能使客观对象发生某种改变，从而获得对客观事物的认识。

作家莫泊桑找挨踢的感觉
——实践能使主观客观统一

人类用知识的活动去了解事物，用实践的活动去改变事物；用前者去掌握宇宙，用后者去创造宇宙。

——克罗齐

理论绝不能与实践脱离，离开了实践，就是空论。哲学不是书斋里的东西。只有站在改变世界的立场上，在实践中磨炼出来的哲学，才是真的哲学。最进步的哲学，一定是代表着最进步的实践的立场，没有进步的立场，绝不能得到进步的真理。

法国著名作家莫泊桑，要在他写的一部小说里，细腻地描写一个人被脚踢过之后的感觉。但他一辈子没挨过拳打脚踢，也就是说他根本没有过这种挨踢的体验，因此他在写作时就遇到了困难。于是，在他终于写不下去的时候，他下了一个决心：找人踢他一顿。

他信步来到一条大街上，对一个乞丐说："先生，请你踢我几脚好吗？"那乞丐起初不敢相信自己的耳朵，后来确实明白了莫泊桑的用意后，以为他是个神经病，理都没理，就走开了。莫泊桑一见当时街上没别的人，正是找感觉的好机会，哪里肯放过他。急忙从口袋里掏出钱，追上去给他，说道："老兄，用力踢吧。"

老乞丐抓起钱来以后，会心地笑了笑，照莫泊桑的屁股就是一脚。莫泊桑疼得不得了，忍着痛揉着屁股就往回跑，挨踢的滋味了然于心，他马上抚笔临纸，继续写作。

莫泊桑找感觉的故事说明，你要有知识，还得有实践，一切真知都是从直接经验发源的。人们只有在实践中获得丰富的经验，才能进行科学的抽象思维。

一个生长在孤儿院的男孩，常常悲观地问院长："像我这样没人要的孩子活着究竟有什么意义呢？"而院长总是笑而不答。有一天，院长交给男孩一块石头，说："明天早上你拿这块石头到市场去卖，但不是'真'卖，记住，不论别人出多少钱，绝对不能卖。"

第二天，男孩蹲在市场角落，意外地发现有好多人要向他买那块石头，而且价格越出越高。回到院里男孩兴奋地向院长报告，院长笑笑，要他明天拿到黄金市场去叫卖。在黄金市场，竟有人出比昨天高十倍的价钱要买那块石头。最后，院长叫男孩把石头拿到宝石市场上去展示。结果，石头的身价较昨天又涨了十倍。更由于男孩怎么都不卖，竟被传扬成“稀世珍宝”。

男孩兴冲冲地捧着石头回到孤儿院，将这一切禀报给院长。院长徐徐说道：“生命的价值就像这块石头一样，在不同的环境下就会有不同的意义。一块不起眼的石头，由于你的珍惜、惜售而提升了它的价值，被说成‘稀世珍宝’。你不就像这块石头一样？只要自己看重自己，自我珍惜，生命就有价值、有意义。”终于，男孩通过实践，解开了自己的困惑。

课堂收获

人的认识不是从天上掉下来的，也不是人们头脑里固有的，它只能产生于实践。在实践中，一面矫正了主观的错误，一面又得到新的感性的认识，所以又有新的认识过程发生了。离开了实践，人类就不能获得真知，科学技术也得不到发展。因此，从感性到理性，从理性到实践，又由实践得到新的感性，走向新的理性，这种过程无穷地连续下去，循环下去，但循环一次，我们的认识也就丰富一次，所以这种循环，是螺旋式的循环，而不是圆圈式的循环，它永远在发展，进步，绝不会停滞在原来的圈子里。

错误是正确的先导

——错误是通向真理的必由之路

错误本身乃是达到真理的一个必然的环节。

——黑格尔

一个人的聪明，不仅仅在于你知道什么，还在于你知道自己不知道什么。越是学养深厚的智者，对于自己的无知把握得越是深刻，因而他们表现出来的谦虚也越让人敬佩。

自古以来，人类都懂得血是神圣的东西，它与人的生命和健康有着至关重要的密切关系。但是几千年来，人们对它都怀有神秘和恐怖的感觉，尤其是对人输血，经历了漫长的探索，真可谓是血的教训。

15 世纪初，罗马教皇英诺圣特病危，群医束手无策。当时，意大利米兰有个叫卡鲁达斯的医生说，直接向教皇输入人血，可以救治。但必须是童男的热血，才是最神圣洁净的。他残忍地割开三个十二三岁男孩的动脉血管，让鲜红的血液流入铜质的器皿。三个孩子抽搐着一一死去，惨不忍睹。然后，卡鲁达斯在血液中加入名贵的药草，用手工制造的粗大注射针头，将血液输入教皇的血管中。教皇立即感到胸闷窒息，慢慢死去。四条人命，就此断送在庸医的手中，从现代的观点来看，这样的输血无异于谋杀。

不过，这毕竟是人对人输血的开端。从历史上看，仍有重要意义。

17 世纪，医生们真正开始对人输血。当时人们对羊有一种特殊的感情，认为羊血最为圣洁干净。于是，外科医生用羊血输入人的血管来治病，居然有人活下来了，它治愈了一些严重贫血患者，但不少病人死去了。成功率不到 10%。

从一些 17 世纪保存下来的油画上，可以看到用羊血对人输血的情景：一头健壮的公羊被缚在凳子上，颈部的毛被剃光，割破的颈动脉内插有一根管子，羊血不断流出来。管子的另一头是较细的针孔，刺在病人腕部的血管中，羊放在高处，病人躺在低处，羊血就向病人的血管流去。但是，许多病人往往猛烈窒息，血液也往往凝结，不得流通。羊和人一起死去。这种可怕的情景，可以从古画中看得出来。由于输血如此危险，故当时病人都要立下自愿书，一旦死去，和医生无关。

病人死得越来越多了，虽然都是些绝症患者，但也引起了社会的震惊，以至于巴黎的宗教法庭不得不出来干预，发布命令，禁止输血。于是，仍旧回到喝血的老路上去，喝的大都是羊血，均无显著疗效。

直到 100 年后，人们才初步弄清楚羊血杀人的秘密。1875 年，朗特亚医生终于在显微镜下弄明白，威廉·哈维忽略了血液的其他特性。朗特亚写了一本书，题为《血液移输》，书中一针见血地说："羊的血清，具有破坏并使异体动物红血球凝结的性质。"书中进一步说明了血液的主要成分是血浆、血细胞和血小板，而血细胞又有红细胞和白细胞之分。因此，不同动物的血液混在一起，可促使红细胞的凝结。羊血杀人，就是这个道理。

直到 1900 年，生理学家肖特克和朗特斯脱才发现人的血型，由于红细胞所含"抗原"的不同，可以分成三类，即 A 型、B 型和 O 型。红细胞只有 A 抗原的，就是 A 型血；只有 B 抗原的叫 B 型血；AB 抗原都没有的即 O 型血。人对人输血，血型一定要相应，否则，红细胞就会凝结，严重时致人死命。这一发现恢复了人对人的输血，挽救了不知多少人的生命。

1910 年，科学家强斯基和莫斯又发现了 AB 型血型。凡是 AB 型血型的人，可以接受任何血型的输血。后来，陆续又发现 MN、P、RH 等血型，总共已有十多种血型。从此，输血就更安全可靠了。

经过 2000 多年的探索，牺牲了无数人的生命，人类终于弄清了血液这种神秘的东西，进入了输血的自由王国。

人类惊心动魄的输血史说明，错误是通向真理的必由之路。人们对客观事物的认识，总要经过从无知到有知、从错误到正确、从相对错误到相对正确的过程。

课堂收获

每个人都喜欢成功，都不想有错误出现。然而，出现错误也不是一件坏事。因为错误并非总是意味着无知，知识并非总是招之即来。只有犯下错误，才会阻止下次有错误出现。所以，允许自己失败，进而原谅自己。这不仅是简单的人生经验，更是人生的一大智慧。

实现梦想是可能的——创新需要勇气

一个人只要肯深入到事物表面以下去探索，哪怕他自己也许看得不对，却为旁人扫清了道路，甚至能使他的错误也终于为真理的事业服务。

——博克

真理是实而不虚，真而不假，有形有力的坚实构造，它是唯物辩证的科学，它是公心的代理和爱心的综合，又是促使“善德义”成长和继续的有力成效工具。

真理就是我们所认知的集合范围内可以预测现象的最高自然规律，是客观存在的，形式系统理论自身的逻辑无法证明。不可证性使人产生了对真理的自然绝对性规律的信仰，成为指导行动的最高准则。

对旧事物的否定就是事物发展的决定性环节，自然界、人类社会和人们思想的发展都是经过一个一个的否定而实现的，所以事物的发展也是通过否定方式进行的。事物的发展从实质上讲，就是新事物的产生和旧事物的灭亡，是一事物向另一事物的转化，是事物根本性质的转化，是新陈代谢。但事物的发展只有经过事物内部矛盾一方否定另一方，才会有事物的质变，没有否定就没有质变，不否定旧事物，新事物就不能产生，事物也就不能发展。

瑞 120 岁才去世，她的出生年份是 1886 年，莱特兄弟的第一次成功飞行，和福特造出第一辆实验性汽车都是在此后几年的事。

相信瑞还是个天真小女孩的时候，也曾梦想过在天空中飞翔，而大人准会说那是不可能的。

究竟什么是不可能呢？很多曾经被认为不可能的发明，现今，已成为我们日常生活不可或缺的一部分。差不多任何事都有可能发生，有可能达到，原来的限制后来也证明不是真的限制。

想一想你自己今天的处境，是否也有很多不可能，很多限制，把你捆绑着？想象一下，你是可以突破这些限制的，只是你认为太难了而不去尝试。告诉你，这众多的不可能终究会被证实是可能的，但那将会是经由别人去证明——如果你今天仍没有勇气去尝试的话。

创新精神就是一种重要的科学精神。创新的科学内涵就是突破、质变和飞跃。创新是创造全新成果的行为与过程，就是总结新经验、拓展新视野、做出新概括，就是不断解放思想、实事求是、与时俱进。

创新是需要勇气的。所谓不破不立，没有打破旧的框架、旧的体系的勇气，就难有理论上和实践中的进步，哪怕是一点点的进步。“破”和“立”就是一种对立的统一。破是手段、途径，立就是目的。立就是在破的基础上的立，所以“破”就是一种辩证的否定，是“扬弃”，是联系和发展的环节。

创新就是对传统的突破，是在过去知识、经验、技能基础上的飞跃。创新就是新发展、新创造，就是取得全新的创造性成果的过程。能够根据已有的知识、经验和技能，有效地运用创造性的方法，通过脚踏实地地辛勤工作，在艰苦的社会实践中所进行的创造性活动，这就是创新。

没有能离开破的立，没有破就没有质变，就没有旧事物的灭亡和新事物的产生。

课堂收获

坚持需要持久的耐力，梦想是能够实现的。在科学开始之初就需要有不怕失败的勇气，没有否定就没有质变，就没有新事物的产生和旧事物的灭亡，也就没有事物的前进和发展。经历了否定，事物才能向前发展。所以，不能迷信前人和他人的经验，不唯书，既不能无批判地全盘继承，也不能不加分析地一概否定。既要反对复古主义，也要反对虚无主义。只有这样，才有利于推动新文化的发展。

第10章

观念与行为

思想指导着行动，世界观指导方法论，思想观念不同的人，在做人做事上往往会有不同，甚至相反的方式。人的思想观念决定了人的处世方法，为人处世的方式方法就反映着人的思想观念。

观念来源于经验
——旧行为得到旧结果

经验是每个人为其错误寻找的代名词。

——王尔德

万物皆在流变中，太阳每天都是新的，这就是万事万物恒久不变的规律。

在我们这个被称为“知识经济时代”“信息时代”“新经济时代”或者说“e时代”的社会里，你发现它有什么特征？这个特征就是——时代一直在变，不再有一成不变的事物。

竞争的游戏规则在不知不觉中已经改变；人们曾引以为自豪的成功经验也在一夜之间失去了它往日的魔力，“一招鲜”似乎也不能吃遍天下了，很多人困惑着这个变化的方向……变化已经是每个时代唯一不变的特征！

你愿不愿意生存在一个始终变化的世界之中呢？不愿意那是不可能的。因为，不管你愿不愿意，世界规律的步伐总是向前，它不会以你的意志为转移，更不会等我们半步！在这个变化迅猛的世界上，人类唯一能够拿来与其他物种竞争的资本就是“变”，要想在竞争中生存，那么你就要学会改变，而且要变得更快、更多、更好！否则，一直想着用老的想法、老的方法做事，而期望得到不同的结果，那你就是十足的“笨蛋”。

许多年前，美国俄克拉荷马州的一个老印第安人，在自己的领地里发现了石油，因此，贫穷的老印第安人一夜暴富。

于是，这个印第安人就立刻买了一辆豪华的凯迪拉克轿车。那时候车子后面一般有两个备用轮胎。然而，这个老印第安人希望这是当地最长的车，于是他又加了两个备用胎。他还买了顶亚伯拉罕·林肯的大烟囱帽，穿上燕尾服，带上领结，穿戴整齐之后叼上一支大黑雪茄。

每天他都要驾车到附近熙熙攘攘又脏又乱的小镇上去。他想让那里的每一个人都看到他。他对待每一个人都很和善，并且不停地与碰到的熟人打招呼。有时还会开着车左拐右绕地穿过小镇去和每一个人说话，有时甚至不惜绕一个大圈子，但他从来没有撞到过什么。

这是为什么呢？其实这个原因很有趣也很简单，这辆大而美丽气派非凡的轿车是由两匹马拉着的。难道他买了一辆坏了的凯迪拉克？然而当地的机械师却说汽车引擎没一点毛病，而且其他一切也都很正常。那么，原因在哪里呢？原来，是老印第安人没有学会插进钥匙去发动它。因此，车内虽有上百匹马力等着向前跑，但这位老印第安人却让两匹马拉着它。

美国作家布朗就有一句话：“所谓的Lunatic（精神病人；蠢人；笨）有一个好定义是：以同样的旧方式做同样的事情却期待不同的结果。”这不是布朗随意的解释，因为在这个世界上像这样的人太多了，很多人每天都做同样的事情，上班、下班，朝九晚五，用同样的思维方式、用同样的行为方式、用同样的态度去面对每一天的事情，却希望有不一样的结果出现，他们都在抱怨目前的处境不是他们想要的！这种人就叫“Lunatic”！

时代的步伐一直在前进，重复旧的行为不仅不能得到旧的结果，很可能还会得到比旧的还要糟糕的结果。或者像《谁动了我的奶酪》中的哼哼，当奶酪不复存在已成事实的时候，还在原地哼哼，只是留恋昔日的美好，不去寻找新的奶酪。如果只是这样的话，那就只有死路一条了！

经验是财富，也是十分重要的知识。但反过来说就有问题。不是所有的知识，都只有通过经验的方式，才能继续发展。我们除了具备感知的能力之外，还应具备人所特有的思维能力。我们完全可以通过理性认识，扩展我们的知识，深化我们的思考。感觉和理性，这二者就是我们不可缺少的把握世界的能力。

课堂收获

世界上所有事物都是变化的，没有一成不变的。我们在变化中，敢于挑战，不能畏惧或逃避，而应该积极地去迎接变化，认识这些变化，并相应地对自身做出调整和改善，只有这样才能成为一个真正的强者。

观念左右行动
——给自己一个客观的评价

习气那个怪物，虽然是魔鬼，会吞掉一切的羞耻心，也会做天使，把日积月累的美德善行熏陶成自然而然而令人安之若素的家常便饭。

——莎士比亚

思想乃是身体智慧的一部分。如果长久地持有并不断地重复一种思想，就会使之转变成一种信念。信念又会转变为生物机能。所以说，信念是一种能量巨大的驱动力，

奥斯卡 1986 年出生在南非，出生时小腿就没有腓骨，且一共只有 4 个脚趾。11 个月大时，他双腿膝盖以下被截肢，并于 6 个月后装上假肢。由于从小就靠假肢走路，奥斯卡从未感觉到自己的身体与正常人有异。他从小就像正常人一样参加体育运动，并选择了橄榄球和水球作为主要运动项目。

17 岁时，奥斯卡成为比勒陀利亚大学工商管理专业的学生。然而 2004 年 1 月，他在一场橄榄球比赛中右膝严重受伤。奥斯卡决定改学短跑。仅仅进行了两个月短跑训

练后，他便在家乡的一次残疾人运动会上一鸣惊人，100 米跑出了 11 秒 51 的成绩，而之前的残疾人世界纪录为 12 秒 20。到 2004 年下半年，他的成绩轰动整个南非。虽然身体残疾，但生性坚强的他不但没倒下，反而成为世界上跑得最快的无腿人。他常常对自己说："我的能力没有丧失，我只是丧失了两条腿。"他的能力也让世人瞠目。

生来残疾的奥斯卡从来没有因为自己这个缺陷而自怜，也从没有过任何抱怨，反之，他对自己的能力充满了信心。他相信自己也和别人一样有能力。在坚定信念的同时，他付出了巨大的努力，所以，他也得到了可喜的回报。

每一个人都有自己的优势，这是辩证法最基本的原理。南非黑人领袖曼德拉，为争取民族的自由、平等，与种族主义坚决斗争。坐牢 27 年，斗争一刻没有停止过。最后他成功了，成了南非历史上第一个黑人总统，并获得诺贝尔和平奖。他说："之所以为民族自由和平等挺身而出，并不是受到神谕或一时的灵感和心血来潮，而是因一千次的眼泪、一千次的屈辱、一千次的绝望和痛苦！"

观念要比思想隐秘得多，而且我们很难改变它——认识到这一点非常重要。许多观念完全是无意识的，理智根本无以把握的。

小象乔治出生在马戏团中，它的父母也都是马戏团中的老演员。小象乔治很淘气，总想到处跑动。工作人员在它腿上拴上一条细铁链，另一头系在铁栏杆上。小乔治对这根铁链很不习惯，它用力去挣，挣不脱，无奈的它只好在铁链范围内活动。

过了几天，乔治又试着想挣脱铁链，可还是没能成功，它只好闷闷不乐地老实下来。一次又一次，小乔治总也挣不脱这根铁链。慢慢地，它不再去试了，它习惯了链子，再看看父母也是一样嘛，好像本来就应该是这个样子。

乔治一天天长大了，以它此时的力气，挣断那根小铁链简直不费吹灰之力。可是它从来也不想那样做。它认为那根铁链对它来说，牢不可破，这个强烈的观念早已经深深地植入它的记忆中了。

一代又一代，马戏团中的大象们就被一根有形的小铁链和一根无形的大铁链拴着，活动在一个固定的小范围中。

没有观念的人，往往判断能力不足，很难根据经验自我提升。观念相当于人认知的纲领，在思维过程中，可以提高判断的效率。观念又是人际沟通的快捷方式，不论是对是错；不论喜欢讨厌，只要三言两语就可以了。

明确的观念，是思维、认知的灯塔，使人不致惑于事物的表象，直截了当地深入真实的核心。统一的观念则是直达真理的桥梁，应放诸四海而皆准，能阐释所有现象，将殊异化为认同，这样人就能发挥其智力。

观念之重要，相当于对人生风浪的认知，社会之价值，在于各有所长的观念。

课堂收获

自卑往往与怠惰随行，自卑是在为自己在有限的目标中苟且活着做辩解，它是最该被抛弃的。自卑容易侵蚀你的斗志，不仅让你的心理活动失去平衡，也加速了你的衰老。所以，我们要经常对自己说：“我真棒！”这样，也许你在开始时不是很适应，但时间长了，经过几件成功的事之后，我们慢慢就会发现，原来自己一直就是最棒的，一直都是最出色的。

自己主动才是主动——外因与内因

成功不是追求得来的，而是被改变后的自己主动吸引来的。

——金·洛恩

每个人的内心都有一扇只能由内开启的改变之门，这扇门从外面是推不开的，只能由内向外推。如果你不愿意打开这扇门，不论我在外面如何动之以情，晓之以理，一切还是无效。

世界著名整容外科医师马尔茨讲述了这样一件事：

纽约有位股票经纪人，长得英俊潇洒，待人和蔼可亲，备受人欢迎，因此事业也非常成功。一次，公司发生了火灾。很不幸，这位英俊的经纪人半边脸都被烧坏了，留下了严重的疤痕。自此以后，他整个人都变了。脾气异常暴躁，稍一受刺激就大发雷霆，动不动就骂妻子、打儿女。他的生意也渐渐差了，顾客都怕他。

妻子不忍见他如此，就花了一大笔钱请马尔茨为他整容。马尔茨运用高超的整容医术，最终将这位经纪人的疤痕处理得基本不见痕迹。过了一段时间，马尔茨突然接到一封感谢信，信中说：“我们全家都真诚地感谢您！您不仅医好了他面部的伤痕，您将他整个人都医好了。自从您治好他脸上的伤痕后，他又和以前一样了，在家里是好丈夫、好父亲，对同事也谦让有礼。他的生意又重新繁荣兴旺，事业又开始获得成功。可以说是您让他获得了新生！”

马尔茨看到这封信后，内心触发了感慨：一个人的面部整容是次要的，重要的是心理整容。从此马尔茨就将心理整容作为终生的事业。

一切事物的发展变化，内因是根据，外因是条件，内因决定外因，外因又通过内因起作用。一个人生理有病，一定会找医生。但心理有病呢？生理的疾病只是损害健康；心理的疾病却危害灵魂，毁灭整个人。

主动和被动，就是两种精神状态。主动是积极进取，而被动则是消极懈怠；主动是心中有数，被动则是疲于应付。陷入被动的情况有很多种，有的人是能力有限，有的人属于思想懈怠懒惰，也有一些人是私字当头，出了问题不是主动去解决，而是想方设法遮掩住，结果问题越盖越大。能不能掌握主动权，不仅要有良好的愿望，还要有积极的行动。凡事必然会有困难，但只要付出努力，就会有办法、有成效，否则被动、懈怠地看待问题，什么困难也解决不了。

很多人渴望改变生活，想生活得更成功、更快乐、更有意义。那怎样才能做到呢？美国成功哲学家金·洛恩说过这么一句话：“成功不是追求得来的，而是被改变后的自己主动吸引来的。”

重视内心的内因对人的影响作用。这些思想从哲学上讲，就完全符合内因与外因关系的哲理。一个人的成长同一切事物的发展变化是一样的，内因就是其根据，外因只是条件，内因决定了外因，外因又通过内因起作用。

要让事情改变，先改变自己；要让事情变得更好，先让自己变得更好。如果你感觉自己做事不成功，做人不快乐，生活不幸福，你首先要好好检讨的是自己，自己有没有需要改进的地方。如果你感觉你的世界不对，那只是因为你自己不对；你感觉自己不成功，不快乐，不幸福，那不是世界不好，只是因为你还不够好。

任何事情都是这样，自己主动才是主动，单单依靠角色的变化来获取主动的机会，那么永远都是被动的。

课堂收获

想要改变命运，就要先学着改变自己。如果你觉得自己不快乐，不成功，很孤独，那你就得想办法主动改变自己。一个人不去行动改变自己的现状，就妄想产生不同的结果，只能是徒劳和瞎想。要想心想事成，就得有不同的做事方法；要想有不同的生活世界，就得有不同的自己；要想事情变得更好，就要先让自己变得更好。

千万不要以貌取人
——表象代表不了真实

你可以从外表的美来评论一朵花或一只蝴蝶，但不能这样来评论一个人。

——泰戈尔

著名作家泰戈尔说得好：“你可以从外表的美来评论一朵花或一只蝴蝶，但不能这样来评论一个人。”

大家都知道，人们的认识来源于实践。然而，人的认识又是怎样在实践中产生和发展起来的呢？认识不是一下子就产生的，而是要经历一个逐步形成、完善和发展的过程。只有经历了这些过程，认识才是完整的。

很久很久以前，人们就看到苹果从树上掉下来，而不是飞上天；将一块石头向上抛，它又必然降落到地面上。若干世纪以来，这种现象已被人们无数次地看到。然而，这到底是何种原因造成的呢？原因隐藏在事物现象背后，人们是看不到的。牛顿在前人研究成果的基础上，经过长期的实验和艰苦的努力，终于找到了隐藏在这一现象背后的原因，就是地球引力的结果。万有引力定律就是在这种状况下发现的。

在日常生活和工作中，人们不可避免地要接触一些新人和新事，通过直接接触和交往对他们产生认识。就一般情况而言，这个认识是这样的过程：如与一个陌生人接触，首先得到的是关于他的身材容貌、穿戴打扮、举止神态、说话声调等印象的认识，这种初步的对其外部特征了解的认识，就是我们所说的感性认识，感性认识是认识的初级阶段。

然而，我们如果要再进一步地认识他人，这就要对这个人进行理性的认识。也就是经过与这位陌生人接触，一段时间后你会了解到他的生活、工作和学习等方面的情况，各种印象越积越多，经过头脑思考，对这个人的生活态度、性格特点、思想品质、知识才能、为人处世等方面就会产生一些看法，这种进一步的了解和认识就称之为理性认识。

在美国波士顿的一个小镇上，曾住着两个老太太，她们在三十多年前不知为何小事产生矛盾，就一直互相记仇为敌，并波及了下一代。但两位老太太都是《波士顿新闻报》家庭版的忠实读者。可以说，假如没有这个报的这个专栏，她们也许早就被这种仇恨和相互的骚扰搅得难以生存了。

那个家庭版中有一个专栏，由读者间的通信组成，方式是：如果你有什么问题，或只想发发怨气，就写信给这家报纸，署上你的化名，然后，另一位有相同烦恼的女士会化名回信，告诉她如何处理这类事情。

这两位老太太都一直与这家报纸的专栏保持联系，一个化名叫杨梅树，一个化名叫海鸥。后来，化名海鸥的老太太死了，化名杨梅树的老太太鉴于道义，便越过篱笆去帮助做点事。当她第一次走进她的死对头的前庭时，发现桌上摆着一本巨大的剪贴簿，整整齐齐地贴着多年来她与专栏上化名为杨梅树的人的来往信件。

原来，两位现实中至死都不肯和解的老太太，在专栏中是一直保持联系的知心朋友。活着的老太太痛哭不已，但遗憾的是不能再补救那已被白白浪费的美好时光。苦涩的心情只能留给自己慢慢品味……

在生活中，不管是对哪些事物，人们认识事物的过程都是这样：由实践到认识。首先是在实践的基础上产生感性认识，然后经过分析思考，能动地上升为理性认识。所以，我们不能简单地去看一个人，不能轻易地去评价一个人的好坏，判断一件事的善与恶。

每个人的大脑都像一块柔软的蜡，这块蜡就保存着人希望获得的一切观念的痕迹。

我们和这些观念一起来到了人间，而这也正是我们各种谬误与成见的来源之处。

课堂收获

在生活中，有的人看起来可能讨厌、吝啬乃至狡诈，然而从另一角度看，有可能大方、热情、正直甚至善良。这往往取决于我们观察对方的视角。因此，常常是看人的心态决定了看人的角度，看人的角度又决定了人的“好坏”。因此，认识一个人，切忌以自己的主观想象作为衡量别人的标准，主观意识太强，往往会造成识人的错误与偏差。

理想与现实不一样——主观与客观之别

现实是此岸，理想是彼岸，中间隔着湍急的河流，行动则是架在河上的桥梁。

——**克雷洛夫**

主观，是指人的意识、思想、认识等；客观，是指人意识之外的物质世界或认识对象。主观是人类大脑活动的各种产物，客观是大脑活动以外存在的各种事物。

人常说“从客观角度看问题”，这就要求一个人主观想象不要太多，要多以客观存在为依据。客观是人意识以外的东西。例如客观存在，便是指存在于人意识以外的各种事物。包括人体的结构，人的大脑结构和人存在着意识等事实。再例如客观规律，就是指不由人的意识活动控制的制约事物发展变化的规律。

而从主观角度看问题，就要求一个人可以任意发挥自己的想象，不必过多拘泥于客观事实。我们通常所说的主观是指人的认识活动，是指以大脑为核心以感觉为外围的认识能力。主观就是意识活动。

由于“主观存在”与“客观存在”有相互转化作用，因此没有主观存在这个概念，就会出现“没有什么是彻底客观的，也没有什么是完全主观的”这种说不清的现象。但是引入了主观存在这个概念后，凡是由主观产生的东西就属于主观，凡是不依人的意识活动而存在的东西，就属于客观。当一个事物处于主观存在状态时，它还属于主观，当它转化为客观存在后，它就属于客观。分不清的现象就不会再出现。

物质第一性，意识第二性，物质决定意识，意识是物质的反映。人的意识就依赖于客观环境，它不可能脱离客观的条件而孤立存在。所以，我们在分析问题时，要正确地分析主观和客观之间的关系。

德国寓言大师克雷洛夫说：“现实是此岸，理想是彼岸，中间隔着湍急的河流，行动则是架在河上的桥梁。”这个比喻告诉我们：理想的确立和形成，仅是理想通往现实之路的一个环节，把理想变为现实要靠实实在在的实践。

人有理想是好事，但也要面对现实生活。只有把理想和现实有机结合起来，这才有可能成为一个成功之人。

课堂收获

办任何事情都不能从框框、概念出发，生搬硬套别人的经验和模式，如果把主观愿望强加于客观事物，用想象去代替客观现实，不仅丝毫不会改变事物的本来面目，反而会碰钉子，犯错误，招致悲惨的结局。

什么样的行为是对的，什么样的行为是错的？——制度决定行为

我认为，与制度结合的自由才是唯一的自由。自由不仅要同制度和道德并存，而且还须臾缺不了它们。

——伯克

人是社会关系的总体，其中交织着文化传统和文化素质。就此而论，人是文化沉积的产物，也是文化的创造者。

有七个人曾经住在一起，每天分一大桶粥。要命的是，粥每天都是不够的。

一开始，他们抓阄决定谁来分粥，每天轮一个。于是每周下来，他们只有一天是饱的，就是自己分粥的那一天。

之后，他们开始推选出一个道德高尚的人出来分粥。强权就会产生腐败，大家开始挖空心思去讨好他，贿赂他，搞得整个小团体乌烟瘴气。

然后，大家又开始组成三人的分粥委员会及四人的评选委员会，互相攻击扯皮下来，粥吃到嘴里全是凉的。

最后想出来一个方法：轮流分粥，但分粥的人要等其他人都挑完后拿剩下的最后一碗。为了不让自己吃到最少的，每人都尽量分得平均，就算不平，也只能认了。大家快快乐乐，和和气气，日子越过越好。

同样是七个人，不同的分配制度，就会有不同的风气。

为什么说“制度决定一个人的行为”？因为不同的制度下，人的约束条件是不同的，从而决定了经济人各种选择行为的成本与收益。自然，制度也就决定了一个人的行为。

科学家将四只猴子关在一个笼子里，每天只喂极少的食物，试图让它们处于饥饿状态。几天后，科学家在笼子上的小洞放了一串香蕉，一只饥肠辘辘的大猴子立即冲上前去，可是在它拿到香蕉之前，就已被预设机关所泼出的热水烫伤，而之后另外三只猴子去拿香蕉时，同样也被热水烫伤，最后，猴子们只好放弃行动。

又过了几天，科学家换了一只新猴子到笼子里，当新猴子肚子饿了，想要爬到洞口拿香蕉时，就会立刻被其他三只老猴子制止。过了段时间后，科学家再次换了一只猴子进入笼内，当这只新猴子想吃香蕉时，有趣的事情发生了！这次不但剩下的两只老猴子制止它，就连从没被热水烫过的猴子，也阻止它的行动。

实验继续进行着，当所有老猴子都被新猴子取代时，笼子内的猴子都不曾被热水烫伤过，而笼子上头的热水机关也已经取消了，可是，却没有一只猴子敢伸手去拿唾手可得的香蕉。

制度对人的影响确实是很重要的。同样一只刚生下来的小狗，若被一个爱护动物的人家抚养，日后很可能变成一只温顺的家犬，若它被抛弃在野外，则很可能成为一只顽皮的野犬。有一则寓言就是这样的：

有一天，几只袋鼠从笼子中跑了出来，管理员见状大惊，忙把笼子加高了一尺。结果，第二天袋鼠仍然从笼子中跑了出来，管理员便将笼子加高了一米。他们以为从此袋鼠再也不会逃逸，但事实是，第三天，袋鼠们又出现在了笼外。管理员接着将笼子加高了两米。

旁边笼子的河马问："你们觉得他们要把笼子加高到什么地步才算完？"袋鼠们说："不知道，只要他们继续忘了锁门的话，加高到多少米也没有用。"

一些国家之所以落后，正是因为制度不好，只要自上而下地彻底改变制度，就能彻底改变整个国家。

制度是由人建立的，而且是由人来维护的。制度决定人，人又决定制度，到最后依然是人决定人。

课堂收获

一个好制度，不仅会符合人的天性，实施的成本也很低。一个团队有了一套切实有效的奖惩制度，这就能使每位下属知道哪些该做，哪些不该做，做到什么标准，做好了能够得到哪些奖励，做不好会受到哪些处罚。通过这些规范化的奖惩制度，就能完善整体策略规划的实施，规范下属的行为，就可以做到凡事有章可循。

改变自己比改变别人容易
——用付出解决积怨

我们虽可以靠父母和亲戚的庇护而成长，倚赖兄弟和好友，借交游的扶助，因爱人而得到幸福，但是无论怎样，归根结底人类还是依赖自己。

——歌德

世界就像一面镜子，把你的内在感觉完全反映到外表。因此，单单改变外在环境是不可能改变生活的。如果你觉得街上的人不友善，即使改走别的街道也没有用！

英国有一位辛勤的农夫古奥，因为买不起一般平地上的肥沃良田，遂独自找了一块山坡地，努力地开垦，将贫瘠的山坡地开辟为产量甚丰的梯田。

许多村庄里的穷苦农夫，看到古奥的成就，纷纷跟着他在山脚下辟出一片一片的梯田。

起初，这些在山坡耕作梯田的农夫，每天忙着自己田里的耕作，倒也相安无事。一直到有一年雨水不够丰沛，田里已有明显缺水的现象。

看到旱象已生，古奥早已做好充分的准备。他在山中找到了几处水源，挖好渠道，将山泉水大量地引来灌溉他的梯田，所以，虽然山脚下的梯田缺水，但古奥梯田中的作物，却依然欣欣向荣。

一天早上，辛勤的古奥如往常一般，来到他的田里，忽然大吃一惊，整片梯田的灌溉水竟然全部流失，农作物呈现干涸的现象。

古奥除了赶紧做了弥补，将田里补满灌溉水之外，他还仔细去调查清楚，为何田里会有失水的现象。

结果，在田埂上发现一个极大的缺口。原来是山脚下那些农夫，趁夜里挖破他的田埂，将古奥田中的水往下引流，去灌溉他们自己的旱田。

在接下来的几天当中，古奥加倍努力地工作，开挖了几条新的渠道，将他找到的山中的水源，顺利地引入到山脚下每一个缺水的梯田中，把那些农夫的田用水灌得满满的，让他们不致再有缺水的恐慌。

山脚下的梯田，从此之后，再也不会缺水；辛勤的古奥，也不用再担心有人会来挖破他的田埂了。

大多数人对事情的了解都是本末倒置。例如："如果你不喜欢工作，就换工作罢；如果不喜欢老婆，就换个老婆。"有时候，换工作或者换老婆是必要的，但是如果你自己不改进，同样的情况还是会一再重演。

不论我们身在何处，原因都是我们还有需要学习的课题。这是为什么我们要在那儿的原因！祈求改变处境是不合理的。除非我们已经改变，否则我们还是需要身处其中！

想想物理学上的例子：200 年前，牛顿宣称宇宙万物都有确定不变的本质，但是今天的量子物理学，以及海森伯格的不确定原则，却带出完全不同的说法。也就是说，物体的本质是被它的观察者改变了！这对你的日常生活又有什么意义呢？物理学印证了先圣先贤主张的理论，就是无论物体或处境，都会随着观察者改变。

改变思考方式，生活就会随之改变，改变你的生活是“内在”的事，你不必受其他人的牵制。只要你变动，世界也会变动。你改变了，与你生活相关的其他人也会随之改变。

课堂收获

改变伴随着痛苦，但不改变则意味着永远会痛苦。即便改变很难，也该让自己咬牙挺过去，挺过去，就是一片海阔天空。很多时候，我们都需要这种咬牙坚持，甚至主动斩断自己退路的勇气。如果身后有退路，就会心存侥幸和安逸，身后无退路，才会为自己赢得出路。

互相帮助，共同发展——相互依存

良心尽管它不依存于理性，但没有理性就不能得到发展。

——卢梭

一切现象都是空性的。所谓的空性，不是指现象完全不存在，也并非指一切事物都是空洞或虚无的。空性的意思是一切事物的显现都是相互依存的，因为它们都互有关联。

古时候有个国家，这个国家有个奴隶叫安德洛斯，他常遭主人毒打。有一次，他跟随主人到大草原上打猎，趁主人不注意时逃跑了。他躲进一个山洞里，后来不知不觉睡着了。

第二天早上，安德洛斯被一阵吼叫声惊醒。他睁眼一看，哎呀，洞口站着一头狮子。他再定神一看，狮子的前爪扎进了一根长木刺，鲜血直淌。这时，他忘记了害怕，帮狮子拔去前爪上的大木刺，狮子不痛了。走上来，用头碰碰安德洛斯，表示亲热。

从此，安德洛斯和狮子成了朋友。狮子把抓来的野兔、小鹿给他吃，安德洛斯也把捕来的鱼给狮子吃。他们一起生活得很愉快。

一天，安德洛斯在河边捕鱼，不料，被一队士兵抓住了，后来被带回他的主人那儿。主人把他送进斗兽场。准备让他同野兽搏斗，供有钱人来看。斗兽这一天，看台上坐满了人，皇帝和许多贵族都来了。安德洛斯先被押上场，一会儿，斗兽场的小门打开了，雄狮吼叫着，向安德洛斯猛扑过来。

安德洛斯吓坏了，他闭上了眼，等待着死亡。突然，狮子停住了，用舌头舔舔安德洛斯，然后依偎在他身旁。原来，这狮子就是他的好朋友呀！它因为寻找安德洛斯，被士兵们逮住了。安德洛斯抱住狮子，流下了眼泪。

这时，观众席上发出震天动地的欢呼声，人们纷纷要求释放安德洛斯。皇帝也被这情景感动了，他下令给安德洛斯和那头狮子自由。安德洛斯和狮子又回到了大森林里，他们过着自由自在的生活。

奴隶和狮子的共同遭遇，使他们交上了朋友，这生动地说明了生物之间在一定的条件下相互依存的道理。生物物种是在一种既相互竞争又相互依赖的辩证关系中生存进化的。像奴隶和狮子这种相依为命的朋友关系，在生物界是很多的，有的简直是在相依为命中延续和生存。

事物实际上是由许多事物合成的，并不是单一的。所有一切外在事物都互有关联，并系决于彼此。在生物圈中，各种生命形式相互依存，所有的动物吸取的氧气，是植物释放的“废物”。动物们则在呼气时将二氧化碳作为废物排出，植物们为了合成自身所需的养料，会吸收这些二氧化碳，就这样，植物和动物相互依赖而得以生存。

任何事物的存在都是有用的，一时无用，另一时也许就有用。对于人来说也是如此，总是各有长处，各有短处。在与人相处中，我们应看到人与人之间相互依存的关系，与其和睦相处、相互尊重，并且努力使自己扬长避短。

课堂收获

人类和自然是相互依存的。人类需要自然提供水、空气等生存必需品，否则，人一天也活不下去。如果想在这个环境中生活得更好、更长久，就该顺应自然规律，努力保护好生存的环境。我们应该好好珍惜它，而不是破坏它。保护环境，低碳生活，杜绝浪费！这就是今天每一个人应负起的责任。

6000 万日元的玩笑——失度必然失误

美就是适当。

——柏拉图

柏拉图曾说："美就是适当。"恰到好处就是美，过分或不及则都会不美。

任何事物都有质和量的辩证统一，都存在一个特定的量的限度。一旦超过这个限度，性质就转化，美的事物就会转化为丑。

"度"就是一切事物保持自己质和量的限度，是和事物的质相统一的限量。任何度的两端都存在着极限和临界点，超出这个范围，事物的性质就发生了变化。比如，水的沸点是 100 摄氏度，水的凝点是 0 摄氏度。从 0 摄氏度到 100 摄氏度是水保持液体状态的温度范围。过了这个度，水要么变成水蒸气，要么变成冰。再比如，一根弹簧在其弹性限度以内，怎么拉都行，一旦超过了这个度，弹簧就无法复原了。

万事万物都有其自身的规律与标准，"度"的这一边可能是一片灿烂，而"度"的那一边却可能是乌云密布。所以，一旦超过事物的度，其负面影响就可能是不可估量的。

一架美国联合航空公司的客机，正在太平洋上空进行夜间飞行。突然，一位日本中年男旅客，向身旁穿过的美国空中小姐手中端的托盘上放了个币袋儿，操着流利的英语说："It's a bomb.（这是个炸弹）"

空中小姐一愣："请问，您理解您刚才说了些什么吗？"

这位日本旅客又重复说："It's a bomb,B—O—M—B!"

空中小姐立即用机内通话设备请示机长该怎么办。机长要她把币袋儿连同托盘一起，丢进飞机尾部的危险物处理箱。惹了祸的男旅客见此情景，满头大汗地拚命向乘务员和日语翻译解释："那是 joker，是开玩笑。"但机长仍然决定向成田机场返航。

这架飞机虽然没有发出劫机信号，但在海上弃置了燃料，并请求机场派消防车待命。飞机一降落，那位旅客当即因违反了劫机防止法而被逮捕，并送交检察署。后来，千叶县地方法院以"无犯罪意识"为理由，驳回了千叶县地方检察署的拘留要求，决定采取自由出庭方式来审理。

然而，不论他是否应负刑事责任，美国联合航空公司方面都准备提出包括燃料费、着陆费、旅客住宿费等在内总额达 6000 万日元的损失赔偿要求。

这件事告诉人们的一个重要哲理是，宇宙间一切事物都有一个度，也就是说每一个事物都有它自身的质和量的规定性，超过了这个规定性就是失度，失度就必然失误。可见，做任何一件事如果置之"度"外，必然要遭到应有的惩罚。

自信与自负虽只相差一字，却有天壤之别。自信是成功的阶梯，我们每个人都要相信自己、给予鼓励，但是我们不能因为自信而自负。

人之所以走入迷途，并不是由于他的自信，而是由于他的自以为是。自负若迷茫了心智，那个人将不再完全。就如同慢性自杀，先是失去最好的朋友，接着身边的亲人也不再亲近他，最后他像一只猛兽疯狂撞击但事实上却早已失去了原来的自信。因此，我们要把握好自信的度，不要让心智走入迷途。

还有，距离与我们来说远近高低各不同。诗人漫步在田野中，望着远处绿意盎然的青草顿时心情欢悦，更是情不自禁朝它们走去。可惜，当诗人走到青草面前时却失望了。眼前，黄土遍地，青草杂乱狼狈不堪。哪有当初那一碧千里的柔情。所以，距离是有度的，我们不能过度去要求它，那样只能让它的美转眼消逝在我们眼前。

再者，关爱也是有度的，一旦过了那个度，“关爱”将失去它的本质变成另一个词“溺爱”。关爱对每一个孩子来说是不可缺少的，但若关爱变成了溺爱，孩子是无法生存下去的。因此，每一位父亲、母亲都要记住：虽不要让孩子们失去关爱，但更不要让孩子们沉迷于溺爱。

花儿有度，花开花谢；大海有度，潮涨潮落；太阳有度，日升日落……因此，凡事都要有度，我们要用心去把握好每一个度，去感悟人生的真谛。

课堂收获

我们的身边处处是“度”，艺术讲究度，科学讲究度，生活讲究度……恰到好处，掌握适当的度，是人们最该追求的。父母对子女的真爱应该是教人自立、自强。溺爱只会伤害子女。开玩笑是人际关系的一种润滑剂，但是忌过度，一过度必伤感情。幽默的言谈令人快活，一过度就变成庸俗或是尖刻。

观念受主体状况的影响
——不同认识对同一事物的反映也不同

陈旧的眼光感受不了任何新景象。

——帕纳

观念可以改变一个人的命运，观念的改变也会时时地表现在一个人的一言一行之间。正所谓：性格不同，习惯就不同；习惯不同，命运也就不同。同是一个生活难的问题，人们对于它所抱的见解却有种种。见解不同，结果也会有异。

有这样一则小笑话：女主人发现家里非常脏乱，就写了一张纸条贴在墙上：“讲究卫生，人人有责”；儿子回来发现纸条后，在纸上加了一笔，纸上的字变成了：“讲究卫生，大人有责”；一会儿丈夫回来了又加了几笔，纸条变成了：“讲究卫生，太太有责。”

在这则笑话中，因为丈夫、妻子、儿子，他们立场不同，所以对于卫生责任问题也产生了分歧。妻子认为人人有责，儿子则认为大人有责，而丈夫认为太太有责。儿子、丈夫都站在自私的立场上，把家庭成员应该共同承担的责任推给了除自己外的其他人，这是非常错误的。因此，这也就提醒我们，只有站在正确的立场上，才有可能正确认识事物。

比如，在生活中有奋斗经历的人，很容易了解世界是变动的，他们会叹息着：“一切都变了。”但生活安稳而平淡的人，他的叹息又不同了，他会说：“一切老是这样，一切都没有变动，真无聊极了！”好像连他自己会变老的事也不知道似的。由于生活地位的不同，人们的日常生活感想就有这么大的差异。

意识是客观存在在人脑中的反映，但各种主观因素会使人们对同一事物产生不同的认识。我们的观念之所以有时会错误而不正确，就是由于人们的生活地位限制着的缘故。

曾经有人讲过这样一个耐人寻味的故事：一场突然而来的沙漠风暴使一位旅行者迷失了前进方向。更可怕的是，旅行者装水和干粮的背包也被风暴卷走了。他翻遍身上所有的口袋，找到了一个青青的苹果。“啊，我还有一个苹果！”旅行者惊喜地叫着。

他紧握着那个苹果，独自在沙漠中寻找出路。每当干渴、饥饿、疲乏袭来的时候，他都要看一看手中的苹果，抿一抿干裂的嘴唇，陡然又会增添不少力量。一天过去了，两天过去了。第三天，旅行者终于走出了荒漠。那个他始终未曾咬过一口的青苹果，已干巴得不成样子，他却宝贝似的一直紧攥在手里。

在深深赞叹旅行者之余，人们不禁感到惊讶：一个表面上看来是多么微不足道的青苹果，竟然会有如此不可思议的神奇力量！

认识能够正确反映客观事物不等于人们的认识都是一样的。不同的人对同一客观事物的反映是有差别的。世界上有两种极端的人，一种人们形象地称之为实诚人，另一种人们称之为爱要面子的人，然而造成这两种人的原因就是观念不同。所以，由于人类认识的局限性，就决定了我们的认识只是一个阶段、一个方面，存在于我们的认识之外的是所谓“自在”。但如果我们换一个角度看问题，我们对它的看法或许会有所不同。

前面有阴影，你看到的是晦暗，还是背后一直跟着的阳光？外面吹着风，你是无奈地拨弄乱发，还是将风筝放上高高的蓝天？天空下着雨，你是抱怨地上的泥泞，还是等待雨后的七色彩虹？漆黑的夜里，你是缩在屋中一角，还是走出屋外仰望星星？一个人的时候，你是觉得孤单寂寞，还是找到心灵的宁静角落？

因此，人的认识能力不同导致反思的深度不同，认识能力的不同导致人们对同一问题的认识结果不同。

课堂收获

世界上的事物都是两面的，对同一种事物，很可能会有两种截然不同的看法产生。如果你善于发现缺陷中的美，有积极的态度和乐观的精神，那么你的世界将洒满阳光。如果你总是悲观地面对一切，不停地抱怨你的坎坷与不幸，那么你将永远无法享受到成功带给你的快乐！

苏格拉底的“精神助产术”
——立场不同，结论不同

人的价值是由自己决定的。

——卢梭

人都有某种世界观。任何人生在这个世界上，都要和自己周围的人和事接触，通过实践，加上来自各个方面的思想影响和社会的影响等，逐步地认识了各种事物，形成了各种观点，用以指导人的行动。

例如，人们有了对自然、社会、国家、人生、道德、恋爱、婚姻、苦乐、美丑、生死的领悟，便有了他们的自然观、社会观、国家观、人生观、道德观、恋爱观、婚姻观、苦乐观、审美观、生死观等。这些都是对世界的某一方面的事物和问题的领悟。

如果我们再仔细探究一下，便会发现，在这些“观”之中，人们还形成了对世界事物的最一般的看法，形成了贯穿一切的、起支配作用的最基本的观点，它左右着人们对各种事物的看法和行动，这就是通常说的世界观。所以，世界观人人都有，只是有自觉和不自觉的区分罢了。

苏格拉底经常到雅典的市场上，同人们谈话、辩论，讨论各种问题。

一次，他像往常一样赤脚敞衫，一把拉住一个过路人说道：“我有一个问题弄不明白，向您请教。人人都说要做一个有道德的人，但道德究竟是什么？”

这位路人说：“忠诚老实，不欺骗人。”

苏格拉底又问：“你说道德就是不欺骗别人，但和敌人交战时，将领们都绞尽脑汁去欺骗别人，这不是很不道德吗？”

那人说："欺骗敌人是符合道德的，但欺骗自己人就不道德了。"

苏格拉底又问："在和敌人作战时，我军被包围了，处境危险。将领们又欺骗起士兵来了，他们说，我们的援军快到了，大家奋力突围吧，结果成功了。这种欺骗自己人的做法不是很不道德吗？"

那人又说："那是在战争中，人们无可奈何才这样做了，我们日常生活中就不能这样做。"

苏格拉底又问："有一个人，他的儿子生了病，却不肯吃药，父亲欺骗儿子说，这不是药，这是糖。请问这也是不道德吗？"

那人说："这种欺骗是符合道德的。"

苏格拉底又问："不欺骗人是道德的，骗人也可以说是道德的。那就是说道德不能用骗不骗人来说明。那究竟用什么来说明呢？请你告诉我吧！"

那人被弄得无可奈何，只好说："不知道道德就不能做到道德，知道了道德，就是道德。"

苏格拉底就是采用这种"助产术"，借着向别人"请教"的机会把他的唯心主义哲学观点兜售给了别人，从而也证实了自己观点的"正确性"。当他听到那人道出了他的哲学观点时，他十分高兴，拉住那人的手说："我衷心地感谢你，告诉了我道德就是关于道德的知识。您真是一位了不起的哲学家。"

这则故事就说明了立场不同，世界观不同，人生观不同，思维方法不同，对客观事物的反映就不同，因而所获得的认识也就不同。于是，各种见解就成为了各种的世界观。世界对于一个人，就好像苏格拉底所举的例子一样，由于所处的角度不同，所以最后得到的感觉也就不一样了。所以人的世界观也不是永远死死地刻在一个人身上，有时也会变动。

立场不同，所得出的结论也不同。所以，事情的是非曲直，站在不同的角度和立场上，会得出不同的结论，这就提醒我们不要随便发表意见。

课堂收获

人们的思想行为总是有一定立场的，不管是自觉的立场，还是不自觉的自发的立场。立场问题，就来自我们认识事物时的价值评价。因此，立场就是我们看问题、想事情、做事情时的目标。由于不同立场的人们，对同一事物的感受评价情意是不同的。所以树立自觉正确的立场，就是我们必不可少的观念之一，否则立场错了，那么人生也可能就要随之错了。

物没错，有错的是人自己
——人活在自我的理解中

人之所以犯错误，不是因为他们不懂，而是因为他们自以为什么都懂。

——卢梭

意识能够正确反映客观事物不等于人们的意识都是一样的。不同的人对同一客观事物的反映是有差别的。

三个登山的人在山脚下相遇，便相约一起爬上顶峰。在经历了一连串的考验和对身体能力的极大挑战后，三个人都成功登顶了。

结果第一个人从山顶纵身跳了下去，因为他是来自杀的。

第二个人不停地拍照和记录。他是来完成生命中的愿望的。

第三个人把第二个人推下了山崖，他是来寻找宝藏的。

同样是以登山为目的，同样经历了考验，最后的目的和结果却是完全不同的。这，往往就是人生的真谛。

其实，每个人都只是活在自我意识里的盲人，都常常会有因为自己的感受而去判断对方行为目的的情况。说得通俗点，人都是自以为是地认为世界在按照自己的意识存在。

有一个年轻人失恋了，由于一直摆脱不了事实的打击，所以情绪非常低落，甚至已经影响到了他的正常生活，没办法专心工作。因为他无法集中精力，头脑中想到的都是前女友的薄情寡义。他认为自己在感情上付出了，却没有收到回报，自己很傻很不幸。于是，他找到了心理医生。

心理医生告诉他，其实他的处境并没有那么糟，只是他把自己想象得太糟糕了。在给他做了放松训练，减少了他的紧张情绪之后，心理医生给他举了个例子。

心理医生说："假如有一天，你到公园的长凳上休息，把你最心爱的一本书放在长凳上，这时候走来一个人，径直走过来，坐在椅子上，把你的书压坏了。这时，你会怎么想？"

他说："我一定很气愤，他怎么可以这样随便损坏别人的东西呢！太没有礼貌了！"

"那我现在告诉你，他是个盲人，你又会怎么想呢？"心理医生接着耐心地继续问。

"哦——原来是个盲人。他肯定不知道长凳上放有东西！"年轻人摸摸头，想了一下，接着说，"谢天谢地，好在只是放了一本书，要是油漆或是什么尖锐的东西，他就惨了！"

"那你还会对他愤怒吗？"心理医生问。

年轻人说："当然不会，他是不小心才压坏的嘛，盲人也很不容易的。我甚至有些同情他了。"

听他这么说，心理医生会心一笑："同样的一件事情——他压坏了你的书，但是前后你的情绪反应却截然不同。你知道是为什么吗？"

"可能是因为我对事情的看法不同吧！"年轻人心有所悟地说。

每个人都生活在自己的理解之中。同样是失恋了，有的人放得下，认为未必不是一件好事，而有的人却伤心欲绝，认为自己今生可能都不会有爱了。在心理医生讲的故事中，如果不告诉年轻人这个坐坏了他的书的人是盲人，他还会从心理上平息愤怒吗？可能会很难。

在这个世界上，我们都在努力追求一个客观的自我认识，但人们又往往不能客观地看清自我，所以人在接受反馈的时候总会处于自我的理解之中，所以我们所认为的那个自我已不是真正的客观自我。因此，我们要想看清自己，就要跳出自我的范围，这样才能更清楚地看清自己。

对很多事物来说，真正的奥秘其实是不被规则约束的，不要单纯地认为"现实"就是"事实"。不要单纯地看到表象，而忽略了内在。而应全面地了解，这才是客观的基础。

课堂收获

无论是自信还是自卑都是我们人格的一部分，无须辨别好还是不好，各有利弊，利用好对我们有利的部分才是最关键的。只有极端的自信和极端的自卑才对我们不利，需要调整。自信和自卑本身不是什么问题，因为太刻意强调自信而成为问题。敞开自己的胸怀，接纳自己的各个部分，保持完整的自己，让自己内心和谐，减少冲突，做一名比较健康和幸福的普通人，只要自己觉得好就是最好。

第11章

思想与思维

哲学是启发人智慧，让人变聪明的学问。哲学关系到所有的事物，从事哲学思考的人关心一切。但是，没有人能够知道一切。

哲学是普遍的，而知识是无限且分散的。知识只是一种累积，而哲学则包含全体。哲学形成一个人的本质。所以，哲学思维就是利用知识来切中人的本质。

思维方式决定发展方向，影响发展效果。具有哲学思想的人和不善哲学思考的人，做事的方式不同，最终产生的效果也截然不同。

所以，哲学思维不仅能使我们自身变得豁然开朗，同时也可使现实本身变得豁然开朗。

哲学来自对生活的反思
——在反思中走向成功

思考是人类最大的乐趣。

——布莱希特

人是一种能思想和有思想的动物，而思想之所以能够创造文明，其奥秘就在于思想是可以积累的。

哲学的本性就是反思，反思就是哲学的本性，这就意味着反思过程在哲学活动中是不可缺少的。“哲学”就意味着对真理的追求、对世界的叩问、对历史的把握、对人间的理解、对神灵的感悟、对知识的分析、对一切的怀疑！

历史学家告诉我们，世界上有许多种文明形态。在各个文明的发展历程中，面对浩渺无穷的宇宙、风云多变的自然、变化多彩的人生，人们都会产生种种疑问。于是，人们就期待有一些解释，能够帮助自己理解这些现象，弄清楚这个世界是个什么样的结构和状态，也弄清楚我们为什么而生活，我们又应该怎样生活。当人们停下手中的活，开始思考这些问题的时候，哲学的思想就产生了。

其他的物种都没有思想的积累，所以每一代都只能是简单地重复它们前一代的活动，这只是自然的或本能的活动，而不是思想的或理性的活动。唯独人是思想的或理性的活动，所以人的知识是可积累的，每一代人都可利用此前一切文明的成果，所以人类文明就有了不断的进步。每一代人都在前人的基础之上进行创造性的活动，每一代人都比前人来得更加高明。

哲学通常是研究根本问题的，这就需要对表面的问题进行批判性的反思，通过这种反思更清楚地认识世界、了解人生。所以说，哲学是通过批判性的反思，对人生及外在世界的终极性思考。而思想之表现为文明史，就可以表现在物质方面，也可以是表现在精神方面；而这两方面又是综合为一个不可分割的整体的。这个整体就称其为人类的文明史。

人生本身就是一个向他人学习的过程，但仅靠向他人学习，能够获得智慧、技能吗？跟游泳教练学游泳，自己不下水能学会游泳吗？只背别人的诗，自己不体验生活，能写出自己的诗句吗？只看别人写的书，自己不写作，能写出自己的书来吗？都不能！

反思就是在锻炼大脑的消化能力，同时也在实现着吸收营养的功能。在我们的内心深处，人都有着很强的自我完善的能力，这就是思考的力量，更是反思的力量。但是，反思也是有条件的。只有如实反映客观事物的思想，才是正确的思想，用正确的思想来指导人的行动，这样的行动才有力量，才能得到预想的结果。

苏格拉底说："没有反思的生活，是不值得过的生活。"人，需要反思，只有在经常的反思中，才会让人获得新生。人的思想是客观物质世界在人们头脑中的反映。正是因为有了思想，人类才不像其他动物那样消极地适应周围的环境，而能够自觉地认识世界、改造世界。

所以，人要学会反思，反省自己，这才能明则，才能悟智，最后才能通情，从而提升自我。

课堂收获

胡思乱想没有用，光想不做办不成事。自省就是个人的内在修养，更是走向成功的必然要求。一个人只有一步一个脚印坚实地走下去，时刻反省学习和生活中存在的问题以及需要改进的地方，并认真寻找对策去解决，才能到达胜利的彼岸。

"红灯停，绿灯行"
——规律是客观存在的

世界比我们伟大，不会按我们的想法行事；我们比世界渺小，必须遵循它的法则。

——本杰明·惠奇科特

规律是事物运动过程中固有的、本质的、必然的、稳定的联系。规律是客观的，是不以人的意志为转移的，它既不能被创造，也不能被消灭。

有一位建筑师设计了一套综合楼群，不久，崭新的楼房一栋栋拔地而起。在即将竣工时，园林管理部门的人让建筑师再设计一下人行道和绿化区。建筑师说："我的设计很简单，请你们把楼房之间的空地都种上草。"

园林部门的人尽管不甚明白，但还是按照建筑师的要求安排园林工人去做了。结果在楼房投入使用之后，人们在楼之间的草地上穿梭，踩出很多小道，走的人多的就宽些，走的人少的就窄些。在夏季里，这些被踩出的道路非常明显、自然和优雅。到了秋天，建筑师就让园林部门沿着这些踩出来的痕迹铺设人行道。

当地的居民非常认可这位建筑师设计的人行道，他们感到便捷、和谐、优雅，很愿意走这些道路。其实，之所以能如此成功地设计出人行道，关键是建筑师掌握了顺其自然的技巧。

人不能命令花哪一天开放，但是，人可以认识植物的生长规律，按照这些规律，给不同的植物创造不同的生长条件，比如，有的放在暖房里，有的控制水肥，等等，使得植物开花的时间发生变化。节日里人们在公园里看到的姹紫嫣红的鲜花，都是园艺工人用辛勤劳动换来的。他们这样做，并没有违反客观规律，正是运用了客观规律。

人的思想必须符合客观规律。水向低处流，这是水的运动规律，水不会按照人们规定的方向流去。人的思想是客观物质世界在人们头脑中的反映。正是因为有了思想，人类才不像其他动物那样消极被动地适应周围的环境，而是能够自觉地认识世界、改造世界。

所以，我们做事情必须抛弃一切主观随意性，以物质第一性的原则，遵守客观规律。只有如实反映客观事物的思想，才是正确的思想，用正确的思想来指导人的行动，这样的行动才有力量，才能得到预想的结果。

课堂收获

人的成长也是这样具有一定的规律，人总会有生老病死，小伙子总有一天会变成老头子。你看着外公脸上的皱纹，想到他曾经也是个小伙子，会觉得奇怪吗？当然，我们不能因为外公曾经也是个小孩子，就用托儿所阿姨哄孩子的方法来对待他。不管是什么英雄豪杰，如果为了想把事情办得快些，硬去做违反客观规律的事，结果不但一定快不成，得到的也只能是失败。

最大的问题，是认为自己没有问题
——学会用矛盾的观点看问题

最好不要做身患不治之症者的医生。

——尼采

事实上，每个人都具有天生赋予的直觉，只是，直觉并不见得完全正确。除非你做任何重大决策时，只依赖直觉判断。

人类充满了智慧，但是若不懂得利用它们，那么就失去了拥有它们的意义，有时甚至会导致严重的后果。智慧是一种相当微妙的品质，我们很难精确地对其进行定义，而且这种品质很难通过后天教育的方式进行培养。但是，对那些渴望迅捷地在这个世界上成就一番事业，并取得成功的人来说，这种品质是必不可少的一个条件。

戴尔公司是世界500强企业之一，1984年创立。创始人迈克尔·戴尔是本行业任职时间最长的首席执行官。他在自己的管理实践中逐渐形成了自己的管理理念——戴尔直销。戴尔提出，要面对面地向顾客销售。这种销售方式让戴尔公司迅速有效地了解并满足顾客的需要。这种直接销售模式让戴尔在短短数月内收入达到217亿美元，戴尔因此成为世界上最大的电脑直销商和最大的制造商之一。

戴尔直销模式能够在短时间内，极大地提升企业内部的运营能力，并且在某一阶段形成核心竞争力。之后，这种模式成了公司的主要销售模式，并在戴尔公司的发展中发挥了重要的作用。所以，公司上下从来没有人质疑过戴尔的直销模式的重要地位和作用。

但是，随着戴尔公司的不断发展，进入21世纪以来，这种模式在一定程度上伤害了客户、员工和合作伙伴的利益，形成了消极的企业文化，直销模式不再适应公司的发展形势。特别是在2005年，戴尔公司高管、员工不断流失以及企业业绩剧烈下滑，直销模式的弊端暴露无遗。

到了2007年，戴尔的"直销模式"受到了IT巨头惠普公司的挑战，企业发展陷入了低谷，业绩开始下降，销售收入多次无法达到预期目标。一次，迈克尔·戴尔在接见公司员工的时候，表示"直销模式"并非戴尔公司唯一的信仰，现在戴尔公司正在寻找其他营销模式，探索新的商务模式。

哲学源于人们对实践的追问和对实践的思考。因此，认为没有问题是最大的问题。戴尔公司一段时间里没有发现变化的社会带给企业新的挑战和问题，结果陷入困境。幸好，戴尔自己已经发现问题。"最大的问题，是认为自己没有问题"，就告诉我们承认矛盾的普遍性与客观性，才是正确对待矛盾的前提，要敢于承认和揭露矛盾，而不是害怕矛盾、回避矛盾和掩盖矛盾。

矛盾是普遍存在的，矛盾具有客观性，认为没有问题实际上是否认了矛盾的普遍性和客观性，忽视矛盾，就必然会使问题凸现，并会发展成为最大的问题。所以，在生活实践中，很多人由于经验、时间和文化水平等各种条件的限制，所获知识往往真假参半，如果不加甄别地全盘相信，人云亦云，盲目付诸实践，就很可能干出错事或蠢事。

因此，我们一定要带着发现的眼光去看事物，用承认矛盾的心态去接受事物，必须承认矛盾，揭露矛盾，并解决矛盾，这才是智慧的做法！

课堂收获

智慧不但越用越多，而且越用越巧。智慧是每个人的潜在本能。用之就有，不用则无；用之就巧，不用则拙。天才与智者，就是善于使用智慧，不使它荒废；愚蠢与笨拙的人，就是不好好利用智慧，而任它荒弃、埋没，与躯体玉石俱焚。

为什么“有得必有失”——矛盾的对立统一性

在纯粹的光明中，就像在纯粹的黑暗中一样，什么也看不见。

——黑格尔

事物就是矛盾，就是对立统一，这是对立统一的客观基础。

黑格尔说：“在纯粹的光明中，就像在纯粹的黑暗中一样，什么也看不见。”这体现了矛盾是事物自身包含的既对立又统一的关系。

2002年诺贝尔化学奖获得者是日本的田中耕一，这位默默无闻的公司小职员一夜之间却登上了世界巅峰。当时48岁的田中耕一接到获奖通知后，他简直不敢相信自己的耳朵，因为其实是自己15年前一次失误，意外有了这个发明。

当年他28岁，他的工作内容就是用各种材料测量蛋白质的质量。有一次，他不小心把甘油倒入钴中，结果意外地找到了能够异常吸收激光的物质。回忆起这件事，他笑说：“一次失败却创造了令世界震惊的发明。这真是一次美妙的失误！”

同样，造福于人类的钢化玻璃也是在一次失误中被意外创造出来的。有个人在玻璃溶液中误加了一块塑胶片，结果他发现加入塑胶片后玻璃性质发生了变化：玻璃裂后不容易破碎。经过进一步的研究后，他就造出了钢化玻璃。就这样，一次失误“酿”成了一项“发明”。

任何事物都有既对立又统一的两个方面。我们要想如实地反映事物的面目，就必须坚持一分为二的矛盾分析方法，既要看到事物的这一面，又要看到事物的另一面。

矛盾就是对立统一，矛盾着的双方会依照一定的条件向与自己相反的方向转化。好事可以转化为坏事，有时坏事反而可以变成好事。失误通常是让人讨厌的，但也是美丽的，关键是我们该如何对待它。以失误的态度对待失误，那就是失误，如果以细心的态度观察和研究失误，那就有可能从失误中吸收营养，发现惊奇。

“小与大”“得与失”的矛盾在一定的条件下都可以朝着对立的方面转化，因此就会出现因小失大，有得必有失的局面。

课堂收获

得与失是平衡理论的规律。当你的得建立在别人失的基础上时，就必然种下失的恶因；当你为他人而失时，就种下得的善因。所以，没有付出就没有回报，你获得了不该拥有的东西，就要付出一定代价，客观规律就是这样循环着。人不可贪心，要知足常乐，掌握得与失的平衡。

从花花公子到科学巨匠
——矛盾的转化原理

谁要认识自然的最大秘密，那就请他去研究和观察矛盾和对立面的最大和最小吧。

——布鲁诺

在事物发展过程中，尽管主要矛盾处于支配地位，起决定性作用，但次要矛盾也会影响到主要矛盾的发展和解决。

矛盾的次要方面指处于被支配地位、不起主导作用的矛盾方面。这就是说，矛盾发展的不平衡性不仅体现在事物发展过程中的多种矛盾中，也体现在每一种矛盾中，矛盾双方的地位和作用也是不平衡的，有主次之分。

在字典中，变化就是指“事物产生新的情况”，变化就是一个更新和替代的过程，这种变化就是主要矛盾和次要矛盾的变化。但是，变化并不可怕，而是生命的迹象。若不是身体里的所有细胞在不断地自我更新，那么我们就会死去。

格林尼亚出生在一个有钱人家，从小生活奢侈，不务正业，人们都说他将来一定没有出息。在一次盛大的宴会上，一位年轻美貌的姑娘对格林尼亚说：“请离我远一点，我最讨厌你这样的花花公子。”

格林尼亚有生以来，第一次遭到这样的蔑视，他怒不可遏，但同时，他又像被猛击一掌，突然清醒过来，他开始对自己的过去产生了悔恨和羞愧。他留下一封家信：“请不要寻找我，让我刻苦努力学习，我相信自己将来会创造出一些成绩来的。”

果然，八年后的1912年，他成了著名的化学家，不久又获得了诺贝尔化学奖。

据说格林尼亚获得诺贝尔奖后收到一封信，信中只有一句话：“我永远敬爱你！”写信者正是曾经羞辱他的那位美丽的姑娘。

格林尼亚这件事告诉我们一个物极必反的真理，也就是哲学上说的矛盾转化。矛盾双方，发展到一定的时候，在一定的条件下，会走向自己的反面。

世界没有不存在矛盾的事物，也没有任何事情是一成不变的。例如，人的生命运动，主要是由于人体内新陈代谢的矛盾所引起的。其中吸收养料，促进细胞生长的因素居主要地位，起主导作用。但是，即便在这时，排除废料和一部分旧细胞死亡的因素也绝不是不起作用的。如果人体内没有排除废料和一部分旧细胞死亡的因素存在，则生命中新陈代谢的矛盾运动就停止了，生命也就不复存在了。所以，我们认识事物的性质或促进事物转化时，就要充分认识和把握矛盾主要方面的主要作用，也绝不能忽视矛盾次要方面的作用。

同样，你的性格、你的情感以及你的感觉都是在不断变化着。但是，对大多数人而言，变化之所以让人恐惧，是因为它常常来得突然、不可预见、无法控制。因此，如果你从未考虑过自身的变化，你就会常常惊讶于在自己身上发生的事情。因为你只是对周围环境做出了反应，而不知道如何改变自己。

因此，人应当勇于否定自我，这并不是要人学得妄自菲薄，并不是要人把事情推倒重来，而是在审视过去中看清问题症结，找准存在差距，从而化解和平衡矛盾。

课堂收获

改变需要灵活性、弹性以及乐于用新思想替代旧观念。人们所经历的挫折大多是由于不能很好地适应周围环境所造成的。如果知道十年之后的生活与今天毫无二致时，你会怎么想？你可能不会为之所动。这就是通过有意识的决定而改变生活的重要性所在。接受不仅仅先于改变而存在，而且是改变的动机。一旦我们真正认识到事物的本来面目，我们就会有更大的欲望来改变。

海鸟的坟墓

——矛盾的普遍性和特殊性

科学就是整理事实，以便从中得出普遍的规律或结论。

——达尔文

对立统一是自然界、社会和人类思维中的普遍现象，不同事物的矛盾又千差万别，世界万事万物的矛盾既有普遍性又有特殊性。

什么是矛盾的普遍性与特殊性？

所谓“矛盾的普遍性”，就是指矛盾存在于一切事物的发展过程之中，矛盾存在于一切事物发展过程的始终。简言之，矛盾无处不在，无时不有。

所谓“矛盾的特殊性”，则是指具体事物的矛盾以及每一矛盾的各个方面都有其特点。矛盾的特殊性主要包括以下情形：其一，不同事物的矛盾各有其特殊性；其二，每一个事物在其发展的不同过程与阶段上的矛盾各有其特殊性。

在茫茫大西洋中，有个叫马里恩的岛屿，人烟稀少，是海鸟栖息生存的天堂。但是，自从 1945 年英国一支探险队踏上这块处女地之后不久，情况急转直下。

原来，伴随着科考队员的上岛，探险队运输船上藏匿着的几只老鼠也乘机溜上岛屿。岛上的天然食物丰饶得惊人，又没有天敌，因此，老鼠疯狂无度地繁殖了起来。只用了八年时间，就致使全岛鼠满为患。

当科考队员再一次登陆此岛后，他们立刻就发现情况不妙，于是一纸电报便发回了大本营，要求总部速送几只壮猫来抑制鼠害。

然而，事情总出乎意料，随后发生的事情就再一次令他们目瞪口呆了：来到岛上的五只壮猫，非但未能抑制住鼠灾，反倒使岛上那些长期以来不知恐慌为何物的海鸟一下子成为了猫们轻松就能捕食到口的美味佳肴。

这下，猫们便开始彻底改行了——不愿意再去奋力搏击那些壮硕凶顽的大鼠，而是一味贪婪不止地去捕食那些相对平和得多的海鸟。

若干年后，在海岛上狂吃的五只“始祖猫”一举繁殖发展到2500只的惊人数目。而每天落入猫口的海鸟数量更是达到了惊人的60万只之多！“海鸟世界”从此沦为了海鸟墓场。

为什么会出现这样的情形？关键就在于科考队员没有看到矛盾的特殊性，只懂得用老办法解决新问题。

按常规而论，猫与鸟原本绝非冤家对头，猫与鼠才是真正的势不两立；可一旦周围环境发生变化，事物具有其特殊性时，比如，鼠类个个凶顽不好对付，而鸟类则相对温顺易捕，味美可口。这样，猫的本性也就发生了“变异”“改行”，不捕鼠而专门吃海鸟了，海岛自然也就变成了“鸟的坟墓”。

世界上的事物虽然都有矛盾，但每个事物的具体矛盾具有各自的特点，即特殊性。正因为事物这种矛盾的特殊性，才导致了世界上的事物千差万别。可以这么说，世界上没有两片完全相同的叶子，也没有两个完全相同的人，更没有两个人的思考方式是完全一样的。

有一大一小两个苹果，甲拿起大苹果先啃了起来，乙斥责其“不道德”。下次，甲又抢先把大苹果拿到手，乙更不服气，可甲自有理论说：“先下手为强。”待到乙抢先拿大苹果时，甲却说：“且慢，把大的给我，给你贴上五角钱。”乙不肯，说：“至少要贴一元钱。”于是成交，乙自愿把大苹果让给甲。

矛盾具有特殊性，也就是说，矛盾着的事物及其每一个侧面都各有其特点。这就要求我们想问题、办事情要具体问题具体分析。只有一个大苹果，甲乙两人都想得到它，因此构成了矛盾的双方，为了兼顾甲乙两方各自的利益，甲给乙补贴了一元钱才得到了大苹果，从而解决了这一争端，做到了公平、公正、自愿。

矛盾的普遍性和特殊性是互相联结的。一方面，普遍性寓于特殊性之中，并通过特殊性表现出来，没有特殊性就没有普遍性；另一方面，特殊性也离不开普遍性。所以，我们认识事物的时候，就必须把这两方面辩证地统一起来，既要从特殊性中概括出普遍性，又要在普遍性的指导下去研究特殊性，这样就能遵循从特殊到普遍、再由普遍到特殊的认识秩序，以此解决问题。

因此，由于矛盾具有特殊性，不同事物的矛盾各不相同，所以，解决矛盾的方法也不可能千篇一律。不同的矛盾，只有用不同的方法才能解决。

课堂收获

矛盾普遍性与特殊性辩证关系的原理具有重要的方法论意义，它是正确认识事物的根本方法。人们的认识总是从个别上升到一般，再用一般指导个别，所以，在认识过程中，把矛盾的特殊性与矛盾的普遍性辩证地统一起来就是认识的根本方法。

“引狼入室”的美国人
——矛盾的同一性和斗争性

世界上没有两片完全相同的树叶，也没有两片完全不同的树叶！

——莱布尼茨

矛盾的同一性和斗争性，是矛盾的两种基本的本质属性。它们相互联结，不可分割。

世界上的任何事物都是矛盾的统一体。所谓“矛盾”，就是事物内部或事物之间既相互联结、相互依存、相互渗透，又相互排斥、相互对立、相互否定的成分、属性、方面、趋势等之间的关系。

在美国北部有一座小岛，这座小岛上既有驯鹿，也有狼。狼是鹿的天敌，由于狼的存在，鹿就有了被狼群吃掉的危险。因此，在这种情况下，牧民们为了保障鹿的成长，就开展打狼运动，准备把狼斩尽杀绝。在他们看来，消灭了狼，驯鹿就会增多。

刚开始，人们灭了狼之后，小岛的确成了驯鹿的天堂。一度，驯鹿头数不断增加。由于没有了狼的威胁，所以这些鹿也不用再竖起耳朵吃草，用不着狂奔逃生了。而是变得懒洋洋地吃草、晒着太阳。

但是，这样的光景并不长。到了第二年冬天，这里降了一场大雪，而由于驯鹿太多，牧草有限，再加上驯鹿种群退化，所以鹿的体质急剧下降，因此一大批驯鹿便因冻饿而死，鹿的数量大减。

从此，牧民们也悟出了一个道理，狼固然捕杀驯鹿，但是，它们的作用并非都是消极的。它们就像是一个选种机，正是由于他们捕杀弱鹿、病鹿，所以起到了择优汰劣的作用。同时，这些狼也像一个控制机，限制着驯鹿的数量，防止“鹿口爆炸”。而且，由于狼的存在，它们捕猎时追逐驯鹿的行为就使驯鹿的体质得到了强化，驯鹿在奔跑跳跃中保持了生机。

而如今，由于失去了狼的存在，所以那些弱鹿、病鹿便无法淘汰，由此便造成了种群退化。再加上，由于鹿群过多，致使牧草难以生长。由于驯鹿安逸懒散，体质下降。所以一遇严寒，食物缺乏，便纷纷倒毙。

没办法，牧民只得重新引狼入岛。不久，狼和驯鹿再度保持着相对平衡，驯鹿又正常地发展起来了。

这个引狼入岛的事例就说明，事物的发展，既离不开矛盾的同一性，也离不开矛盾的斗争性，正是矛盾的同一性和斗争性的结合，这才共同推动了小岛的勃勃生机。

矛盾同一性在事物发展中的作用主要在于，它提供矛盾双方得以存在和发展的条件，从而也就孕育着扬弃旧事物的条件。一是矛盾一方的发展以另一方的某种发展为条件。二是矛盾双方互相利用、互相吸收有利于自身的因素而得到发展。三是矛盾双方的内在同一性规定着事物发展的基本趋势。

比如，生物的进化，不是向任何别的方向进化，而只是向它自身变异因素所指示的方向进化。这就说明，生物进化的方向是由生物自身遗传和变异的同一性所规定的。可见，离开事物内部矛盾双方的具体的同一性，就无从确定事物发展的基本趋势。

猫和老鼠是怎样在竞争中共同生存下来的？猫和老鼠能在竞争中共同生存下来，就是因为矛盾的同一性，矛盾的双方在相互斗争中共同发展，猫和老鼠在同对方的斗争中不断完善自己：老鼠会“装死”，猫会“假眠”；老鼠昼伏夜出，猫的眼可以随光线的明暗而改变瞳孔的大小，夜间仍可看见东西……

矛盾就是一种联系，这种联系既存在于事物内部，也存在于事物之间。没有斗争性，就没有矛盾双方的相互依存和相互贯通，事物就不能存在和发展；斗争性寓于同一性之中，并为同一性所制约，没有同一性，就没有矛盾统一体的存在，事物同样不能存在和发展。

所以，矛盾双方的同一性和斗争性，就是始终不可分割的。没有斗争就没有同一，没有同一也就无所谓斗争，无论离开斗争或者离开同一，都不能称其为矛盾。

课堂收获

一个人总是既有优点，又有缺点。如果说有什么人，说出话来“句句是真理”，那一定是骗人的，我们千万不可相信。看别人是这样，看自己也是这样。要看到自己的优点和进步；同时也要看到自己的缺点和不足。如果看不到优点和长处，就容易丧失前进的信心。如果只看到优点，看不到缺点，就很难再有进步。而且，缺点还可能会进一步发展，使自己犯大错误，跌大跟头。懂得了矛盾的规律，我们在看人看事的时候，就能注意看到一个人身上、一件事情当中，往往会有互相矛盾的两个方面。这样，我们对人、对事才能有比较全面的认识。

有因必有果，有果必有因
——用联系的观点看问题

果与因之间的均衡极大，所以很难将原因视为结果的“生身父母”。

——**柏格森**

事物是普遍联系的，整体和部分是客观事物普遍联系的一种重要形式。整体和部分二者不可分割，没有部分就无所谓整体，没有整体也无所谓部分。

世间一切事物都是因果相生的，有因必有果，有果必有因。世界上的事，没有原因的结果和没有结果的原因都是不存在的，原因和结果就是一对哲学范畴，它们就是对立统一的辩证关系。

这个案例太常见了。物质世界是普遍联系的统一整体，联系就具有普遍性和客观性。在事物的多种联系中因果联系就是人们在实践中经常遇到的一种联系。承认因果联系的普遍性和客观性，就是人们正确认识事物进行科学研究的前提。

探测高能粒子运行轨迹的仪器——“气泡室”，是发明者——美国物理学家格拉塞尔在喝啤酒时，受到启发后发明的。他看到酒杯中一串串不断上升的气泡，猛然联想到自己一直在研究的课题——怎样探测高能粒子的飞行轨迹。

于是，他用啤酒代替高能粒子穿越的介质，顺手拿起几粒碎小鸡骨头代替高能粒子，等酒杯中的气泡冒完后，将碎骨头丢进杯中啤酒里，随着碎骨的沉落，周围不断升起气泡，这些显示了碎骨粒下降的轨迹。

他立刻回到实验室，通过不断实验，他发现，当带电粒子穿越液态氢时，其所经过的路线也会出现一串气泡，这样，高能粒子飞行的轨迹终于以这种方法清晰地呈现出来了。格拉塞尔也因此获得了诺贝尔物理学奖。

事物之间以及事物内部各要素之间的相互影响、相互制约的关系就是联系，任何事物都与周围其他事物相互联系着，整个世界是一个相互联系的统一整体。联系是普遍的、客观的，不以人的意志为转移的，但是人可以根据事物的固有联系改变事物的状态，建立新的具体联系，使事情趋向成功。

在科学研究和一切实际工作中，如果我们能正确地运用这一原理，那么就会收到良好的效果；反之，如果办事情既不分析原因，也不顾及后果，肯定不会有好的结果。

课堂收获

我们办事情既要从整体着眼，寻求最优目标，又要搞好局部，使整体功能得到最大限度发挥。认识了整体和部分的关系，从整体着眼，充分发挥每个部分的优势，以有序、合理、优化的结构进行组织组合，我们就能取得宝贵的成就。

两点之间最短的距离不一定是直线
——单靠理性的害处

我不是教给你们哲学，而是教你们如何进行哲学思考。

——康德

感性的认识和理性的认识是分不开的。因此，当我们应用理性去认识事物的时候，同时还要能把握住感性的基础。

科学上的一切法则、原理，都是从许许多多的具体事物中研究得来的，具体事物就是抽象法则的基础，感性认识就是理性认识的基础。这就像建筑房屋，必须有稳固的基础，房子才会稳，忘记了基础，就成了空中楼阁。

在我们讲理论谈法则的时候，也不能忘了具体的事物，否则就会成为无用的空论了。

一位成功学教授去一所高等学府给同学们演讲。面对台下喧闹的同学，这位教授第一句话就是问同学们："你们有谁知道两点之间最短的距离是什么？"

很多同学听了这个问题后很不以为意，甚至有点嗤之以鼻，心里想："这算什么教授，这么简单的问题也说得出口！"

一位同学站起来，不屑一顾地说："连小学一年级都知道，两点之间最短的距离不就是直线吗？"

教授铿锵有力地说道："错！两点之间最短的距离有可能是直线，也有可能是曲线！"

同学们听了，一脸的震惊和迷惑，教授接着解释了所谓的距离。

到底什么才是真正的距离？距离是路程的远近吗？距离是直线的长短吗？都不是。真正的距离是从起点成功地到达终点所经历的一切，无论受挫还是顺利。

从几何学角度来说，两点之间最短的距离确实是直线，但从现实生活中来说，这条直线不一定能够把你从起点成功地带到终点。这样的距离看起来最短，实际上很长，甚至会把有可能的事情变成不可能。

这位教授就一针见血地指出了现实生活中两点之间最短的距离不一定是直线这样一个真理。

人常说，一个智慧的选择胜过千万个忙碌的打拼。所以，一定要选择走正确的路，走在正确的路上，在正确的路上勤奋，这才是最短的距离！

课堂收获

两点之间最短的距离不一定是直线。我们要的是最有效的距离，要做好一件事情，到达一个目的地，有些过程，有些距离是必需的。如果你想成为一名优秀的企业家，那么你现在应该做的就是积累，而不是马上去开公司。如果你想成为一个作家，那你就不要老想着自己的思想有多么先进，你首先要做的是得到读者的认可。如果你人微言轻，没有人把你独特的见解放在眼里，那么你可以先不创新，而去模仿，然后当大家都认可你的时候再创新。

变不可能为可能的奇迹
——灵感的显现与迸发

天才，百分之一是灵感，百分之九十九是汗水。但那百分之一的灵感是最重要的，甚至比那百分之九十九的汗水都要重要。

——爱迪生

人们赞赏灵感，希冀灵感。然而，灵感是怎么产生的？灵感究竟是什么？灵感在人们的认识中究竟有什么作用？我们应该怎样来看待灵感现象？

人们在认识过程中，经常会碰到这样的情况：某一个问题，尽管已具备充分的材料，似乎问题已能解决，但在久久思考中就是找不到答案，得不到解决问题的办法。而在头昏脑涨时，把问题暂时放一放，搁置一旁，去休息一下，或去做其他的事情，或考虑其他的问题时，倒可能会因为另一件事情的启发，突然闪现出一个念头，原来苦苦思索的难题一下子找到了答案。人们常把这种现象称为“灵感”。

灵感一词，就来源于古希腊文，原意是指神赐的灵气，神灵的启示。到近代，它被认为是天才人物的一种得天独厚的素质。诗人的激情，小说家别开生面的构思犹如泉涌，科学家探索未知事物的顿悟，都被认为是获得灵感的表现。

哲学上的唯物主义者一般则认为，每个人的遗传素质是有差异的，用今天的“基因”论的观点来看，这种差异就是与生俱来的，但也会产生变异。承认这种遗传素质的差异和变异，不仅符合唯物论的观点，也符合辩证法的观点。然而，把这种差异加以无限的扩大和发挥，并说明某人必然具有或不具有某种才能，这就走向唯物主义的反面了。

灵感并不是凭空产生的，也不是极少数“天才”人物所固有的神秘之物。灵感思维活动是一个过程，其间有相当一段时间在潜意识里孕育发展，不能被显意识自觉控制。面对要构思出深刻而新颖的文艺作品，要打开解决某个科学问题的思路，还得具有有关这方面丰富的实践经验和广阔的知识视野，这才是提供灵感出现的基础，是思维的原材料，它们作为已有的信息储存于大脑中，没有这一点，任何灵感的出现都是不可能的。

德国化学家凯席勒在 1858 年确立了有机化合物中碳原子的四价理论和碳链学说，但对有 6 个碳原子的苯分子如何排列却怎么也想不出来。为此，他苦苦探索了 12 年。在 1865 年的某一天，他在书房里编教材，遇上了一个难题，便放开手里的工作，坐在火炉边休息，不久便睡着了，梦中，他仿佛看到碳原子一个个站在他的面前，像蛇一样伴着闪动的火苗转动起来。突然一条蛇咬住了自己的尾巴，形成一个闭合的环形，团团直转。这情景使他立即惊醒过来，接着他花了一夜工夫，终于弄清楚了苯分子的六角环形结构式。

由于灵感思维活动的主体经过前期的准备阶段，其思想或精神状态基本上是处于两种情况：一种是处于高度紧张的受激状态；一种是长期思考后，思想适度放松状态。前一种情况一旦受到某一偶然因素的刺激，潜思维和显思维之间的通道即会豁然贯通，机能神应般爆发灵感，显思维猛然醒悟。这真如牛顿回答别人问他“为什么会从苹果落地悟到万有引力”的问题时那样，牛顿说，我一直在想，想，想，我的成绩归功于精心思索。

后一种情况则可以调节情绪，使身心处于较佳境地，有利于潜思维或潜意识对问题的整理加工，发挥思维想象和自由联想力，促使思维逼近新思路、新发现，一有偶然机遇，即能触发灵感产生。由于此时思绪充分放松，人们可以用整个身心去感受事物，清理信息材料，做到主客体融会，往返交流，任凭心境驰骋，所以，此时也是潜意识最活跃、最易爆发灵感之机。

灵感现象，不仅在那些艺术家、科学家身上发生，而且也常会在普通人的身上发生。灵感在人们的心目中，就是这样一种突兀而来的聪敏而智慧的感觉。

课堂收获

灵感思维方法在认识和实践中具有重要的作用，既能帮助人们从已知进入未知，获得真理；又能全面调动人的意识潜能力，充分发挥意识的能动性；更能克服各种思维的局限，突破思维定势，取得跳跃性、创造性的思维成果。因此，无论什么人，从事何种职业，只要有敬业精神，勤奋思考，潜心探索，都会有机会得到灵感思维方法的丰盛馈赠。

卓别林和希特勒的分别
——感性和理性的矛盾

真正的哲学家应当像蜜蜂一样，从花园里采集原料，消化这些原料，然后酿成香甜的蜜。

——培根

脱离理性的想象只是幻想，而缺乏想象的理性则是贫乏的。

人的认识有感性和理性两个阶段，理性认识阶段就以感性认识阶段为基础，是感性认识阶段的必然发展。

在感性阶段，认识依靠感觉、知觉、表象去反映事物的表面现象以及各个方面的外部联系。在此基础上，认识就能进一步通过概念、判断、推理等形式反映事物的本质、事物的全体、事物的内部联系，进而达到理性阶段。

对于人的认识，感性的任务就是运用抽象概括和推论的能力，从特殊中抽象出一般。而理性的任务就是主动地、积极地整理知性活动的成果，把感性得出的一般论断提高到原理原则，从而认识到事物实体的统一性。

我们的感觉器官，就好像照相机一样，它能从周围摄取形形色色的影像，使我们能够认识周围的事物。感性的认识就好像照相一样，从周围摄取形形色色的影像。而理性的认识就是更进一步地把感性认识所看不见的东西抽取出来。

比如，当卓别林先生走到我们前面时，眼睛就会告诉我们：这位先生的嘴上有着一小撮胡子，头上戴顶破礼帽，裤子鞋子都是大得一塌糊涂，手上捏着一根竹鞭手杖，走路的姿势还不大稳。这时，眼睛所能感觉到的一切就和照片上的卓别林是一模一样的。照片上所能摄到的，就都是事物的表面形象，所以感觉上所能感觉到的，也都是事物的表面的形象，一小撮胡子，一顶破帽，一根竹鞭……这就是卓别林先生的各部分，都是他的表面特征，所以照片上能照出来，眼睛也能感到。这种通过感觉器官所摄取的表面影像，就叫作“感性的东西”。

但是，我们如果只认识一些胡子破帽子之类的东西，是远远不够的。也就是说，如果只从感性方面认识是不够的。可以说，人类的认识并不完全和照相机一样，因为它不只是感性的认识。除了感性的认识之外，人类还有更高明的认识能力——理性认识，有了这种能力的帮助，人类不但能够认识事物的表面现象，还能够认识到更深刻的根本的特性，不但能摄取零碎的胡子、手杖，还能够全面地认识卓别林。

所以，在看到一个同卓别林相似的人时，我们一定要问一问自己的认识，卓别林真的就像照片上一样吗？只是一个留着小胡子的人，一副褴褛的形象吗？除此之外就不能再告诉我们什么了吗？因为，德国法西斯首领希特勒也同样留着与卓别林一样的胡子，所以若只凭感性认识，那么我们就会觉得卓别林和希特勒没有什么区别。这就是感性的认识骗了我们，这就是简单的照相意识骗了我们。但是，我们大多数都不会被这种感性所骗，为什么？因为，我们不单单靠感性来认识，我们还有理性的认识——卓别林是“滑稽大王”，而希特勒不是，希特勒是一个独裁统治者，这就是理性的认识。

理性认识就是认识过程中的重要阶段，它是以事物的本质规律来认识对象，是对事物的内在联系的认识。因此，理性能对认识做到本质属性的概括，并在此基础上对事物的各种关系进行区分、识别，进而推断出判断。所以，理性认识就是对认识的不断深化，就具有递进性。

对于事物来说，有一些现象互相之间是有关系的，但是也要分析哪些是根本的，哪些是从这根本上生出来的枝叶。比如，对于有成就的人，受到表扬和称赞的人，人们都羡慕他们，想向他们学习。但是学习的结果往往大不相同。有的人有成效，有的人就没有什么成效，有的人甚至学歪了。这就是因为有的人没有抓住重点，只知道模仿表面的现象，最终偏离了自己的目的。

认识的高级阶段，就是人们借助抽象思维，在概括整理大量感性材料的基础上达到关于事物的本质，全体内部联系和事物自身规律的认识。这就是理性认识和感性认识之间的关系。

课堂收获

感性与理性是人类认识观的两个基本阶段，和智性认识一起形成三位一体的结构形式。在感性认识的基础上，经过思考将丰富的感觉材料加以去粗取精，辨别真假的过程，让自己的认识产生质的飞跃，变成由概念、判断和推理阶段反映事物的本质和内部联系的理性认识。进而达到智性认识，这样就能更深刻、全面地反映客观事物，从而对整体层面上的精神内涵起到校正和指导的作用。

一只蝴蝶搅起一阵龙卷风
——孤立的事物不存在

独创性并不是首次观察某种新事物，而是把旧的、很早就是已知的，或者是人人都视而不见的事物当新事物观察，这才证明是有真正的独创头脑。

——尼采

世界上能找到不与其他事物相联系的东西吗？不能。

任何事物都可以分解为若干个部分或要素，各个要素之间是有机地统一在一起的，也就是说是有联系的。

整个世界就是一个有机统一体，任何事物都与周围的其他事物相互联系着。而且，世界是广大与无限的，或许与这个事物没有直接联系，但是与其他事物是联系着的。世界上各个事物之间或多或少都存在直接或间接的联系。

一只亚马逊河流域热带雨林中的蝴蝶，偶尔扇动几下翅膀，就可能在两周后引起美国得克萨斯州的一场龙卷风。这是科学家罗伦兹于 1979 发表的“蝴蝶效应”理论，它生动地反映了混沌运动的一个重要特征：初始条件十分微小的变化经过不断放大，就会对其未来状态造成极其巨大的影响。

“亚马逊河流域热带雨林中的一只蝴蝶，可能会让美国得克萨斯州刮起一阵龙卷风”，这听起来似乎有些令人匪夷所思，但是，自然界里隐藏的不规则性的魔力真的可能创造出这种奇迹，这是气象学家罗伦兹发现的现象。

罗伦兹在研究“长期天气预报”问题时，在计算机上利用气温、气压、风速等 12 个简化模型模拟天气的演变，以此来预测天气长期的变化趋势。他想，如果气压呈反复上升或反复下降状态，规则的气候变化就会出现，很容易就能预测出未来的天气。

但是，他发现用这种方法难以获得长期准确的天气预报。因为即使输进计算机的是极其微不足道的错误，如在输入气象资料时将 0.506127 输成 0.506，随着时间的变化，也能引发结果的巨大变化。因为气候具有一点小误差都会带来大变化的不规则形态的特点，所以很难对气候的长期趋势做出预测。

实验证明，今天亚马逊河流域热带雨林中的一只蝴蝶展翅飞舞对空气造成的扰动，可能导致两周后引起美国得克萨斯州的大风暴，这种现象就被称为“蝴蝶效应”。

蝴蝶飞翔时扇动的微风属于微观现象，但能够使宏观天气出现狂风大作。这就说明，一个出了问题的微小机制，如果不及时加以引导、调节，可能会给社会带来非常大的危害。

世间一切事物都是相互联系的，绝对孤立的事物是不存在的。所以，必须打破孤立看问题的简单思维，必须摒弃就事论事的简单做法，学会用联系的正确方法看问题，既看到事物的独立性，即个性，又看到此事物与彼事物的相互联系，共生依赖，这样才能走出狭隘，突破局限，看到事物的全貌，做出正确的决断。

事物的关联性原理就告诉我们，联系地看问题、办事情，就是正确地认识世界和有效地改造世界的重要条件。否则，忽视客观联系就会受到惩罚，使人类受到巨大的损失。

课堂收获

凡事都应树立起防微意识，这才能及时堵塞漏洞，防止危机的发生。大部分时候，很多事物由于变化是渐进的，一秒一秒地、一分一分地、一时一时地、一日一日地、一月一月地、一年一年地渐进，这种变化就在不知不觉中缓慢地进行着，警觉性不高的人很难预防。所以，对于这种不易被感知，不易让人察觉的小变化，应引起足够的重视，由此才可以做到防止演变到不可收拾的地步，危及大局，使事业大厦坍塌，毁于一旦。

“领头羊”的启示
——做事要分清主次，明确主攻方向

如果我们过于爽快地承认失败，就可能使自己发觉不了我们非常接近于正确。

——波普尔

在一件事情的许多环节当中，总有一个或者一些比较薄弱的环节。抓住了薄弱环节做突破口，就可以做到用力省，收效大。

要解开一团乱绳子，不能用蛮力；要制止互相斗殴的人，不能硬插到双方当中去打。只有避实击虚，产生让对方无法打下去的形势，问题才能自动解决。而不要“一条道走到黑”。把各种方法配合起来，因势利导，一定会收获好的效果。

世界上的事物，本来都是通过各种途径，通过直接或者间接的方式互相联系的。一件事情也往往包含着许多互相联系的方面。一加一等于二，三减一也等于二，二乘一、四除以二都等于二。我们了解一件事，要尽量从多个方面去了解，才能认识得更全面。认识得全面了，办事的时候为了达到一定的目的，就可以有许多方法和途径供我们选择。

美国“森为”家电公司的产品在市场上很有竞争力，它在美国的许多城市都设立了规模很大的代销处。但总是打不进A市的市场，公司负责销售的副总因此非常烦恼。

在一次偶然的机会，该副总回乡探亲，在路上夜色渐浓时，一个放羊的孩子正把一大群绵羊往回家的路上赶。让他感到奇怪的是，牧童只赶最前面的一只羊，其他几十只羊就乖乖地跟在这只羊的后面，没有一只羊脱离羊群。

对此，这位副总就大受启发，回去后马上召集销售部的人员，要他们暂时放下在A市各个商场的所有营销工作，集中力量公关A市最大的晨欣商场。在销售人员一轮轮的“轰炸”下，晨欣商场终于答应销售“森为”产品。

有了晨欣商场这只“领头羊”，其他商场也望风跟进，“森为”产品很快就走进了A市的千家万户。

复杂事物发展过程中都包含着许多矛盾，而其地位和作用是不平衡的。所以，其中必有一种矛盾，由于它的存在和发展，规定或影响着其他矛盾的存在和发展。这种在事物发展过程中处于支配地位、对事物发展起决定性作用的矛盾，叫作主要矛盾。

这个原理就要求人们，看问题办事情要善于抓住重点，集中力量解决主要矛盾。而森为公司副总正是抓住了晨欣商场这只“领头羊”，所以抓住了主要矛盾，明确了主攻方向，把握了中心和关键，“森为”产品在A市的营销问题也就迎刃而解了。

矛盾是事物发展的源泉和动力，矛盾就是反映事物内部对立和统一关系的哲学范畴，简言之，矛盾就是对立统一。矛盾的对立属性就是斗争性，矛盾的统一属性就是同一性，所以它们就是矛盾所固有的相辅相成的两种基本属性。

因此，矛盾的哲学思辨就告诉我们：主要矛盾在事物发展过程中处于支配地位，起着决定性作用，要求我们要善于抓住重点，集中力量解决主要矛盾。

课堂收获

不是什么事都要做，做事要分清主次先后。我们必须让这一观念成为我们的工作习惯，在开始每一项工作时，都应该弄清楚先后主次，集中精力做重要的事，如此，才能提高工作效率和工作质量。

凡事“一刀切”是错误的？
——事物的两重性

我们必须退而求其次……选择不利后果中影响最小的一种。

——亚里士多德

物质是运动着的，运动着的物质世界是多样性的统一，所以做任何工作，都要具体情况具体分析，凡事“一刀切”是错误的。

人人都有经验，但经验的偏见也会产生孤陋寡闻的骄傲，会产生“井底之蛙”的自豪，会产生自以为是的“乡村维纳斯效应”。

在一个偏僻的小乡村，村子里最漂亮的姑娘，往往被村民当作是世界上最美丽的人，她就是世界上美丽的化身——维纳斯。

在没有看到最漂亮的姑娘之前，村民们很难想象出世界上还有比她更美丽、更漂亮的人。

我们就可以说，村民们的理解在村子里是真理，但出了村可能就是谬误，而在全世界则是一个愚昧的偏见和笑话。

有经验好，但存在经验主义则不好。有经验是好事，是资本。一个人具有丰富的经验是好事，说明这个人经历的事情多，阅历丰富，办事牢靠。但是如果把经验变成经验主义就不好了，经验主义就是把自己的经验教条化了，甚至盲目迷信自己的经验，把过去的经验机械地到处照搬，这样的经验不但起不到好的作用，甚至还会起反作用。

事物是不断地发展变化的，外在的环境都会时过境迁，都在日新月异，如果对一个时过境迁的事物，还拿原来解决问题的办法去套用，肯定是不行的。所以，经验如果有一天变成经验主义了，就会成为绊倒你的枷锁。

在许多事情上，我们失败的原因常常就有两种：一种是因为经验不足；另一种则是因为经验过多，最后异化成经验主义了。经验不足可以慢慢积累，可是一旦变成经验主义了，再想爬出这个深潭就非常不容易了。所以，过去的经验只能借鉴，更重要的是不要躺在经验的床上高枕无忧，失去创新的动力和灵感。

事物的矛盾具有各自的特点，具体分析矛盾的特点，才能把不同质的矛盾区别开来。这就要求我们，认识事物和解决问题的时候必须要具体问题具体分析，不同质的矛盾只有用不同的方法才能正确解决。

比如，鳄鱼咬东西的力量很强，上下颚一合，连牛骨头也能咬得稀碎，令人看了胆战心惊。不过，渔民在长期同鳄鱼打交道的过程中，发现了它两颚张开的力量不很大，渔民想，如果只身与鳄鱼搏斗，用双手握紧它的上下颚，也许就能制伏这个庞然大物。

一个渔民下海捕鱼时果然与鳄鱼遭遇在一起，在无法摆脱的情况下，这个聪明的渔民，就立即想到了抓住鳄鱼这个弱点的方法，于是他开始同鳄鱼搏斗。就在鳄鱼合上嘴的一刹那，渔民猛然冲上去死死地用尽平生之力，去握住它的嘴，再用绳子把它的嘴捆上。

这一招还真好使，鳄鱼的嘴被捆住以后，无法逞凶了，渔民竟牵着绳子，将它拖到海边。

自从这位勇敢的人只身俘获鳄鱼以后，远近的渔民普遍接受了这个制伏鳄鱼的妙法。

同世界上一切事物无不具有两重性一样，鳄鱼这个庞然大物既有咬嚼力强的本性，又有两颚张开力不很大的薄弱之处。人们在同它搏斗中，就是要抓住它的薄弱环节，才能战而胜之。

所谓“两点论、两分法”其意义是同等的，就是要求人们要全面地辩证地观察事物，不但要看到事物的正面，也要看到它的反面，要看到事物矛盾双方在一定条件下相互转化，反对片面地、僵死地、形而上学地看问题。

事物都具有两重性，所以看问题和事物也应是双方面的，如果不分青红皂白，凡事都是“一刀切”，这就容易使人犯错误。

课堂收获

在实际工作中犯“一刀切”的错误，就是由于忽视了事物的两重性。任何事都是有两重性的，有好就有坏，有高就有矮，有胖就有瘦，有对就有错，都不能一概而论。事物也都有积极的一面和消极的一面，积极的方面就是正面的影响，消极的方面就是负面的影响。所以，人应避免抱着非黑即白的态度凡事搞一刀切。

启迪智慧的思想酵母——直觉思维

天生的能力必须借助于系统的知识。直觉能做的事很多，但是做不了一切。只有天才和科学结了婚才能得最好的结果。

——斯宾塞

什么是直觉？是指问题突然得到了解决，它不是对事物表面的生动直观，而是对事物规律性的一种猜测。

直觉，是启迪智慧的思想酵母，把握生命冲动的桥梁，为人们在认识活动中对于事实材料、感性经验和已有知识进行思考时，超越知觉、思维的内心体验，通过运用想象、灵感、理性直观等形式，直接领悟、洞察事物本质及其发展变化规律。

现实生活中，人们在实际解决问题时，经常会出现不经过逐步的分析和推理，而迅速对问题的答案做出合理的猜测和设想的现象，这种跃进式的思维现象就称为直觉思维。这种思维方式对问题的解决有时就是唯一正确的方法，如“爱迪生确定鱼雷形状”所用的思维方法就属于这种。

在海战中常用的鱼雷，最初是由亚得利亚海岸的一个工程公司的英国经理怀特黑德于 1866 年发明的。在 1914—1918 年期间，处于发展中期的德国传统鱼雷，共击沉总吨位达 1200 万吨的协约国商船，险些为德国赢得海战的胜利。

当时美国的鱼雷速度不高，德国军舰发现后只需改变航向就能避开，因而命中率不高，但美国海军却一直想不出改进的方法。于是，他们就找到了爱迪生。然而，爱迪生的做法却大大出乎海军军官的预料。

爱迪生既没有对鱼雷做任何调查，也没有进行测量和做任何计算，就立即提出一种意想不到的办法：他要研究人员做一块鱼雷那么大的肥皂，由军舰在海中拖行若干天。肥皂由于水的阻力作用，于是在拖行几天后逐渐变成了流线型。这时，爱迪生告诉他们，只要按照肥皂的形状制造鱼雷就可以了。

之后，兵器厂就按照肥皂的形状造出了颗鱼雷，经过测验，果然收到奇效。

直觉并不神秘，它就是建立在实践和逻辑思维基础上的一种特殊认识活动。这种直觉就有两种情况：一种是人们在自觉或不自觉地思考某一问题时，在头脑中突如其来产生的使问题得到澄清的思想；另一种是人们在机遇观察中闪现出某些具有独创性的见解。

直觉的产生虽然具有偶然性和随机性，但绝不是随心所欲、凭空产生的。任何直觉，都是离不开实践，同时也都是有赖于理性分析的。通过实践，取得一定的经验和知识，同时对一个问题的反复思考，就是产生直觉的必要条件。所以，直觉不是普通的“感觉”，其实也和知识、专业素养有关，只有知识越全面、专业素养越高、平时的研究工作越勤奋越细致，关键时候所产生的直觉效果威力才会越大。

可以说，直觉就是针对理性思维过程的简化、凝缩，是采取了“跳跃式”思维的一种形式。但由于在思维过程中使一系列细节过程被省略了，跃过了许多中间环节，所以一下子便将问题的答案呈现在面前了。

课堂收获

直觉是一种洞察力。在这个复杂而瞬息万变的社会中，我们随时随地在与他人进行着沟通和交往。要想在人生中，绕过波涛汹涌的暗流，穿过错综复杂的礁石，让生命之舟游刃有余地穿行，就需要你具备敏锐的洞察力，通过言语和行为操纵他人。这就是行走江湖的上上之策。

你的看法在左右你的结果
——“科学思维方法”与“科学的思维方法”

思维世界的发展，在某种意义上说，就是对惊奇的不断摆脱。

——爱因斯坦

“科学思维方法”与“科学的思维方法”是有区别的。

“科学的思维方法”是正确与错误、真理与谬误意义上的思维方法。而“科学思维方法”是科学精神与人文精神、自然科学与社会科学意义上的思维方法。

科学思维方法是一些在自然科学领域中广泛采用或具有自然科学特性或以某自然科学为依据的思维方法，它侧重于定量分析和事实分析。这些方法早已越出自然科学的界限，成为思维科学的一部分，广泛地应用于思维活动和实际生活、工作之中。

实证方法就是科学思维方法中比较古老的一种方法，是随着现代哲学而兴起的。

生物学家研究发现，在成群的蚂蚁中，大部分蚂蚁都很勤快，都争抢着寻找、搬运食物，而少数蚂蚁则东张西望不干活。当食物来源断绝或蚁窝被破坏时，那些勤快的蚂蚁却只会一筹莫展，“懒蚂蚁”则“挺身而出”，带领众伙伴向它早已侦察到的新食物源转移。

经济学家认为，在蚁群中，这些“懒蚂蚁”起着重要的作用，因为，在一个集体中，那些注意观察形势，研究、分析和把握态势的人更重要，所以，这也被经济学家们称为“懒蚂蚁效应”。这就是科学思维方法。

任何事物都是变化发展的，分析一个事物不仅要观察它的现状，还需要了解它的过去，预测它的未来。“懒蚂蚁”看到了事物的未来，因此，正确地把握了当前的行动。这就是说，思想不仅要随时跟上不断发展的事物，而且还要科学地预见事物发展的未来趋势。

现代哲学大部分派别都倡导实证精神，反对“实体”“本体”概念，拒绝对任何现象做抽象的形而上学的论证。在他们看来，对任何事物的研究都可以像对待自然现象一样，做出“精确的”“确实的”实证。因此，实证的方法最注重的就是事实、经验范围内的确证，而且要以科学为根据。

“科学思维方法”对我们的实际工作和正确思维具有一定的指导作用。这就是要求我们所做出的决定和决策必须是现实的、有用的、可靠的、确切的和肯定的。只有这样，决定和决策才有可能是正确的、可操作的，才是有实效的。

因此，事物是否有意义，是否可以作为我们探求的对象，都应以是否可以“实证”来判断。超出实证范围，只是“神学的想象”和“形而上学的论证”，那就是没有意义的。

课堂收获

人们认知世界靠的是思维，运用科学思维方法就是实现由感性认识上升到理性认识的飞跃。把现在掌握的科学认知，运用到因此而产生的各种必然结果，就可以创造尽可能多的科技成果。辩证的眼光就是开拓的眼光，能够看到事物之间的相互联系，看到事物的运动变化。有这样的眼光，所驾驶的人生之船的航行才会是与光明和智慧为伍的明朗航行。

盲人走进暗室
——优势与劣势的相互转化

如果我们自己没有缺点，当我们发现别人的缺点时就不会如此愉快。

——拉罗什富科

优势和劣势在一定的条件下是可以互相转化的。优势与劣势的定位不是一成不变的，彼此相互转化的情形在现实中是最常见的。这样，就能变劣势为优势。

“盲人走进暗室”，是美国柯达公司在制造感光材料时，根据暗室工作需要做出的一项重大决策。

原来，视力正常的人一进入暗室，就如机智勇敢的阵地侦察人员被蒙上双眼似的，性情浮躁，不知所措。针对这种情况，有人建议：盲人看不见任何东西，已习惯在黑暗环境里生活，如果让盲人来做暗室的工作会提高工作效率。

实践证明，盲人在暗室的工作效率远远超过了正常人。柯达公司这一巧用盲人的新举措，不仅提高了公司的劳动生产率，增加了经济效益，而且还带来了广泛的社会效益。因此，很多大学生、研究生和博士生以及高级专业人才，都争先恐后地到柯达公司效力，从而在人们心目中树立了良好的企业形象。从而使柯达公司的产品远销全球上百个国家和地区，在当时的世界同行业榜上名列前茅。

唯物辩证法告诉我们：矛盾双方在一定条件下相互依存并且会依据一定条件，向各自相反的方向转化。

明眼人的优势在于看得见，盲人的劣势在于看不见，在通常情况下，这是显而易见的。可是在一定条件下，优势与劣势就会向各自相反的方向转化。这里的条件就是暗室，暗室使明眼人的优势丧失殆尽，成了睁眼瞎，在暗室里工作犹如被蒙上双眼，性情浮躁，不知所措，工作效率低下。而盲人由于平时就看不见，已习惯在黑暗环境里生活，让盲人来做暗室的工作，稍加培训，就能上岗，而且干的活要比正常人精细得多。

不仅体格上的缺陷经过努力可以转化为优势，性格上的缺点在某种情况下也可以转化为走向成功的优势。

设想一下，一个人偏执、狂妄、不愿面对现实、敏感、脆弱、情绪变化不定等等，这种性格，在现实生活中可能会是缺陷，甚至是致命缺陷，但如果控制得好，用在艺术上则会是不可多得的优点。

艺术家，尤其是成功的艺术家，哪一个不是自信到偏执的程度？哪一个不是只沉浸于自己的内心世界、听从内心的呼唤，对现实世界视而不见的？哪一个又不是敏感、脆弱，对艺术有超人的感受力？而且，大多数艺术家都是情绪多变、阴晴不定的。

以凡·高为例。凡·高只活到四十多岁，可是他的作品却是世界公认的艺术瑰宝。其实，凡·高活着的时候，其职业是神父，而且他创作的画在生前一张也没有卖出去，都是他开小店的弟弟收购起来的，害得他弟弟最后都破产。

如果没有偏执、狂妄、不愿面对现实的性格，凡·高能坚持到最后吗？如果不是那种敏感、脆弱的性格，他能有那么强大的艺术感受力，画出那么震撼人心的作品吗？如果不是性格多变、阴晴不定，也不可能灵感如涌，创作激情勃发如潮，不可遏止。

一个人，在成年以后其性格基本已经定型，很难再改变。关键就在于，要清醒地认识自我，要知道自己的优势是什么，劣势是什么，全面、正确地认识自身特点，对某些特点在容易成为缺点的场合尽量控制、收敛，不要让它成为闯祸的野马，把危害控制到最小。

在人生中，最大的敌人往往就是我们自己。有时不是我们被别人打败，而是被自己打败。所以，在逆境之中，一个人要善于把自己的劣势转化为优势，这样才能为自己开拓人生的新局面。

课堂收获

劣势是一个人的缺陷，但劣势不是人终生的障碍，关键在于如何从不同的角度去看待劣势。一个人一生中最重要的一点就是时刻发现自己的劣势，并想尽办法去改进。塑造自己就是发扬自己的优势，改造自己的劣势。所以，我们要正视自身存在的问题和不足，对影响自己前途的问题努力克服，坚决改正，让自己全面发展，这样才会不断取得进步，成为一个强者。

给鸡戴眼镜，为羊镶牙
——抓住事物的主要矛盾

每件事情都应该尽可能地简单，如果不能更简单的话。

——爱因斯坦

抓住事物的主要矛盾，解决实际问题的做法就是解决主要矛盾，然后，其他的次要矛盾就随之迎刃而解。

任何事物无时无刻不处在矛盾中，这些矛盾有主要矛盾也有次要矛盾。所以，要找出对解决问题起决定作用的主要矛盾，就要分清这一主要矛盾的主要方面和次要方面。比如，鸡有互相打斗、侵啄的习惯，如果上万只鸡围在一个鸡舍里，霸道的鸡就会不停地啄弱小的鸡，而弱小的鸡又无处躲藏，这样就会造成鸡的自相残杀，死亡率通常高达25%。

在美国加州，有一个鸡场的场主就偶然发现他的鸡死亡率突然下降了。原来，这是因为他的鸡很多都患上了白内障眼病。由于鸡看不清外界的事物，所以也就不互相打斗了。由此，这个鸡场主突发奇想，为了阻止鸡互相侵啄，是否可以人为地为鸡的眼睛制造点障碍呢？这样一来，是不是它们就停止打斗了呢？

于是，这个鸡场主便开始深入地研究，终于在鸡场主和兽医的共同努力下研制出了一种粉红色的眼镜，当他们给鸡戴上这种特制的眼镜时，他们发现鸡互相叮啄的现象明显下降了好多。而且，这种眼镜装在鸡的眼睛里足可以保持一年不掉出来。

他们说，鸡看见血时，互相侵啄的本能就会增强，但如果鸡所看见的到处都是一片粉红，那么血也就不明显了，所以鸡的侵啄本能也就因此大大减弱了。过去解决这种问题的方法，就是把刚孵出来的小鸡的尖喙剪掉。但这不是一个好办法，因为喙的不完整会影响鸡的进食，从而妨碍了鸡的成长。

经过他们的研究制造出来的这种鸡眼镜，每副的成本非常低，只有20美分，戴上这种眼镜就能使鸡的死亡率从20%降到5%以下。鸡不互相侵啄了，产蛋率和产肉率也就上升了，因此这种鸡眼镜很受鸡场主们的欢迎，他们纷纷前来订货。

还有英国的一位农场主戴夫·布朗，他养了许多美利奴细毛羊。正当剪毛旺期，他忽然发现不少老羊由于牙齿磨损脱落，不能吃草而被饿死，因此布朗终日愁眉不展。

一天他忽然想到，人可以镶配假牙，为什么不能给自己的绵羊也试一试呢？于是，他向瑞士的一些专家定制了一批专为羊准备的金属假牙，并亲自率领农场工人为羊镶牙，结果这一招果真使数百只良种绵羊延长了寿命。

“给鸡戴眼镜，为羊镶牙”的思维方法就是抓住主要矛盾，选准了突破口，然后循口而入，竭尽全力“攻其一处”，从而就解决了整个问题。

事物发展过程中都会包含许多矛盾，其地位和作用是不平衡的。其中必有一种矛盾，由于它的存在和发展，规定或影响着其他矛盾的存在和发展，这就是主要矛盾。如果分不清主次矛盾，或抓不住关键的中心，就不可能把事情办好了。

课堂收获

我们在看问题、办事情时，要善于抓住主要矛盾，要集中力量解决主要矛盾，这样就能做到事半功倍了。

斜式口袋的发明
——创新是人类进步的灵魂

在自然科学中，创立方法，研究某种重要的实验条件，往往要比发现个别事实更有价值。

——巴甫洛夫

“创造”不仅是人的根本的生存样式，而且构成了人生命的基本意义，由此才能使人生活在价值的世界、“意义”的领域中。

具有“创造性”就是人的本质。人的开放性需要体系决定了人的创造性活动是无止境的、永恒发展的，这就是人类高于其他生物的本质特征：以发展求生存，通过人的各种能力的提高及其潜能的发挥，来显示其生命存在的价值与意义。

相对于其他动物而言，人的存在及生命的维持有其相同的自然性的方面。如人和动物都要不断地与外部世界进行物质、能量、信息的交换；然而，人类不能仅仅满足于维持生命体简单的重复性的存在与延续。展现在我们面前的人类历史是一部不断发展、进步的永不满足的历史。之所以如此，在于人具有创造的本性，具有不断地追求价值的意识。

以前，德国有个商贩叫伦格尔，为了养家糊口，即便是寒冷的严冬，他也不得不去街上卖东西。因为天气寒冷，衣衫单薄，他经常想把手插在大衣口袋里取暖。而当时的大衣口袋都是方方正正的、水平式的。因为大衣的设计者和一般穿大衣的人都认为，大衣口袋只能是方正的，这样方便装东西。

伦格尔从“想把手插进口袋里取暖”的需要出发，感到有必要把方形口袋改成斜形口袋，于是他设计了斜式口袋。经过他和家人试穿后，人们纷纷仿效，不久这种大衣便流行起来。伦格尔还为此申请了专利，得到了一笔酬金。后来，斜式口袋的衣服风行欧洲和美洲。

唯物辩证法认为，辩证的否定是事物自身的否定，是既肯定又否定，既克服又保留，克服的是旧事物中过时的消极的内容，保留的是旧事物中积极的合理的因素。辩证的否定的实质就是“扬弃”，这就要求我们在创新中必须坚持用联系的观点和发展的观点看问题。伦格尔发明“斜式口袋”，就既有对过去口袋的继承，又有对过去口袋的否定，是在“扬弃”中创新，从而推动了人类文化和文明的发展。

世界常新对于我们就有两个层次的含义：从希望的角度来说，万物常新，我们就能够用自己的努力，去争取新的变化、新的收获；从通常的角度来说，万物常新，决定了我们永远不能停留在某一点上心安理得地等待和休闲。比如创业，我们都知道创业所面临的就是全新和变动的局面，而在守业的时候我们往往会忽视了这一点。所以，我们提倡创新，提倡用一种主动的态度去寻找和发现我们希望的东西。

如果我们总是生活在定势思维的世界里，对世界的变化视而不见，即使有一百个苹果砸到我们的头上，我们也不会发现万有引力定律，即使洗一百次澡，我们也不会悟出浮力的原理来。其实，换个位置，换个角度，换个思路，也许我们面前就是一片崭新的天地。

可以说，创新就是生命保持活力的秘诀，就是一种持续进取的精神。所以，与其被动地应付，反而不如主动出击。

课堂收获

人离开了创造的活动，人类的历史就将止步不前，更不可能出现一次又一次历史性跃迁，人类也就不成其为人类。人的活动是为了满足某种需要，也是在追求某种价值，在发掘自身潜能的同时改造世界和创造价值，通过创造更高的价值来展现人的生命的意义，这就是进步。所以，我们要学会独辟蹊径，要敢于创新。创新是可贵的，创新是生存发展之道，创新是一个民族进步的灵魂。

下雨是好事，还是坏事？
——具体问题具体分析

世界上没有两粒相同的沙子，没有两只相同的苍蝇，没有两双相同的手掌，没有两个相同的鼻子。

——福楼拜

法国文学家福楼拜说："世界上没有两粒相同的沙子，没有两只相同的苍蝇，没有两双相同的手掌，没有两个相同的鼻子。"这句话体现的哲学原理及方法论就是说事物的矛盾都具有各自的特点，要求我们具体问题具体分析。

在人际交往中就有一种现象叫作"刻板效应"，意思就是说人们常常会依据过去的经验，形成对某一类人的固定印象。在认识某人时，总会有意无意地根据他的年龄、性别、职业、地域、民族、相貌等特征，归入自己头脑中的某一类，从而做出主观判断。

坚持具体地分析具体情况，就是坚持辩证唯物论的认识论。就是说，必须深入实际，调查研究。在研究中，要反对主观性、片面性和表面性。所谓主观性，就是不知道客观地看问题，也就是不知道用唯物的观点看问题。所谓片面性，就是不知道全面地看问题，只了解一方，而不了解另一方；只知局部，不知全体。所谓表面性，就是不知道深入事物内部去精细地研究矛盾的特点。

然而，事物总是具有矛盾性，不同的事物又具有不同的特点，同一事物在不同的发展阶段所具有的特点也不尽相同，这就要求我们在看待事物时要坚持具体问题具体分析。

比如，要正确认识一个人，除了要考虑他所属群体的一般特征外，更要注意每个人的特殊性，对不同的人要做具体分析，才能客观、准确地认识一个人。所以，刻板效应虽然有助于对某人概括的了解，但这种思维定势作用，往往不符合客观事实或认知对象具有的特殊性，从而形成认知错觉，造成认识上的片面性。

再比如"下雨是好事，还是坏事"，对于这一问题的回答，就包含了具体问题具体分析的哲学道理。就像那位婆婆，大女儿卖雨伞，下雨天正是生意好的时候；而二女儿卖布鞋，那么下雨就会影响二女儿的生意了。

世界上一切事物之所以千差万别，就在于各种事物内部的矛盾各有其特殊性，这种特殊矛盾就规定了一个事物区别于其他事物的特殊本质。因此，只有从实际出发，具体地分析矛盾的特殊性，才能把不同质的事物区别开来，这就是一切正确认识的起点。如果离开了对矛盾特殊性的具体分析，就无法区分事物，也就谈不上正确地认识事物了。

认识事物的基础性的东西，就是矛盾的特殊性。研究了矛盾的特殊性，就能认清各种事物的质的区别。而改造世界就是解决矛盾，所以我们正确地认识事物的根本目的，就是为了正确地解决矛盾。不同质的矛盾，只有用不同质的方法才能解决。只有对具体情况进行具体分析，把握事物矛盾的特殊性，才能找到解决矛盾的正确方法。如果不对具体问题进行具体分析，企图用一种模式去解决不同的矛盾，是注定要失败的。

所以，违背具体问题具体分析，不去分析具体矛盾的不同特点，不管时间、地点、条件的变化，满足于形式主义的“一刀切”，结果不但不会解决问题，反而还会使问题更加复杂化。

课堂收获

无论在任何时候、任何地方和任何条件下，无论从事何种工作，都必须坚定不移地从客观物质世界及其运动规律出发，按照世界的本来面貌去认识世界，尊重实际，尊重客观规律。总结为一句话，就是要“一切从实际出发，实事求是”。所谓“实事”，就是客观存在的一切事物，“求”就是我们去研究了，“是”就是客观规律的内部联系，即规律性。所以，一切从实际出发，实事求是就是我们取得进步的基本原则和胜利的保障。

牺牲局部，保全整体——局部服从全局

寡情的守财奴才是不幸的。

——鲁达基

世界上的事情，往往是由许多方面构成的。这许多方面当中，有的就是主要的，而有的就是局部的、次要的。而要解决事情，就要抓住主要的方面，把握住全局，这才能正确地认识事物。

在整体和部分的关系中，整体永远处于统帅的决定地位，因此，我们在一切活动中应该从整体着眼，寻求最优目标，把整体利益放在第一位，在局部利益和整体利益不尽一致，甚至出现矛盾的时候，必须做到局部服从整体，甚至不惜牺牲局部利益来保证整体利益。

1940 年 11 月 12 日，希特勒向德国空军发出了作战命令，要求空军对英国城市考文垂进行大规模轰炸，代号为“月光奏鸣曲”。就在德国空军接到作战指示的同时，英国的超级密码机也破译了德军要空袭考文垂大教堂及工业区以及空袭时用的战术、飞行航线的情报。

丘吉尔得到这一情况后，立刻召集相关人员讨论对策，在权衡利弊得失后，决定不对考文垂发出预告，甚至包括老弱病残人员，也不事先撤离疏散。之所以这样做，就是为了保住超级密码机。因为，如果英国政府对考文垂市采取特殊防御措施，希特

勒就会发现密码被破译，德军就不仅会改变行动计划，还会更新密码系统。

1940 年 11 月 14 日晚 7 时 05 分，考文垂市遭到了德军长达十小时的狂轰滥炸。但是，英国拥有破译德国密码的超级密码机的秘密保住了。此后，超级密码机在破译德军情报方面就发挥了重要作用，让英军在英伦三岛保卫战中，抵御了德军的强大攻势，还大大减少了人员伤亡和财产的损失。

这就像一则寓言中说的那样：

有一次，一只倒霉的老虎出来觅食，不小心踩到了捕兽器，老虎怎么也挣不脱。老虎知道，被猎人捉住就会必死无疑。这可怎么办？难道为了这几寸小小的足掌让长达七尺的身躯难受？不行，还是逃命要紧。老虎发起怒来，拼命地蹦跳腾跃，挣断了被钳住的足掌，终于逃跑了。

其实，其他动物也有这种本能。比如，壁虎遇到敌人时能自断尾巴，迷惑敌人，然后从容逃跑。有的螃蟹在同对方争斗中，也能把自己的螯丢掉。

动物都能如此，更何况我们是智慧的人呢？所以，当出现局部与整个全局出现矛盾时，我们就要先考虑全局，然后才能顾及局部。就像打仗一样，要取得整个战争的胜利，就不能只看一城一地的得失。否则，因为贪图一些小的利益，可能会使大的利益也失去了，最终一无所有。

课堂收获

对一件事情分量的轻重，要衡量得好，重要的条件就是要真正有全局在胸。看准了时机，这时就可以牺牲某一个局部的利益，而给全局带来更大的利益。当然，我们也不能简单地用局部比全局小作为理由，轻易地牺牲局部。而是要在理性权衡之后，才能得出结果，才能做出正确的抉择。

面对困难比逃避困难要容易
——理性思考与非理性思考

人类在道德文化方面最高级的阶段，就是当我们认识到应当用理智控制思想时。

——达尔文

科学推理的规则是以今天解释明天，而从来不以明天解释今天。

科学与神明不同，比如明天还不存在，参照明天来理解今天，只能是在每一现象中看到神的意志的作用。当把这一切归结为众神的任性时，那么一切都能解释得通。

然而，却什么都无法预料了。而科学，就是要努力反驳这种对于我们的疑问太过轻率的回答，这就是科学的任务。所以，如果我们的思考是理性的，那么我们就能得到更接近客观的评价，就能快速找到正确的解决问题的方法。反之，如果我们的思考是非理性的，我们对问题的看法立即就会给自己带来困扰，并且在错误的判断中难以自拔。

例如，原来计划今天可以交报告，结果却交不出来且一直都在担心上司责难。这种想法就是不合理性的，就是由明天决定了今天。因为理想与现实常会有差距，受挫折也就成了正常的事情，所以当一个人因此而沮丧时，这不仅不能改变情况，而且还有可能会使情况变得更加糟糕。

对于这类的事情，倘若情况真的已经无法改变，那么最理性的办法就是去接受它。而且，这时在心中一定要有这样的想法，每件事都必定不会获得十足的满意，这样挫折便不会再对你造成困扰。所以，有理性的人会避免夸大不愉快的情况，而且尽力地去继续面对它，并积极地去改变它。

还有，在被别人批评时，我们每个人心里都可能会很难过，因为这是很自然的心理状态。但是，如果为了改变这种情况，而你努力被所有的人喜欢，这就成了非理性的思考。因为，这是一个人人都难以达到的目标，若一个人用一生致力于此，那么他也必将变得很少有属于自己的看法，变得更不安全，更多自我失败的行为。

人类有别于动物的最根本原因，就是人类的一切行为都是受理性支配的。一个人不一定需要总被他人喜爱，因为有理性的人不会把自己所有的兴趣与需求都牺牲在为获得别人的称赞上，而是更多体现在让自己去表达爱或成为可爱的人、具有创造力的人、不过分依赖于别人的人上。如果一个人把理性思考搁置一边，那就无异于人格的一种自动蜕化。这样的人也一定分不清轻重与分寸，输掉的只能是一生。我们每个人都不可能永远得到别人的赞美，人虽然可以希望得到赞美，但万一得不到其实也没什么，这只不过是少了一份额外的奖赏而已。

所以，在很多时候，我们都要懂得扪心自问一下：我的思维方式有助于自己成功吗？否则，我们就要换一个字眼，换一种看法，换一种思维，这才能换一片天空。

课堂收获

有理性的人会认识到潜在的危险并不足惧，焦虑不仅不会阻止事情发生，而且还会对人造成伤害；他所采取的行动是面对它，战胜它，并证明它不那么可怕。逃避只会给日后带来更多问题及自信的失落。况且容易的生活并非就是快乐的生活。有理性的人会认识到，具有挑战性、责任感的人生，才是令人愉快的人生。

第12章

自然与社会

自然规律是自然现象固有的、本质的、必然的、稳定的联系。社会规律是通过人们的活动表现出来的社会生活过程诸多现象间的本质的、必然的、稳定的联系。

然而，自然界的事物的运动是不自觉的、盲目的，自然界的发展规律也就是通过这些力量相互作用表现出来的。而人类的活动则是有意识的、有目的的，是人的这种活动构成了人类历史。所以，社会规律必须通过人们的自觉活动表现出来。

当然，人类社会同自然界一样，也都是客观的物质。二者是一样的，都是运动的、变化的和发展的，人类社会的发展与自然界的发展一样，都具有不依人的意志为转移的客观规律。因此，人必须正确地认识这些规律，才能利用各种规律，达到改造世界，为人类谋利的目的。

全军覆没的根本原因——团体迷思

只有美的交流，才能使社会团结，因为它关系到一切人都共同拥有的东西。

——席勒

暗示是一种普遍的心理现象，它有积极作用，但有时也有消极作用。

团体迷思，就是指团体成员在集体主义精神感召下，积极追求团体的和谐与共识，却忽略了团体的真实决策目的，从而受到暗示而无法进行准确判断的一种思考模式。

关于团体迷思，就有这样一个比较形象的案例：

说是有一群亡命之徒在一次火拼中失败，整个团体士气严重受挫，之后匪首为了让手下更快地振作起来，就决定去抢银行。

匪首是个威望很高的命令型的人，把整个团队鼓舞得士气大振，很多人都称赞这个计划，认为是完美无缺的，不断地合理化计划，但事实上计划并不周密，团体中的个别角色心存疑虑。

匪A认为，应该配备更多的汽车，这样可以扰乱警方的视线，但他认为匪首一定考虑过，自己说了也是白说，匪A没有再想下去，跟着人群也盲目欢呼起来。

匪B认为，行事流程还有待完善，以免局面失去控制，当匪B把自己的想法说出来时，却遭到了群体的一阵嘲讽，所有人埋怨他破坏了气氛，匪B也妥协了。

匪C从一开始就看出了计划中存在的大大小小的漏洞。在他看来，这些被煽动得激情四溢的人都太愚蠢，不屑于与他们争论，于是匪C也保持沉默。

匪D心里知道抢劫银行那天，有外省的某领导来此地考察，警力一定比平常加大一倍，但是为了支持匪首的决策，他也什么都没有说。

于是，这一群亡命之徒就陷入了团体迷思的漩涡中。最后用一个临时想出的计划去执行非常危险的活动。他们在警力的团团包围下覆灭了。

人类组织的产生，正是人类希望实现自身目标的结果。团体在决策过程中，由于成员倾向于让自己的观点与团体一致，而让整个团体缺少了不同的思考角度，无法进行客观分析。所以，团体迷思有可能导致团体做出不合理甚至是很坏的决定。部分成员即使并不赞同团体的最终决定，但在团体迷思的影响下，也会顺从团体。

团体迷思主要是群体对异议者施加无形的压力所造成的。由于群体不欣赏不同的意见和看法，对于怀疑群体立场和计划的人，群体总是立刻反击，但常常不是以证据来反驳，而是用冷嘲热讽代替。因此，成员对于议题有疑虑时总是保持沉默，忽视自己心中所产生的疑虑，认为自己没有权力可以去质疑多数人的决定或智慧。所以，为了获得群体的认可，多数人在面对这种嘲弄时会变得没有了主见而与群体保持一致。

因为团体的存在，所以一些有争议的观点、有创意的想法或客观的意见被人否定掉，或者是遭到忽视及隔离。这就会压制了异议的提出，因此使群体的意见看起来是一致的，并由此造成群体统一的错觉。表面的一致性又会使群体决策合理化，这种由于缺乏不同的意见而造成的统一的错觉，甚至可以使很多荒谬、罪恶的行动合理化。

在团体中往往会出现团体迷思的现象，所以这种情况是极其消极的表现。因此，为了有效地解决问题，就要随时警惕团体中暗示的消极影响，这才能做出正确的决策。

课堂收获

作为团体领导，应明白团体思维现象的原因和后果，所以领导者应保持公正，不要出现偏向。领导者应引导每个成员评价所提出的意见，鼓励提出反对意见和怀疑，应指定一位或多位成员充当反对者的角色，专门提出反对意见。所以，要经常分组讨论，并将他们分别聚会拟议，然后交流分歧。如果问题涉及毁灭性的提议，则应花时间充分研究一切警告性资讯，并确认已经排除后方可采取行动，这样才能保证团体的利益和安全。

一般中有特殊，共性中有个性
——并非非白即黑

认识矛盾，并且认识对象的这种矛盾特殊性，就是哲学思考的本质。

——黑格尔

个人是由不同的实体所组成的，然而，强调它们的差异之处，而鼓励某种特定类型的发展，则导致诸多的纷乱与矛盾。

猫吃老鼠是动物常规，说老鼠能吃猫，有人以为是胡说八道，其实不然。非洲就有一种嘴巴长着一层硬壳的老鼠，它就能吃猫，猫见到它，就像我们这里老鼠见到猫一样，浑身发抖，以至于丧失了抵抗力，乖乖地被老鼠吃掉。

装炸药的木箱子或装剧毒药品的瓶子上，经常有个骷髅头形象。在绝大多数国家人民的心中，骷髅是恐怖和死神的象征，人人避讳。可是在墨西哥，骷髅形象却是人们喜闻乐见的一种形象。许多工艺美术品和孩子的玩具都做成骷髅头的形象。

在一年一度的万圣节上，人人都要吃一种饰着骷髅头形的面包——祭灵饼，还要买一个糖制的骷髅头，并在这个骷髅头的额角上用红糖浇上一个教名，用来在亲友和情人之间互赠，表示友好和亲爱。墨西哥人认为，死神能公正地对待一切，用骷髅代表死神，表示公正，最合适不过了。

从这些事物中可以懂得这样一条哲理：一般中有特殊，共性中有个性。

世界上的事物就是这样，个别与一般对立统一地存在着。展现在我们面前的世界，就是这样一个由无数个具体事物组成的，千差万别，无奇不有的事物。所以我们要对具体情况具体分析，也就是说要对普遍性中的特殊性、共性中的个性、一般中的个别等进行具体分析。如果不对特殊性、个性和个别进行分析，只从普遍、一般和共性出发去推论一切，就不可能正确地认识事物。

卢梭曾说："大自然塑造了我，然后把模子打碎了。"对于共性与个性的关系问题，就是唯物辩证法的精髓，也是哲学思想的精髓。从个性到共性，再从共性到个性，如此反复，就是人类认识和行动的一般规律。所以，我们不仅要体现这个规律，更要努力地把握应用这个规律。没有这一思维要求，就不可能形成正确的观点。

因此，哲学思考的过程就是一个从特殊逐步抽象出普遍的过程。人们最终不是靠感性去把握哲学，而是靠理性思维去理解、把握。这样，习惯了从个别到共性的抽象，也会非常有利于掌握和学习其他学科的知识。

课堂收获

没有人天生就能拥有比其他人更耀眼的光芒，每个人都必须学习如何吸引他人关注的目光，应该让自己的名字和声誉附上一种与众不同的特质，使自己超越于别人。这个形象既可以是某种个人化的穿着打扮，也可以是让人们津津乐道的生活轶事，或是由内到外折射出的性格气质。一旦建立起了自己的良好形象，就会在闪亮的星空中占据一席之地。

我们为何不能理性地对待他人的评价
——不和的金苹果

利己主义并不是为所欲为，而是希望人人都能活出自己。

——王尔德

人和人之间本来应该是和平的、友善的，但在几千年人类的文明中，无时无刻不充满着暴力和斗争。和平总是很短暂，战争总是不断涌来，为什么，归根结底，两个字——利益。

个性和认识决定了一个人的处事方法，而每个人的个性和认识往往又是不一致的，这就导致了人与人之间在处事方法上的差异，这些差异之处如果没有得到有效调和，就会产生矛盾冲突。

换句话说，由于人们处理事情的方式、方法以及对问题所持有的态度与重视程度不尽相同，所以很大程度上导致了人与人之间的矛盾。

有一个关于“不和的金苹果”的神话故事，就是这样说的：

希腊密耳弥多涅斯人的国王，阿基里斯的父亲佩琉斯与海神忒提斯结婚时，邀请众神参加婚礼，但忘记了邀请不和女神厄里斯。厄里斯非常生气。于是，在众神满席的席间投下了一个苹果，上面刻有“送给最美的女神”字样。

这个苹果恰好滚到了天后赫拉、智慧女神雅典娜和爱神维纳斯面前，三人都认为自己最美，所以，争执不下，要求宙斯裁定。

宙斯不愿意得罪她们，委婉地要她们去找特洛伊王子帕里斯公断。三位女神分别对帕里斯私许权力、荣誉和美女。最后，帕里斯选择了美女，把苹果判给了维纳斯。从此维纳斯成了帕里斯的保护神，也成了雅典娜和赫拉的仇敌。

后来，帕里斯在维纳斯的帮助下，终于把希腊斯巴达王墨涅拉俄斯的妻子拐走了，她是绝世佳人海伦。而墨涅拉俄斯则在哥哥阿伽门农的鼓励下，组成了十万希腊联军，向特洛伊进发。从此，便开始了特洛伊战争。

“不和女神”的那个“不和的金苹果”，其实正是人世间财富的集中体现和象征。既是金子，又是苹果，还可以证实自己是“世上最美丽的女子”。而“不和”似乎就是上帝有意附加在“金苹果”上的魔咒，为的是要让人类在财富的诱惑面前，永远无法挣脱“不和”的怪圈，从而对他顶礼膜拜。

悲剧之所以是悲剧，只是因为邪恶的力量泯灭了善良的力量。尽管邪恶的力量可能也同归于尽了，但是善良的力量终究是毁灭了。

“不和的金苹果”，就是比喻能带来争端与不幸的不祥之物——价值观和利益。价值观和利益的不一致就是冲突的一个主要原因。价值观是一个人在长期的生活实践中形成的，在短时期内很难改变，所以，价值观的冲突也是长期存在的。利益的冲突体现在两方面：一是直接利益冲突；二是间接利益冲突。

冲突是任何团队中不可避免的问题，其蕴含着异议及分歧。冲突的解决则可以有助于解决各方的对立情绪，使相互关系达到高度的稳固和紧密。

课堂收获

人与人是否就完全不能结为一体了呢？既然“他人就是地狱”，是否人就应该永远放弃与他人友好相处的愿望？人生中有许多重要时刻，往往需要我们与别人互相信任地团结合作，这样才有可能渡过困境，否则，留下的只能是两手空空，一片悔恨。

交往和独处
——孤独对于心理健康的价值

人生的第一件大事是发现自己，因此人们需要不时孤独和沉思。

——南森

交往和独处原是人在世上生活的两种方式，对于每个人来说，这两种方式都是必不可少的，只是比例不相同罢了。

由于性格的差异，有的人更爱交往，有的人更喜独处。然而，人们往往把交往看作一种能力，却忽略了独处也是一种能力，并且在一定意义上是比交往更为重要的一种能力。反过来说，不擅交际固然是一种遗憾，不耐孤独也未尝不是一种很严重的缺陷。

从心理学上看，人之所以需要独处，是要整合内在世界。所谓整合，就是把新的经验安置到内在记忆中的某个恰当位置。只有经过整合，外来的印象才能被自我消化，自我才能成为一个独立而生长着的系统。所以，有没有独处能力，关系到一个人能否真正形成一个相对自足的内心世界，而这又会进而影响到他与外部世界的关系。

一个缺乏独处能力的人，他只具有了“虚假的自我”，所以，他的交往只能是顺从，而不是体验外部世界，他仅是不断地在适应这个世界，而没有利用这个世界满足自己主观性，这样的人生失去了意义。

比如，对于丧亲者而言，最重要的不是他人的同情和劝慰，而是在独处中顺变。正像斯托尔所指出的：“这种顺变的过程非常私密，因为事关丧亲者与死者之间的亲密关系，这种关系别人没有分享过，也不能分享。”居丧的本质是面对亡灵时“一个人内心孤独的深处所发生的某件事”。如果人为地压抑哀伤，就容易引发心理疾病。

通常来说，人的天性是不愿忍受长期的孤独。但是，正是在被迫的孤独中，有的人的创造力意外地得到了发展的机会。一种情形便是牢狱之灾，文化史上的许多传世名作就是在牢狱里诞生的。例如，波伊提乌斯的《哲学的慰藉》，莫尔的《纾解忧愁之对话》，雷利的《世界史》，都是作者在被判处死刑之前的囚禁期内写出来的。班扬的《天路历程》、陀思妥耶夫斯基的《死屋手记》也是在牢狱里酝酿的。另一种情形则是疾病。比如耳聋造成的孤独的例子，这种孤独就激发了贝多芬、戈雅的艺术想象力。

如同一位作家所说：“我写忧郁，是为了使自己无暇忧郁。”只是一开始作为一种补偿的写作，后来便获得了独立的价值，成了他们乐在其中的生活方式。创作过程无疑能够抵御忧郁，所以，据精神科医生们说，只有那些创作力衰竭的作家才会找他们去治病。

个性以及基本的孤独体验是思考人生意义的前提。对外界刺激做出反应是动物的本能，“不反应的能力”则是智慧的要素。可以说，“感觉过剩”的祸害甚至比“感觉剥夺”还厉害。所以，我们不能一头扎在外部世界和人际关系里，而放弃了对内在世界的整合。

独处是指一个人单独待在一个地方，静静地拥有一个人的空间，没有任何人来干扰，一个纯粹属于自己的时间段。独处是美好的，是心灵休憩的需要。独处是回归心灵的时刻，是回归本我的好方式，没有一点独自拥有的空间，这是很可悲的。

学会了独处，也就能提高生命的质量，更能提升人生的价值。每天独处一段时间，无论是对于我们人生的发展，还是对于身心的调节，都会大有裨益。

课堂收获

一个内心丰富的人既不害怕独处，也不害怕与人相处，因为他们可以享受独处，也能在人群中保持一份恬淡清寂。在独处中，我们看清了自己，这样我们就不再害怕孤独，因为我们早已经学会独处。

没有不需要外部滋养的意识
——个人意识只有在集体意识中才能生根

我成为我，是依靠他人。从某种角度上说，当我思考时，我就离开了自我，自我不再是存于皮肤之内。我是我与他人交织的全部关系。

——笛卡儿

人类之所以被称为社会化的动物，那是因为人类可以用高度的智慧，共建精神文明、物质文明。

人拥有的智慧非常神奇。智慧，能改变自己，能改变他人，能改变万物，能改变天地，能让世界发生奇观，能使人类的文明、文化发展日新月异。一切的历史文化，所有的伟大人物，无一不是智慧的产物，无一不是智慧的结晶。那么，个人智慧从哪里来？就来自集体。

有一个故事就是这样的：

有一天，一位教士问上帝：“为什么很多人心胸那么狭窄，宁愿自己损失，也不让他人得到好处？为什么很多人只看重自身的利益，彼此斤斤计较，即便别人多得一点点好处也会耿耿于怀？为什么一些人单个是条龙，人多了反倒成了一条虫？”

上帝听后说：“这个我也不便言传，还是带你看看天堂和地狱吧。”

上帝带着教士先来到地狱。教士看到地狱里有一口煮食的大锅，大锅周围坐满了人，但个个面黄肌瘦，愁眉不展。教士奇怪，这些人为什么守着锅里的饭不吃呢？教士又细心地察看了一番，这才发现，他们每个人使用的勺，都太长，汤羹无法送到自己嘴里，大家只得苦着脸眼睁睁地挨饿。

看完了地狱，上帝又让教士走进天堂。天堂里跟地狱里一样，也摆着一口煮食的大锅，锅周围也坐满了人，但是，他们个个红光满面，精神焕发，十分愉快。

教士很疑惑："为什么天堂里的人这么快乐，而地狱里的人却愁眉不展啊？"

上帝说："难道你没看到吗？地狱里的人用长柄勺子从锅里挖饭出来，只是想着自己享用，舍不得喂给别人。而天堂里的人，却懂得帮助他人也就是帮助自己的道理，他们都送给对方食物，自然吃得好。"

天堂和地狱的最大区别就在于能不能、会不会、愿不愿与别人合作。

任何一个集体的事都不可能由一个人去完成，个人与个人之间只有紧密配合，团结一致，这样才能取得成功。

笛卡儿说："我成为我，是依靠他人。从某种角度上说，当我思考时，我就离开了自我，自我不再是存于皮肤之内。我是我与他人交织的全部关系。"

思想只有在与他人的交往中才能产生和发展，个人意识只有在集体意识中才能生根。个人的意识正是在与他人的接触中逐步发展的。在人脑所拥有的能力里，最具有决定意义的就是形成了人们之间的交流。那么，人与人的交流是如何产生的呢？正是思想脱离了自我，然后把思想传达给别人，这才完成了交流。

可以说，没有不需要外部滋养的意识。人人都将自我作为交流的内容，这不仅是在培养自我存在意识，更是把自我推向他人。所以，交流只有在一个交流网中才具有意义。集体的交流网便成为个人意识的出发点。

不管愿不愿意都必须承认，如今正是一个个性张扬的时代，太多的时候，人们都在标榜——人不要太多地在意别人，重要的是为自己而活。的确，人活的是自己没错。所以，人不能随波逐流，人应该有自己的主见，自己的生活方式，别人不该也无法干预。但是，当我们处于一个集体的时候，当我们的个性与集体不相协调的时候，我们该如何？是坚持自己的个性呢，还是该融入集体呢？这时就要融入集体，因为只有集体的智慧才是个人的智慧生根发芽的根基。

因此，一个人不能只看到自己，而忽视集体。要知道，没有集体的话，这样的个人必定是孤独的个人，由于没有智慧的源泉，个人也必然走向衰落。

课堂收获

人生在世，必须有集体意识，要有为他人带来快乐的意识，时刻严格要求自己。只有团队的每一位成员紧密合作人才能取得最大的成功。如果只强调个人的力量，你表现得再完美，也很难创造很高的价值，所以说"没有完美的个人，只有完美的团队"。这一观点被越来越多的人所认可。

没有两片相同的树叶
——求同存异，求异存同

只想与跟自己完全一致的人成为伙伴，是一种幻想，更是一种痴狂。

——阿兰

要想拥有良好的人际关系，关键是掌握处理彼此间分歧的能力。

一个团体或社会，为了取得实质性成效，就需要建立这样一种有效的关系，它强调理性、理解、沟通、信赖、非强制性和相互接受。

有一次，德国哲学家莱布尼茨被邀请去宫廷讲学。在讲学中，他讲到“凡物莫相不异”，“天地间从来没有彼此完全相同的东西”这两句话，很多人都半信半疑，于是有人发动宫女们在宫廷园林里寻找两片完全相同的树叶，这样就能驳倒这位哲学家了。但是宫女们找得累弯了腰，始终没有发现两片大小、颜色、厚薄、形态等完全相同的树叶。

“世界上没有两片相同的树叶，”但是抽象概括后的树叶都是一样的，它们都有树叶的本质。这句话就说明了一个道理：事物的多样性与个体的差异。这就要求我们凡事必须学会求同存异，求异存同。

苏格拉底的学生有时会挑剔他的学说，但他却没有生气，而是用一种平常心去对待，他接受了学生的意见。当苏格拉底挑剔他时，他也没有责备苏格拉底，他虽然拥有满腹的知识，却没有批评反驳他的人，虽然他拥有很大的成就，却没有容不下他人的意见。他尊重别人的意见，并用真诚去接纳别人的意见。

求同存异不是目的，而是要为大家的共同目标服务的，求同存异之后要做什么是最重要的。用一种平和的心态去接受其他人的意见，他们用诚恳的态度对待别人的批评。用求同存异的态度对待别人，那么社会就多一分和谐、多一分理解。

个性不是天赋的，是在先天生理结构基础上、在后天环境教育影响下形成的。个性也并不是不可改变的，它是随着现实的多样性和多变性或多或少地变化着。如果意见出现分歧，理性的人们就应采取求同存异的方法，搁置争议，寻求一致，继续合作。否则，陷入无谓之争，那就是不欢而散，什么事情也做不成。因而，求同存异是一种积极的和进取的态度。

当然，求同存异不是稀里糊涂，真假不分，是非不辨，而是在一些是非和真伪还难以辨别清楚的情况下，先弄清同在何处，异在何方，进而将分歧存而不论，或者让时间和实践来解决，或者留待以后再来讨论，先就共同之处达成谅解和共识，作为合作的基础。这样，大家才能坐在一起，有共同的语言、共同的意向和共同的行为。

求同存异和求异存同就是一种包容与平等的行为，只有在求同存异和求异存同中都能做到一致，才可能真的实现人类社会的美好理想，一个有着高度民主的社会，才能够更好地发展。

课堂收获

双赢是理性选择的结果，在社会中很多事不必你死我活，如果凡事都按照个人的意愿行事，其结果肯定是一无所有，得到的只是比以前更坏的境遇。而双赢则可以改变这种境况，它能使双方从对抗到合作，从无序到有序，从短暂的存在到永久的矗立，这些都显示出一种奋进的精神，一种公正的理念和一种精明的睿智。

为什么“群体”先于“个体”？——个人离不开社会

人在本质上不是固定的抽象物，而是社会关系的总和。

——**哈佛哲语**

人自古就生活在社会中，若有人与社会毫无关联，那就不能称之为人了。

个人离不开社会，脱离社会的个人活动是不存在的。个人反抗群体之旅，必定是一条悲剧之路。

鲁滨孙一个人生活在孤岛上，但他还是要与四周的动物接触，并且每日回想来到无人岛之前的世界，借此保持其社会性。人活一世，总免不了和外在的人和物打交道。所以，人的本质不是孤立的、抽象的，而是具体的、现实的。从表面上看，外在的人和物永远和你处于对立之中，但是，成就你的，恰恰是外在于你的这个世界。不管这个世界变得多么糟糕，变得多么不令人满意，但离开它，你自身也就没有了任何价值。

有些人总渴望脱离开人群和世界去寻找所谓的独立、自由和价值。然而，他们不知道，离开了人群和世界，也就没有所谓“自我”了，因为你的价值只有在人群中才能实现。所以，当尼采杀死了上帝，一个人孤军奋战的时候，他感到的只有无助和孤独。推崇“权力意志”的他，在一次次的呐喊中，听到的仅仅是自己的回音，而不是别人的鲜花和掌声。这无异于不断在重复和强调那句毫无意义的“我是我”。

鲁滨孙与世隔绝的生活，之所以让我们产生兴奋，不在于他的孤立无助，而在于他表现了重归社会生活的希望和坚毅。而尼采笔下的“超人”，却在不断地追求权力意志，不断超越，在这个过程中离人群也越来越远。最后，它只能独自一人去面对无法忍受的空无，和青山为伴，与河流为伍，没有人听到他的呐喊，更没有人为他欢呼，受伤了也只能自己抚慰自己。

孤独可以是人的一种心境和姿态，但可否作为一种生存状态？答案是否定的。享受孤独，体验到的是自由，但随之而来的却也可能是空虚和无聊，谁能忍受这种生存状态吗？估计不能，而尼采最后疯了也正证明了这一点。

自然赋予我们成为人所必需的所有器官，可是它并没有为我们指明接下去要走的路。要获得自我认识能力，就必须利用他人的目光，必须一点一点地建立与他人的关系，这些关系就是我们作为人的真正意义所在。

人具有自然属性和社会属性，人不可能离开社会而独立生存。个人利益和集体利益是辩证统一的，一方面两者互为前提而存在，另一方面两者又互相促进而共同发展。而两者相比，社会集体利益则更为根本，占首要地位。所以，个人利益必须建立在集体利益之上，没有集体利益，也就不会有个人利益。

因此，我们必须提高自我警惕，建立正常、健康的人际关系，把人际关系用于正道，这样才不会陷入偏道或邪道，否则就会有百害而无一利了。

课堂收获

一个人不管看到什么样的奇观，如果没有讲述给别人，总会感觉不舒畅、快乐。没有分享，就失去了很多快乐，而没有人分担的痛苦也是最可怕的痛苦。总之，要至少有人知道。永远没有人知道，便让人痛苦。

相互依赖的大自然
——社会离不开人，人反作用于社会

我们由于交往而形成了精神和感情，但我们也由于交往而败坏着精神和感情。

——帕斯卡尔

人类与动物的不同在于，人类对于自然界的依赖只有通过对于自然界的改造才能实现。而要改造自然界就必须认识自然界。

在一家动物园，有位饲养员特别爱干净，对动物也很有爱心，每天都把小动物住的小屋打扫得干干净净。结果，动物们并不领情。在干净舒适的环境里，动物们慢慢萎靡不振了，有的厌食消瘦，有的生病拒食，有的甚至死去。

原因是什么？后来，通过观察才发现，那些动物都有自己的生活习性，有的喜欢闻到浑浊的气味，有的看到自己的粪便反而感到安全，等等。

这位动物园的饲养员的故事说明了什么？说明大自然包容个体的差异性，如果无视个体的差异，一味追求看似完美的统一，这样最终反而会抹杀了个体的个性，而导致大自然的解体或僵死。

有一位动物学家对生活在非洲大草原奥兰治河两岸的羚羊群进行过研究。他发现东岸羚羊群的繁殖能力要比西岸的强，奔跑的速度也不一样，每分钟要比西岸的快13米。对于这些差别，这位动物学家曾百思不得其解。因为，这些羚羊的生存环境和属类都是相同的，饲料来源也一样，以一种叫作莺萝的牧草为主。

后来，有一年，他在动物保护协会的协助下，在东西两岸各捉了10只羚羊，并且他把它们分别放养在了对岸，并进行观察。结果，运到西岸的10只一年后繁殖到14只，而运到东岸的10只剩下了3只，那7只全被狼吃了。

这位动物学家终于明白了，东岸的羚羊之所以强健，是因为在它们附近生活着一个狼群，西岸的羚羊之所以弱小，正是因为缺少这么一群天敌。

生态系必须保持这种平衡。如果有生产者补充有机供给，消费者将会自相残杀而绝迹于世。而没有天敌的动物也往往会最先灭绝，有天敌的动物则会逐渐繁衍壮大。这就是说，是大自然支撑着所有的生物，没有任何生物只靠自己存活。

在生物圈中，各种生命形式都是相互依存的。比如，所有的动物吸取的氧气都是植物释放的“废物”，而动物们则在呼气时将二氧化碳作为废物排出，植物们为了合成自身所需的养料会吸收这些二氧化碳。就这样，植物和动物相互依赖而得以生存。

为了使生物圈中的各种元素和能量能够循环使用，各种生命形式之间必须达到一定平衡。绿色植物是生产者，动物则是消费者。植物的生物量，即其整体的重量，必须比草食性动物，即食草动物的生物量要多出90%。而草食性动物的生物量则要比肉食性动物，即食肉动物的生物量多出90%。

所有的生物都需要土壤、水和空气，都相互依赖，这就意味着人不可避免地也要依赖于大自然。然而，人们往往重视知识所发展出来的一种支配力量——对自然的，也是对人的控制和支配能力。而生活却远远不是控制和支配，人的生活还包含着更多的东西、更丰富的东西、更活泼的东西，所以人不能离开大自然，而应与大自然相互依赖。

因此，我们要维持一个生物圈，就需要有多种生物形式共存，这就是生物的多样性，而生物多样性，就可以使生态系统能够适应不同的变化。

课堂收获

差异性在日常工作中就保持着一种彼此依赖和满足的关系。所以，在现实生活中没有必要憎恨我们的所有敌人。有时，深入思考一下，你也许会发现，真正促使你成功、让你坚持到底的，真正激励你昂首阔步的，不是顺境和优越，不是朋友和亲人，而恰恰是那些常常可以置我们于死地的敌人——打击、挫折，因此，我们不必过度地打击这些敌人，而应感谢这些敌人，正是他们让我们变得更强大。

石柱法——社会需要规范与制裁

一切个人的力量的联合就形成了我们所谓的“政治的国家”。

——格拉维那

生活就是一个体制，你走在路上会遇到不许闯红灯的体制，睡觉时会遇到不能和别人的女朋友一起睡的体制。

任何社会都有该与不该、善与恶等体系，都有对人进行的各种约束，这种约束就称之为“规范”。由于社会或群体存在着规范，所以对符合期望的行为就会给予正面的奖励，对不符合期望的行为则会给予负面的制裁，这就是社会学角度的一般性原理。因而，有了“规范”，社会的秩序或群体的统一也就得到了维持。

1900 年 12 月，法国一支探险队去波斯湾北部考察一座名叫苏萨的古城旧址，挖掘时发现了三块刻有图像和文字的石头，将它们拼凑在一起，竟是一个基本完整的大石柱。后来经过专家鉴定，这个黑色玄武岩石柱上刻写的，正是失传的古巴比伦王国制定的《汉谟拉比法典》。

这个奇特的石柱大约有 2.5 米高，底部圆周将近 2 米。在石柱的上端刻有精致的浮雕，浮雕的图像刻的是两个人形，站着的汉谟拉比王正在从坐着的太阳神沙马什手中接过一根“王杖”，“王杖”显然是权力的象征，无疑是为了表明君权来自神授，用以加强这部法典在人们心目中的权威。石柱的下端刻满了用楔形文字写成的密密麻麻的法典条文，大约有 8000 字。

《汉谟拉比法典》是世界上第一部比较完备的法典。由于这部著名的东方奴隶制古代法典原文就刻在石柱上，所以也被称为“石柱法”。

这部刻在石柱上的法典，就是由古巴比伦第六代国王汉谟拉比在公元前 18 世纪颁布的。

据历史学家考证，由于当时巴比伦是在征服了两河流域地区其他小国的基础上建立的统一国家，国内存在着各种不同的成文法和习惯法，给国家的集中统治带来很大的困难。因此，汉谟拉比王就决心要统一全国的法律。他组织人力，研究吸取了两河流域原有各国法律的精华，并根据本国的实际情况编制了这部法典。

在法典编成后，汉谟拉比王命令将法律全文刻在石柱上，竖立在巴比伦马尔都克大神殿里，以使众人皆知，一体遵循。后来，波斯帝国的军队曾经入侵巴比伦，夺走了这根圆柱，这也就是这部法典为什么会在波斯帝国遗址中被发现的原因。

《汉谟拉比法典》分为序言、正文和结束语三部分，共有282条。其内容包括了诉讼程序、对盗窃罪的处罚、租佃雇佣关系、商业高利贷、债权、婚姻家庭和继承等。

从法典内容来说，这部法典所维护的就是君主专制的国家制度；以残酷的刑罚保护奴隶主阶级对奴隶和财产的私有权，比较注重调整自由民内部的法律关系，涉及民事法律关系的条文较多。当然，这部法典也保留了原始氏族制度中的一些习俗，如同态复仇、神明裁判等。

一切国家都有它们的法律和法规，一个社会如果没有一个政府是不能存在的。个人的力量是不可能联合的，如果所有的意志没有联合的话，那么这个社会只能是一个散乱的社会，而不是国家。所以，法律制度、行政奖惩制度，群体或组织领导人委派的任务等，这些规范规定了人的界限，带有一定的强制性，没有讨价还价的余地。

任何一个时代，任何一个国家都需要有规范，这些规范和制度也就是法律，当有了这些法典或戒律，这个社会才会趋于稳定，国家才能得以发展。

课堂收获

法律法规是国家制定或认可的，是由国家强制力保证实施的。人无论做什么事都要看一看是否符合国家的有关法律法规。一个人不管他有多大的能力，但他都需要有一定的眼光看清法律法规所允许的范围。否则，对自己再好的事情，如果与国家的法律法规相抵触，也不能付诸行动。

第13章

生命与人生

何谓死亡?

自从人类拥有自我意识的那一刻起，他们就开始无数次地寻求这个问题的答案。

思考死亡是一种有意义的徒劳，不思考则活得轻浮没有沉重感，而思考死亡则活得沉重而抑郁。如果人对死亡问题足够认真，他便活不下去，如果人对自己的死亡都不认真，那他又活得毫无意义。而哲学就是为人找到最佳的结合点。

死亡的恐惧——死意味着什么

懦夫畏惧死亡；勇者不惧一死。在我听到过的所有奇闻轶事中，最令我感到奇怪的是人类的恐惧；既然死亡不可避免，那么就应当顺其自然。

——莎士比亚

一说到死亡，人们总会因为它的神圣和庄严而收起自己的轻松随意。毕竟，那是我们最后的归属，谁会觉得那是一个随随便便就可以说的话题呢？不管是有意的还是无意的，我们都在躲避死亡或者跟死亡相关的种种。在我们的潜意识里，那是一个不可触碰的禁忌。仿佛我们要是无意中触碰到了它，哪怕是间接的也会使得死亡的脚步离我们越来越近，死亡的感觉越来越真实。也正是因为我们对死亡的这种禁忌，让它在我们的意识里变得越发神秘，越发扑朔迷离。虽然死亡的话题是一个让大家都避之唯恐不及的话题，但我们还是要在现在面对它，谈论它。这是因为我们有一个问题需要解决，那就是对于我们这些活着的人来说，死亡到底有没有意义，如果有，意义何在？

首先我们一起来分析一下人类对死亡的恐惧。人类之所以对死亡充满着恐惧，是因为“死”，对于人来说，就意味着消失、意味着毁灭、意味着要永远地面对那个不可捉摸的黑暗世界。人人都在为躲避死亡而存在，却没有任何人能够实现不死的梦想。死亡是对存在或生命的否定，是哲学家致力哲学研究的源泉，也是人们获取一切世间利益的动力。

我们深入了解人类对死亡恐惧的过程中会不可避免地遇上哲学上的死亡和生命体征的死亡这两个认知。

从哲学的角度来看，人类作为有意识的生命个体，意识思维的存在就是其价值产生的前提，当意识、感觉等人脑固有的机能不可逆并永久性丧失的时候，这个个体也就失去了人的本质特征，这就成了哲学意义上的死亡。

对个体生命体来说，那句生而向死便是最确切的表述。这就意味着死亡是一定会来临的。任何药物都阻止不了它，没有一个地方，可以躲过死亡。就拿我们现在要从某地回家，其实在回家途中的每一步都在带着我们趋近死亡，直到回到家里，生命也随之消逝了许多。

虽然死是不可避免的，这个归属是属于所有人的。但是它的到来又是不可预知的，我们不知道它什么时候来，来了又是个什么样子。这就增添了人对死亡的恐惧感。我们一起来看看心理学家约翰·C. 马格思和理查德·L. 马格思在《死亡和死的心理学》中，关于人类面对死亡时的恐惧心理基础的综合表述，得出结论，人之所以恐惧死亡的原因就有以下七种：

1. 死亡将人的一生做了一个总结，无论日子多好，死亡都是一个终结；
2. 无法在死后继续照顾子女及家人；
3. 死亡可能给亲友带来打击；
4. 死亡使得自己许多想做的事情半途而废；
5. 惧怕死亡时的痛苦与凄惨；
6. 死后遗体会变得怎么样？会发臭？会枯萎？不可想象；
7. 死后的世界到底怎样，死后是会到天堂还是到地狱？没人知道。

仔细对照上面列出来的种种，我们就会发现这就是那些一直以来困扰着我们的问题。不过，也正是它们让我们在对死亡充满恐惧的同时也对死亡本身进行了更深层次的思考，并由此而成就了死亡哲学。我们不得不承认一个事实，那就是对于个体而言，死亡不仅是必然的而且还是必需的。虽然这是每一个个体所恐惧的。因为正是个体的不断死亡，才保证了每个种族的可延续性，这是发展的必然要求，也是天道所在。不光是人类，所有的类为了发展群体，都会不惜牺牲个体。

比如，雄性螳螂在完成交配后，就会主动地将头伸向雌性螳螂，让其吞食，这种自愿的献身就是为了让母体可以孕育出更富生命力的后代。

还有一种神奇的鱼，一缸中只保留一条雄性，你若将其取走，很快就会有一条雌鱼变雄鱼，你若再放进一条雄鱼，就会有一条雄鱼变成雌鱼，这种鱼类就是有这么一种神奇力量。这就是超越个体自己的类的发展力量。

对于人类来说，很多人都很迫切想要知道死亡之后的生命是个什么样的状态。其实，与其这样我们倒不如丰富心灵且和谐地过活，尽量减少活着时候的遗憾。做自己想做的事情，说自己想说的话。选择并努力实现自己最喜欢的生活方式。只有让生命如夏花般绚烂，面对死亡时才能做到秋叶般静美。因此，面对死亡，我们需要弄清楚两件事情：一是我们不得不死；二是我们到死之前必须活着。不管这个过程是长是短，都要活得精彩。

课堂收获

对于死亡的恐惧，从我们有自己独立认知的时候开始，一直到真正面对它的时候。它总会时不时地跳出来，让我们不得很好地享受生命的美好。如果我们能够深入解析这种恐惧并合理地利用它，我们便能够更好地珍惜它留给我们的有限的时光。因为有限而珍惜，因为珍惜而奋发，因为奋发而精彩。果真如此，我们便要客观地说，正是死亡成就了生命的美好，是死给了生价值。死亡，它是那么坏，又是那么好。我们对它充满恐惧，心惊胆战地等待着它的到来，我们更应该主动拥抱它，向它索取更多的馈赠。如果有一天它带走了我们的生命，我们从它那里得到的也已经远远超过了生命本身。

死亡离我们很近——死亡的概念

人不是根本不相信自己的死，就是在无意识中确信自己不死。

——弗洛伊德

人的生与死，是人世间最常见不过的事情。只不过我们总是习惯性地选择记住生而无意识地忘记死。仿佛它从来都不存在一样，即使偶尔想起它会来，也会把这个时限定在无限远的将来。帕斯卡尔曾说：“人不过是一棵脆弱的芦苇，风一吹，雨一来，它就要倒的。”如果说，人的出生是一种偶然的话，必然的却是死亡。把人的出生比作是一场旅行的开始，那么他的终点在开始的那一刻便已经注定。你可以选择怎么走，却无法选择到哪里。也许到达的时间有早或者晚的区别，但是这个终点真的是避无可避。这个避无可避的终点，便是生命的终结，我们称之为死亡。死亡随时随地都在发生，它就构成了我们生命的真实，就像饮食起居、工作、爱情构成了我们生命的真实一样。我们要想真正读懂生命的真谛，就必须靠近它，然后了解它。

而靠近和了解死亡，需要的不光是勇气，还有智慧。这种让我们战胜本能恐惧靠近并了解死亡的智慧便是哲学。哲学的第一指向便是完善自己的精神修养和帮助他人完善思想。不停地反思，不断地追问本质更是哲学的显著特性。每一种灾祸都会在记忆里留下悲哀，但是人的精神本身具备的防御功能让不管是什么样的悲哀都可以被淡化。但是死亡，这对于人类来说应该是最大的灾祸，它却可以把生命连同记忆一起毁灭。这就更进一步加剧了在它还没有到来的时候，对人的精神的那种压垮性的影响。而人类要活下去，人的精神的防御机制就不能允许这种压垮的实现。这种保护将人类与死亡非理性地隔离。让我们选择忽视和遗忘死亡，哪怕这种忽视和遗忘是无意识的并且也是暂时的。我们说很多时候我们非理性地忘记了死亡的存在，或者有意弄错了它与我们的距离。更准确的说法应该是我们还没有足够的勇气或者足够的智慧来面对死亡。因为没有足够的勇气和智慧，我们被精神的防御要求着把死亡看成是非常遥远的事，甚至让自己相信，死亡只是别人的故事里面的情节，而自己将永远行走在故事之外。而这种精神防御本能不管对于个体的人还是人类的整体都是一种灾难。我们忘记了生命的有限和死亡的随时降临，便会把生命的竞技场当作安乐窝。便会斤斤计较和醉生梦死。而这对于生命来说，无疑是一种践踏，我们的生命会变得一文不值。当每个个体的生命都变得轻得不能再轻的时候。我们的人类便失去了存在和发展的前提和希望。每个个体的绝望都会加速人类毁灭的进程。就像英国诗人约翰·堂思在诗句中写的那样：“谁都不是一座岛屿，自成一体；每个人都是那广袤大陆的一部分。如果海浪冲刷掉一个土块，欧洲就少了一点；如果一个海角，如果你朋友或你自己的庄园被冲掉，也是如此。任何人的死亡都使我受到损失，因为我包孕在人类之中。所以，绝对不必去打听丧钟为谁而鸣，丧钟为你而鸣。”

不管丧钟为谁而鸣，我们都应该为丧钟而惊醒。而哲学的智慧，我们可以看作是惊醒我们的丧钟，它宣告了死亡的存在，而且还是如此近的存在。哲学让我们把死亡当作生命不可分割的一部分。让我们把死看作是生命的归宿，就像音乐的最后一个休止符。这样一来，死就成了生命的最后目的和最终意义了，整个生命就成了逐渐向死亡走近的过程，哲学并不能帮我们摆脱这早已经注定了的命运，但是却可以帮助我们重新审视死亡，并依靠死的恐惧成就生的价值。

对于死亡，我们应该怀有相当的恐惧，我们应当清醒地认识到无论我们怎样逃避，它都依然存在，无论我们怎样面对，它都不会来得更早或更晚一些。认识到生命中的这种无奈，就会对自己或对他人宽容许多，不会再被喧闹的表面现象所迷惑。

因此，人只有认识到死亡离我们其实很近，这时在心中才会升起一股柔情；才会想要去保护爱人免遭时光劫掠；才会深切感到，平凡生活中这些最简单的幸福也是多么宝贵，有着稍纵即逝的惊人的美……

课堂收获

人都有惰性，除非在他面临生命的终点时，他才可能有效地破除自己的惰性，以其高度紧张的身心活动，去探寻自我认识之路。自以为生命强悍的人们，以时时的傲人和欺凌，凌驾于他人头上，是无法清除这一点的。所以，我们要善待每一天，珍惜每一天，把每一天都当作生命的最后一天来过，我们要憎恨那些浪费时间的行为，要摧毁拖延的习性。我们要以真诚埋葬怀疑，用信心驱赶恐惧。

面对生命的态度
——保持开放的心态，征服死亡的恐惧

生命不可能有两次，但许多人连一次也不善于度过。

——吕凯特

何谓生命的意义？千百年来人们一直苦苦思考着这个问题。

生命的意义就是人活着到底是为了什么。这是一个简单又不简单的哲学命题。它不仅反映了人的价值取向，也反映了人为人处事的基本立足点，说到底它就是一个人人生观和价值观的问题。

有位太太请了个油漆匠到家里粉刷墙壁。

油漆匠进门看到她的丈夫双目失明，心中顿时产生怜悯。不过，男主人开朗乐观，所以油漆匠在那里工作了几天，他们谈得很投机，因此油漆匠也从未提起男主人的缺憾。

工作完后，油漆匠取出账单，那位太太发现比谈好的价钱打了一个很大的折扣。

她问油漆匠："怎么少算这么多呢？"

油漆匠回答说："我跟您先生在一起觉得很快乐，他让我感到自己的境况还不算最坏。所以减去的那一部分，算是我对他表示一点谢意，因为他使我不会把工作看得太苦！"

油漆匠对她丈夫的推崇，使她落泪，因为这位慷慨的油漆匠，自己只有一只手。

态度是一件奇妙的东西，它就像轮子一样，会使我们朝一个特定的方向前进。而它更像磁铁，不论我们的思想是正面还是负面的，我们都受到它的牵引。

但是，尽管我们无法改变人生，但我们可以改变人生观，我们可能无法改变环境，但我们可以改变心境，我们无法调整环境来适应自己，但可以调整态度来适应一切环境。

有一头驴子就是这样的，它掉进了一个很深的废井里。主人权衡了一下，感觉救它不划算，就走了。只留下驴子孤零零的自己。每天，都有人往井里倒垃圾。驴子很生气，认为自己很倒霉，掉进了井里，被主人抛弃，还要被垃圾熏得难受。

但是有一天，它突然不再绝望沮丧了，它每天都把垃圾踩到自己的脚下，而不是被垃圾淹没，它还从垃圾中找到残羹充饥。终于有一天，垃圾成了它的垫脚石，它又重新回到了地面上。

其实，人不必抱怨不如意，不必抱怨工作差、工资少，因为人生现实会有太多的不如意，而应该就算有再多的垃圾，你也照样能把它踩在脚下，因为人只在乎你是否达到了一定的高度，而不在乎你是踩在巨人的肩膀上，还是踩在垃圾上上去的。

要知道，人的生活并非全由生命中所发生的事所决定，而大多是由人面对生命的态度决定的。所以，即使人生充满垃圾，也要把它变成垫脚石，这样的人才会更值得尊重。

课堂收获

每个人要探索自己生命的意义，体会生命的价值，就必须去追求，必须让自己每一天都能有智慧的增长，每天都对世界有新的看法和启发。人活着，就该具备一种精神，一种敢于斗争，不怕苦、不怕累、不怕流血的大无畏精神；一种勇往直前，百折不挠的信心！生命就是一种精神，一种追求！

我们应该如何活着？
——实现和创造自我的价值

你若要喜爱你自己的价值，你就得给世界创造价值。

——歌德

了解了死亡，我们免不得会有一种重新审视生命的冲动。审视生命就需要回答，为什么活，怎么活的问题。这个问题一头连着生命，一头连着价值。于是如何活着就有了更确切的表述，那就是如何让自己的生命具有更高的价值。

人的自我价值的体现，通俗地讲，就是要有事业的归宿，要对社会贡献自己的应有之力。这就是我们把个体放在整体中时所提倡的价值。这种价值的实现，首先需要一种渴求、一种愿景。如此，便有了理想的信念。也只有那些具有强烈的实现自己人生价值的信念的人才能够不顾艰辛困难，奋勇前进，不惜头破血流，伤痕累累。

我们先来看看日本的“奶酪皇帝”——佐藤贡的故事。

佐藤贡对奶牛和奶酪事业的热忱，来自小时候的生活经历。他自小就接触奶牛，在熟悉挤奶技巧和制作奶酪工艺的同时，也深切体会到了大家养牛挤奶等工作的辛苦，对生活艰辛的体会让他萌发在奶牛业中自己要有所作为的念头。

于是，他在上学期间刻苦学习，并在业余期间学会了很多喂养奶牛和制作奶酪的高超技术。但是这些在他看来还远远不够，他又不远万里到美国去留学。在美国留学的四年期间，他了解了美国高超的奶牛业的整套先进经验，也体会到日本奶牛业的种种弊端。他的梦想也变得越发清晰，留学归来，“改变日本奶牛业落后状况，早日赶超美国奶牛业先进水平”就成了他实现自己人生价值的目标所在。

有了目标，还需要对目标的坚持和付出，而他的这个坚持的过程算得上是一个漫长的过程。等他实现了自己生命的价值：建立日本最大的乳业联合体——雪印乳业的时候，他已经是 52 岁了。这时的佐藤也被称为“奶酪王”，得到了社会各界的广泛好评和尊重。

体现生命的价值，就得活出一种境界，为人处世中可以见境界，不懈的奋斗努力是一种境界，那种成功后的超脱更是一种难得的境界。每个个体皆因其独特的生活方式，或立下惊世伟业，或一生朴实平凡。但无论怎样，都是通过自己的劳动创造出物质和精神的财富来满足自身和他人的需要，他的人生价值也基于此而得到了充分的体现。

追寻生命的意义，这是千百年来所有有感于生命的短暂以及人生坎坷曲折的人所孜孜不倦加以求索的永恒课题。当实现了这种生命真正的意义，这样，历史的车轮就会沿着正确的方向滚滚向前。

当然，我们也无权谴责和蔑视那些我们认为平庸的生命，因为他们的选择对于他们来说是有道理的，甚至是必需的。也许他们所处的环境只允许他们那样平庸地活着。我们唯一可以做的，就是帮助他们清除那些继续阻止他们摆脱平庸的石头。

所以，在人生道路上，也许我们会无数次地被逆境击倒或欺凌，甚至摔得粉身碎骨。让我们认为自己似乎一文不值。但无论发生什么，或将要发生什么，我们永远不会丧失价值。只要我们简单、勤奋、踏实地去做，那么，我们的生命就有了崇高的意义。

课堂收获

人的一生应当这样度过：当回忆往事的时候，他不为虚度年华而痛悔，也不为碌碌无为而羞愧；在临死的时候，他能够说："我的整个生命和全部精力，都已经献给世界上最壮丽的事业——为人类的解放而斗争。"这就是生命的意义。

妥协与抗争

——打败自己的不是环境，而是自己

如果你问一个善于溜冰的人如何学得成功时，他会告诉你，跌倒、爬起来，便是成功。

——牛顿

"打败自己的不是环境，而是自己"。每当哈佛的学生们谈起这一话题的时候，都会想到一个故事，一个流传了很久也流传得很广的故事。它传递着这样的信念：一切苦难都是暂时的，一切逆境都是可以忍受的。不管生活给了我们多少挫折与变故，只要我们依旧保持着不灭的信念，充满希望地生活，我们的人生就总有意义，我们的生命就不会枯竭，我们的未来就绝不是梦想。

这个故事从美国的一位并不太知名的女星象天文专家说起，那时候她才刚刚结婚。还没来得及享受新婚的甜蜜，她的丈夫——一个美国的年轻军官就被调到了一个印第安部落附近的基地。不忍看丈夫眼中的失落，也无法割舍自己心中的牵挂。一直生活在大都会的她没怎么犹豫就跟着丈夫来到那个接近沙漠边缘的基地。她被丈夫安排在附近的印第安部落的木屋中，开始了新的生活。很快她就发现自己好像犯了一个错误。眼前的生活让她几乎难以忍受，如果不是丈夫时时排解的话。这里有太多的东西让她无法接受，漫天的风沙，难耐的酷热，早晚极大的温差，这些就已经够让她难受的了。可是她还得承受那种能让人窒息的孤独感，那种因为语言不通、无法交流而带来的孤独感。

怀着巨大的心理落差，她写信把这里的一切告诉了自己的母亲。心中不自觉地流露出对大都会生活的怀念和留恋，甚至有回到大都会的冲动。让她没想到的是母亲的回信中并没有对她的遭遇表示同情，甚至没有理会她想回到母亲身边的想法。只是用短短的几句话讲了一个简单的故事。说有两个犯人住在同一间牢房里，守着同一扇窗。却过着截然不同的两种生活，如果说有什么区别的话那就是一个人透过窗户看到了泥巴，而另一人却看到了窗外的星星。

不得不说，我们的主人公是个聪明的女人。看完母亲的回信轻轻地说了一句："看来，我需要把那颗星星找出来。"然后一切都发生了变化，通过学习语言，语言的障碍不存在了，她走进了印第安人的生活，也迷上了印第安人的文化。她还学会了他们的编织和烧陶。最重要的是，这里的星空呈现出大都会无法比拟的明亮，让原本只是想找出那个星星的她却得到了整个星空，并由此成为星象学的专家。

因此，她常常在心底这样跟自己说："走进星星的世界。"

当我们身处困境时，仅仅依靠外界的救助是远远不够的，能救我们的永远只有我们自己。我们虽无法控制灾难，但我们能控制自己，从某种意义上看，人类控制整个世界是从控制自己开始的。

环境永远不可能打败我们，真正打败自己的也只能是自己，就像只有自己能拯救自己一样。负面情绪只会带来更多的负面情绪。我们可以为自己的遭遇感到悲哀、恐惧，但是一定要把这当成是情绪发泄的一个阶段。这个阶段的发泄可以让自己告别那些负面的情绪，而不让它改变自己。

如果说，积极是人类最大的法宝，那么，消极就是人类致命的弱点。如果不能克服这一致命弱点，你将失去希望之所在，并失去希望之所由。如果今天不努力、不用积极的心态去面对困难，又拿什么去把握和保证未来？

积极与消极的心态，就犹如一枚硬币的两面，须臾不分，重要的是怎样让积极的一面充满你的心，催你奋进，助你成功。而妥协还是奋起抗争，就决定了我们的人生。

课堂收获

苦难是一份珍贵的人生礼物，它滋润我们的生命，让我们在困难面前变得坚不可摧。走进星星的世界，往往就能找到生命的依归与生活的目标，所以，别抱怨环境不好，应该努力从面前的困境中找到让自己充满奋斗希望的星星。这样才不会在遇到挫折时立刻退缩和放弃，才能迫使我们自己前进，进而攀上成就的高峰。

人到中年
——是“中年变化”，而非“中年危机”

二十岁的人，意志支配一切；三十岁时，机智支配一切；四十岁时，判断支配一切。

——哈代

不服老是一种潜意识对老的恐惧，必须通过反向的行为来遏制。而所谓“中年危机”不过是对那个还未到来的老年的抵触与恐惧。

其实，对年龄的恐惧也是一种生命的再创造动力，这正应了一句格言：“知道死亡不可逃避，活着才拥有了真正的意义。”

难道中年就这么不堪一击吗？其实，在哲学看来并不是这样。如果用适当的哲学倾向来处理，“危机”一词只能是一个误称。中年，不但不是危机，反而会是人生的辉煌所在。因为变化是生命周期当中很自然的一部分，从变化的定义来说，任何变化都可以有两种相对的解读。也许步入中年，跟年轻人的朝气和活力比起来会让你有种失落的感觉，但是在他们的眼中你的沉稳和睿智却是他们的追求；也许步入中年你感觉自己的体能比不上刚进公司的小伙子，但是你已经过了那个拼体力的阶段，你现在的位置拼的是人脉和经验。这种种在我们自己看来能够引发恐惧的变化，在别人的眼里都是求之不得的珍宝。所以，对于中年这个词，我们所应该做的是忽略它可能造成的损害，而勇敢地利用好这一转变的机会。

古希腊哲学家赫拉克利特曾告诉我们：“没有人能够两次踏入同一条河流。”对此，他的一个学生就更有洞见，甚至认为没有人能够一次踏入同一条河流，因为在你踏入的时候，河流一直在不停地变化。河水，因为永不停息的流淌而变得清澈、甘甜和健康。人生也是一样，因为有着不断的变化才精彩。因为有了变化，我们每天早上那个全新的世界里的那个自己才会是全新的。因为变化，我们的知识不断积累，我们的认知不断深入。我们才能一天天成熟起来。如果我们岁月真的就此停住，那年轻的我们只能永远青涩，永远懵懂。

按照人不断变化的过程。人们将人生划分为四个阶段：学生阶段、养家阶段、从世俗事务中退休下来的阶段和远离世俗烦扰的阶段。我们在度过童年、少年和青年时就已经开始遵守了这样的划分。所以，步入中年我们也应该接受这种对人生的划分。承认我们都会经历不同的阶段，就是让我们学会从容地度过每一次转变，在自己的漫长人生旅途中留下印记。

随着人类的发展，人的寿命越来越长，有越来越多的人在晚年活得越来越健康和富有活力，大部分人迟早都会经历大的转变。我们只有及时地明确生命变化的哲学观，并以此来观照自己的人生，才能够从容地面对即将到来的一切。相反，采取保守的方式虽然可以维持生存，但是接下来生活的质量和生命的价值却是得不到任何保障的。所以，我们每个人都会进入这样的循环——找寻安全感，一旦有了安全感，我们就想冒险。

我们从学走路开始就一直在不停地冒险和创新：小孩尝试走几步之后就会看一下他的妈妈，确定了安全之后，他才会继续向前走。我们的生活就是在这种安全舒适和新体验带来的兴奋感中，持续不断地拉锯前行的。

我们再一次用事物的两面性来看所谓的中年危机，会发现人们面对它的态度不外乎就这两种。或者拒不承认，或者把自己藏在龟壳里，自欺欺人。其实，这种状态越是放任不管，病情就越恶化。虽然中年危机让人痛苦，但它也是一剂良药，让渐趋麻木的人从生活的温床上醒来，去面对自己已经失去，或者即将失去的东西。而另外一种人正是在遇到中年危机后，重新找回了昔日的梦想，或者重新捡回了家庭生活的美好。

事实上，中年阶段是人生创造力最旺盛的阶段，经过多年的知识、能力、经验，还有财务的积累，这几方面都达到顶峰，此时精力也比较旺盛，孩子也能自立不需要自己操太多的心，正是自己去实现梦想的最佳时机。

忘掉所谓的中年危机吧。你可能每五分钟就经历一次危机，也可能活了好多年之后才来到你的中年。这些全凭你自己选择。只要你充分利用变化，就能获得生活中最美好的事物。

课堂收获

中年危机，其实就是中年人遭受各种压力导致的精神危机，出现了上班厌倦症、回家厌倦症、微笑厌倦症等。人生没有“中年危机”，这只是中年的变化。“中年危机”的原因就在于缺乏个性，因而仍然不免感觉人生的空虚。所以，中年人拼的就是一个心态，谁的心态好，谁就走得远。

人世间最伟大的爱——母爱

人生至高的幸福，便是那来自母亲的爱！

——雨果

母爱的崇高，崇高到一种哲学的高度。以至于我们用世俗的思维无法理解，用得失的标准也根本无法衡量。就像美国著名的《汤姆叔叔的小屋》的女作者斯托夫人说的那样：每个母亲都是天生的哲学家。

风靡美国的卡通系列片《辛普森一家》中的爸爸荷马·辛普森的那句经典台词：“在你的生命中最荒谬的一天，就算你有一台电动的骗人机器，你也骗不过你的母亲。”当我们还是一个孩子的时候，我们会对这句话表示不以为然。从我们的生活经验来看，母亲明明是很好骗的，我们随便想出的一些并不算太高明的借口，就能保住我们的很多小秘密，有时候甚至能够免受责罚。后来我们长大，为人父母。才明了好哄、好骗的母亲所表现出来的哲学远远不是聪明和笨能解释得了的。甚至母亲的喜怒变化都不是所谓的理性能看懂的，就像马克·吐温说的那样：“我给我母亲添了不少乱，但是我认为她对此颇为享受。”不错，一个母亲对孩子所带来的麻烦的确是很享受的。她还同样很享受由此带来的辛劳、困苦。这就是母爱的哲学，所有的付出都是享受。母亲眼里的付出就是一种本能，已经不受代价的多少和实际功效如何所限制。付出的多寡不计，包括自己的生命。就像那个为全世界所熟悉的场景：

一场大地震已经过去了八天，营救人员还在废墟中搜寻生命的奇迹。八天，比起72小时的黄金营救时间已经过去了太久。这时候生命的出现也只能靠奇迹。然而奇迹就是这么出现在搜救人员的面前。一对母女，两条生命，虽然微弱，却依然倔强地存在着。三岁的幼女含着母亲的手指，母亲的鲜血通过刺破的手指流进女孩的嘴里，完成了两个生命的链接。换回孩子生的希望，母亲甘愿付出自己的生命。虽然在巨大的灾难面前这种付出并不能改变什么。但是母亲，还是会选择付出。就为让自己的孩子感觉到：“妈妈在，不要怕。”说起来那又是穿越了近两千年的另一个场景：

一具石膏像，两个身形。一位母亲和她年幼的孩子，母亲紧紧地俯身在孩子身上。替他抵挡着她根本无法抵挡的灾难。两个身形，我宁愿表述为一具石膏像。因为不管生死他们是一体的。这具石膏像，定格在一千九百多年前庞贝古城被火山熔岩毁灭的瞬间。感动的不仅是当下面对他们的考古工作者们，而且是全世界。

课堂收获

母爱是伟大的、是崇高的。这种崇高和伟大到了一个哲学的高度。一种到了哲学高度的存在就要求我们得用哲学的眼光来看待。母爱的伟大，任谁都无法否定，但是哲学的原则不允许我们把伟大和母爱画上等号。或者用巨大的能量来表述更加符合哲学的观点，这种能量若以正能量的形式呈现，便是一种难以企及的高度。若是以负能量的形式爆发，其破坏力也是不可预料的。我们永远想象不到一个疯狂的母亲可能做出的事情，她的举动是没有上限也没有下限的。母爱的哲学，哲学地看母爱。让人类不得不重视对女性的教育和培养，她们是母爱的载体，可以成就一个民族，也可以毁灭一个民族。

生命本来没有名字——过程即价值

一个人的一生应该是这样度过的：当他回首往事的时候，他不会因为虚度年华而悔恨，也不会因为碌碌无为而羞耻。

——《钢铁是怎样炼成的》

说到生命的哲学，一般认为会有两个不同的解释：如果把它看作是对19世纪中期的黑格尔主义和自然主义或者是唯物主义的一种反抗的话，那么就是一种类似于唯心主义的存在。另外一种解释是把它看作一种理性而客观的哲学，这一解释是以达尔文在《物种起源》中所提出的进化论为基础的，它把生命发生和发展的规律做进一步的提炼和升华。这两种解释都是专业研究领域的说法，对于社会大众认知生命来说，都不是那么实际，也不那么易于理解。

在社会生活中谈生命的哲学，哲学的导师们更愿意把它叫作人生。从人生的角度谈论生命无疑是更便于人们理解的，也具有更强的现实的积极意义。谈论人生该如何度过，我们不妨先从它的两个端点入手。人生开始的时候是个什么样的状态，到终点的时候又是个什么样的状态。

开始时的状态，可以借用一位哲学家的一句话“生命本来没有名字”。这无疑是一种相当精辟的提法，直指生命的原本状态：平等、本真，毫无二致。“没有名字”，不错。我们都是一样的，生命而已。这种状态跟过程中那个以各种符号的形式出现的生命形成鲜明的对比。只不过有的生命在各种社会符号的掩盖下还能时不时地观照本真。有的生命已经被社会符号所同化。完全看不到生命本来的样子，他的世界里所谓的生命就是各种社会功利的组合。血肉之躯、生命活力完全被这些所奴役，在永无休止的追逐中疲劳致死。那些生命不管在什么场合出现，都习惯于摆出一大串各种机构的各种职位头衔，以至于别人无法了解他是个什么样的人，他做过什么。生命存在时如此，生命消失后也是如此。人类对于血统的讲究是没有国界的，但是不管是在哪个国家。提及自己的先人，基本上都会说他地位有多么显赫，官位有多高，等等。几乎是只字不提他的高矮胖瘦、性情如何、有什么样的喜好。

现在我们可以用一句话来概括我们生命的起点和终点的状态，以便于明了我们大多数人正在经历着怎样的人生：开始时我们拥有的只有生命，当我们渐行渐远忘记的也恰恰只有生命本身。这是一个近乎荒谬的现象，却也是一个无处不在的真实存在。原因何在？就在于人类关注了太多生命之外的东西，他们所有的时间都在琢磨自己应该当什么，而不去考虑自己应该做什么。太在意生命终结时会定格在什么样的位置上，而忽略了这辈子经历了什么。生命、价值，用哲学观点又该如何打量：活着时不忘生命的本真，关注于生命的属性。死亡后别人记住的是你做过什么事，而不是当过什么官。

简而言之，拥有一个去符号化的生命，并把它的价值在过程中体现。这样的生命才能为世人所敬仰，才配得上价值二字。

托马斯·杰斐逊，美国历史上一个响当当的人物。在当今世界人民的眼中他的形象是这样的：美国著名的政治家、哲学家、科学家、思想家、教育家。《独立宣言》的起草者，美国独立战争中主要领导人之一。此人先后担任美国第一任国务卿，第二任副总统和第三任总统。他是美国人民公认的美国历史上最杰出的总统之一。经常和这个名字一起出现的另外几个名字分别是华盛顿、林肯和罗斯福。成串的各种家和一个个的头衔让后人看到了他的杰出和伟大。但是在他自己设计的墓碑上我们只能看到这样的一句话：“托马斯·杰斐逊，《独立宣言》的起草人，《弗吉尼亚宗教法案》的起草人，弗吉尼亚大学的创建人埋葬于此。”这可能才是对过程及价值的最好诠释。

课堂收获

明了生命的价值，我们在活着的时候才能够不被各种头衔和光环所奴役、驱使，直至疲劳致死。我们得以在过程中时时观照生命，观照本真。如此才能成为生命的主宰者，在奋发努力的同时多一份从容和洒脱。死后后人看的不只是一堆头衔和各种符号，如果能让后人看到过程和生命本身。我们的生命也便有了价值。

人生的苦恼——不犹豫与不后悔

立下原则，不后悔，也不回顾。后悔只是白白浪费精力，于事无补，只会让你沉溺于其中。

——曼斯斐德

犹豫和后悔是永远掰扯不清的两种状态，我们犹豫就是为了将来不后悔，但是很多时候我们后悔，恰恰是因为当初的犹豫。有时候我们把一件事情看得很重，我们想做到尽善尽美，我们不想留下哪怕是一丁点的遗憾。为此，我们想了很多，我们在意念中一遍又一遍地修补过程中可能出现的漏洞。终于，我们自以为万无一失了。可是机会已经永远不会回来了，原来机会存在的地方竖立着我们最不愿意看到的两个字：后悔。

有一个才华横溢的少年，学识、品性和长相俱属一流。周边所有的年轻女子都把他当作心目中的理想伴侣，有不少的好女孩都曾亲自登门表达过自己的爱慕之情。有的热情奔放，有的含蓄婉约，有的知书达理，有的精明能干。但是她们当中没有一个得到过少年的应允，却也没有一个遭到少年的拒绝。

面对着女孩们的表白，少年心花怒放。然后一向谨慎的他陷入了漫长的思考当中，他对每一个女孩都说这同样的话："等我考虑考虑。"

他先是考虑结婚好还是不结婚好，他把结婚和不结婚的好处和坏处都罗列出来，然后一一琢磨。最后得出的结论是好坏基本相等，由于自己已经经历了不结婚的状态还不知道结婚的滋味，于是就准备结婚。但是，紧接着他又被另一个问题所困扰，登门的女孩那么多，她们各有各的好，都非常喜欢自己，但是到底应该娶谁？为了将来不后悔，他甚至为每一种性格的女孩都设定了一个生活的预想模式。在这个模式中寻找跟自己最匹配的一位。

等到少年想清楚娶谁的时候，少年已经不再是少年了。当时登门的姑娘们，也都已经成为别人的妻子、孩子的妈妈。他这些年殚精竭虑得到的答案只换来两个字：后悔。

一向以智慧头脑为傲的少年，无法接受现实的打击。心中极度郁闷直接导致健康状况的急转直下。最后在病床上说了一句：我们的人生哲学应该是，少年时不犹豫，晚年时不后悔。

课堂收获

我们总是因为犹豫而后悔，我们总是因为害怕后悔而犹豫，但是害怕后悔的犹豫往往会把后悔带到我们面前。这貌似一个永远跳不出去的怪圈，这个怪圈的存在让我们跌入万劫不复的恶性循环。哲学的头脑不存在解决不了的问题，破解怪圈的密码在于破解犹豫本身。犹豫，本质上不是我们通常理解的谨慎。它是我们内心的恐惧和贪婪在行动上的体现。拒绝任何不好的，占有所有美好的，这便是人性中的恶。了解并面对它，适当接受一些不好的，放弃一些美好的。犹豫的诅咒也便自动解除了。

第14章

知识与道德

“知识就是力量”没错的。但是这个力量如果没有被我们的道德所驯化，如果不能听从于我们的智慧和心灵，可能会成为人类发展的障碍。

作为知识的拥有者，我们利用知识实现了科技的突飞猛进，让我们的生活变得越来越方便快捷，但是我们内心却越来越难获得快乐和满足。这所有问题的关键在于我们重视知识的同时忽略了道德在人生中的作用，知识在被我们的欲望所驱使的时候，没有道德从旁监督，结果难以预料。所以，在知识的力量爆炸式发展的今天，道德的监督绝不能缺失。

欲望——人性中的黑子

很多人之所以失败，甚至沦为罪犯，都是被人性中的弱点主宰的结果。如果你无法走出人性中的弱点，就会迷失自我，最终丧失美好的前程。

——卡伦·林赛

欲望，这个与生命共生的产物，很多时候被我们跟恐惧和贪婪排在一起，被称作人性的弱点。当我们满心疲累的时候，会感叹都是欲望惹的祸；当我们经历了各种收获和成功之后，内心的舒适感变得越来越不明显。就会想起一个词——欲壑难填。

其实，向哲学借一双眼睛。我们就不难发现，欲望不过是自然界各种资源在人性中的一个映射，一个客观存在而已。虽然这个客观存在并不像自然界中的客观存在那么直观。既然是一个客观的存在，那就必然不存在什么优点和弱点之说。也不适合用美好或者是黑暗来诠释。它跟其他客观的资源一样，有利与否就看我们能否驾驭。智慧主宰了欲望，欲望便是福音；欲望主宰了智慧，欲望便是灾难。

说一个故事，一群猩猩在路边看到一个酒樽里面盛满香甜的美酒。旁边还摆好了好些杯子，具有灵长类智慧的猩猩看到如此的情形马上明白了人类的险恶用心。相约彼此相互提示，绝不能让人类的预谋得逞。

心怀戒心的猩猩围着香甜的美酒打转，一阵阵的酒香勾引着它们心底的欲望。欲望和理智开始了艰难的拉锯战。终于，一只猩猩实在受不住诱惑提议少喝一点。如此美酒少喝一点又有何妨，只要不喝醉应该就没有什么危险。于是，大家相互监督着端起了第一杯酒。但是事情往往就是这样，理智一旦开始退让就会一溃千里，有了第一次就会有接下来的第二、第三次。

等到人类站到它们面前的时候，一群猩猩全部已经醉倒在地。

课堂收获

所谓欲望，不过是客观存在的一种。无所谓好坏，也无所谓强弱。面对欲望我们应该做的不过就是尽力驾驭而已，充分调动蕴藏在其中的创造性，尽力抑制它本身具备的盲目和贪婪。主宰了欲望，便主宰了人生。

天使与恶魔的厮杀——向善抑或向恶

任何人的爱好或想要的对象就是他所认为的“善”；他厌恶和憎恨的对象就是“恶”。

——托马斯·霍布斯

人性中有着善和恶的双重基因，人成就善或者恶的潜力是等同的。那么我们究竟是应该向善还是向恶？用哲学的思辨貌似无法对这个问题给出一个确切的答案。哲学所能做的就是教会我们用哲学的思维来考虑这一问题。

考虑向善还是向恶之前我们先考虑什么是善什么是恶。善和恶在哲学界起码有两种不同的界定，一种出自奠定了西方政治哲学发展根基的英国政治哲学家托马斯·霍布斯。在他的哲学思想中任何人的爱好或者想要的对象就是他所认为的善；而相反，他厌恶或者憎恨的对象就是恶。这个善与恶的界定是站在个体的利益立场之上的，是每一个个体眼中的善和恶。这个标准更接近于人类的动物本能，以这个善、恶作为行为准则更接近于弱肉强食的丛林法则。

善和恶的另一种界定从东西方争论了几千年的性善论和性恶论中来。东方以中国为代表的哲学思想中以性善论为主流，而在西方的哲学思想中性恶论占主导地位。这个善和恶的界定是站在个体之外的，是从第三方的角度来界定的，更加符合人的社会性，也更接近于道德的范畴：合理的，有利于他人的为善；不合理的，于他人的利益有害的被叫作恶。

但是，即使以第二种善和恶的界定来说，有时也很难说某件事情是向善还是向恶，怎么做才是向善，怎么做才是向恶。不过，生活在社会中的人类，选用了契约的精神来做底线。法律就成了恶的界定恶的底线。

那就说一个法律界公认的最伟大的虚拟案件吧。

1949年，哈佛大学法学院教授L.L.富勒在《哈佛法学评论》上把这个非常著名的虚拟案件提了出来。

时间设定在4299年的5月上旬，地点设在纽卡斯国。事件是五名探险家在深入一个洞穴探险时遭遇塌方被困洞中等待地面人员的营救。十多天以后他们用光了维持生命的一切资源，这时却用自身携带的设备同外界取得了联系。外面的营救人员告诉他们还需要十几天的时间才能挖通塌方的地方给他们提供救援。五位探险者通过无线电询问外面的医生，在不吃不喝的情况下他们能不能坚持到获救的那一天，医生给出的答案是否定的。短暂的沉默后，五位探险者又一次询问外面的救援者，如果他们吃掉当中的一个能不能让其他的四人坚持到获救的时候，还有这样做能不能得到他们的允许。这样的问题让洞外的救援者陷入了集体沉默，最后，除了医生给出了肯定的答复外，其他人都选择了回避，包括政府的官员和神父在内。没有人说可以，也没有人说不可以。

三十二天以后救援的人员终于清除了所有的障碍，却只看到四个奄奄一息的人和一具骸骨。原来在第二十三天洞内的五个人通过扔骰子选定了一个人杀掉吃了。而这个被吃掉的人正是这个建议的提出者——维特莫尔，而且在行动之前还反复地讨论过公平性的问题。

最后法庭在四个生还者养好身体之后，对他们进行了审判。结果是五位法官，除了一位实在难以判断善恶对错而弃权之外，四位法官给出了四个不同的答案。

课堂收获

天使与恶魔厮杀的结果如何，向善抑或是向恶。哲学没能给出一个放之四海而皆准的标准答案。但是哲学给出了界定善与恶的方法，善恶若已界定，向善或者向恶也便有了定局。如此，便是哲学的帮助了。毕竟善与恶，会因为具体事件、立场以及界定者的智慧的不同而存异。真正智慧之人面对具体的境遇自然会有抉择，也不是一句简单的向善抑或向恶所能囊括的。

好人是如何变成恶魔的
——路西法效应

心灵拥有其自我栖息之地，在其中可能创造出地狱中的天堂，也可能创造出天堂中的地狱。

——约翰·弥尔顿

虽然哲学的思维要求我们不要轻易地给人贴上“好人”或者“坏人”的标签。但是我们也不能因此就否认一个事实，那就是在特定阶段和环境中总是有人扮演着“好人”或者“坏人”的角色。并且随着环境和条件的变化，这两个角色也是可以相互转换的。为了弄明白“好人”是如何变坏的，人类一直在尝试着各种不同的实验。“看守与囚犯”便算得上是典型的一个。

“看守与囚犯”的实验由著名的心理学家津巴多于1970年在斯坦福大学发起。这个实验旨在研究职责和地位等外界条件是如何影响我们的性格的，并想以此来证明善恶之间是可以转变的，只要外界的条件充足，人自身的性情并不像我们想象的那么重要。

为了实验的顺利进行，津巴多特意在大学里征召一些思想相对单纯的被称作“好孩子”的男生。津巴多支付给这些大学生每人每天15美元的报酬，确保他们能够完成为期两周的实验。经过检测和选拔，津巴多带领着选中的24位身体健康、智力发达，并且没有任何心理异常的青年来到斯坦福大学心理学系设计的模拟监狱。实验开始，参与者自愿分成“犯人”和“看守”两个小组。“犯人”自动走进监舍，“看守”在外面嘻嘻哈哈地把铁门锁上。毕竟在他们的眼里这就是一场跟游戏没什么区别的实验，大家平时又没有过节，也用不着太过较真。总之在第一天里“看守”和“犯人”之间的关系还是相当不错的，其乐融融。相互嬉闹着，开着玩笑打发监狱里不那么有趣的时间。

但是这样的轻松时光并没能维持多久，一些不愉快的事情第二天就出现了。在嬉闹之间“看守”对“犯人”多了一些戏谑和轻视，甚至是轻度的侮辱。反正“犯人”是被关着的，而“看守”的手里就掌握着铁门的钥匙。遭到轻视和语言侮辱的“犯人”当然不甘示弱，但是又不能走出监舍。只能用言语回敬着“看守”们的挑衅。实验的参与者们在口水战中度过了两天，第四天的时候“看守”们已经无法忍受“犯人”对他们的不敬，他们决定给“犯人”更多的限制来让他们闭嘴。于是，他们纷纷冲进监舍把刑具戴在“犯人”身上，更有甚者不惜动用武力。

原本预定进行两周的实验，在还不到一周的时间里就不得不终止了。因为这中间几乎所有的“犯人”都受到了身体的伤害，尽管津巴多多次对“看守”提出过警告。但是“看守”们总会在津巴多离开后找机会报复告状的“犯人”。在津巴多被迫结束这个实验的时候，这群原本嘻嘻哈哈的大男孩，已经成了水火不容的仇人了。

课堂收获

人的思想里住着天使也住着恶魔，同一个人时而善、时而恶，取决于诱因的不同。

很多人都不够完美，可是如果补上那么一点点缺乏的东西，他就慢慢地走向完美。如果多从小处留意，你可能会完美许多。假如你认识到你自己不够果断、不善沉思，如果你已经注意到这些，那么你害怕不能改进吗？只要你善于发现自己的不足，不断进行修炼，形成习惯，你的天性就有可能改变，你也就能因此变得更完美。

我们为什么会成为谣言的传播者
——每个人都会无中生有

谎言重复一千遍就会变成真理。

——保罗·约瑟夫·戈培尔

首先从传媒和传播的角度给谣言一个定义，传媒学说谣言就是利用各种渠道传播的对公众感兴趣的事务、事件或者问题的未经证实的阐述或诠释。从这一角度来分析谣言是不分真假的，因为都是未经证实的。如果用谣言的这个定义来观照我们的社会和生活，会得出这样一个结论：信息社会，我们的生活是用谣言铺就的。我们时时刻刻置身于谣言之中，有时我们扮演着谣言的发起者，有时我们充当着谣言的有效媒介，更多的时候我们在对各种谣言进行甄别。这样的结论说出来，会让很大一部分人感到很惊讶，因为这一切发生的时候作为事件的载体我们并不知情。

这就需要先从心理学的角度讨论一下谣言的缘起。谣言从缘起的角度来说有的是有意的，更多时候是无意为之。有意为之的谣言具备较强的针对性和功利性，常见的是恶意中伤、罗织罪名，譬如在办公室里打同事的小报告、在竞选或竞争中散发黑函等，属于道德和法律的范畴。

我们要深入探讨的是基于人的无中生有的本能的无意识的谣言，这个范畴的谣言更适合用心理学和哲学的观点来解读。想象是作为灵长类动物之首的人的显著特征，空想、幻想和妄想是想象的重要组成部分，而这几个想象的重要组成部分造就了人类无中生有的本能。这种本能使得人类在发出或者传播某一信息的时候会做出种种背离客观的反应。如果一个人在讲述自己的往事，他的讲述中总有一部分细节是偏离事实的，即使是讲述者的人品很可靠。因为记忆是会骗人的，它具有自动美化的功能。使得一个人在记忆中的形象总是离他最想成为的那个人的样子最近。这是人的本能；如果一个人在传递着一个灾难的消息，而这个事件中恰恰涉及对他来说是很重要的人，那么他所传递的消息往往是朝着乐观的方向靠拢的，这也是人的本能；如果一个人对某件事情或者某一项事业过分痴迷，那么他有可能把想象中的事情当作现实中存在的事情向外传播，而且他坚信事情是真实发生过的，并竭力让身边的人都相信，这也是人的本能。

在精神学上有一种“感应性精神病”，指的就是这样一种荒唐的妄想传递现象。

课堂收获

从心理学的角度深入了解谣言产生的本能因素，使得我们更方便地在哲学的视角上看待谣言，让我们尽可能地减少在无意识中“被谣言”而不自知的概率。了解了无意识谣言产生的心理机制，我们才能从根本上理解那么充满激励的话：历史永远不可能重现，真相永远不可能被说出。我们所能做的就是利用智慧修补本能的漏洞，让我们离真相近一些，更近一些。

正确处理义与利的关系
——君子喻于义，小人喻于利

有学问而无道德，如一恶汉；有道德而无学问，如一鄙夫。

——罗斯福

我们在处理生活中任何一件事情的时候都需要考虑一对矛盾的综合体，那就是义和利。面对这对矛盾的抉择，我们并不能简单地以对或者错来判定，只能说每个人的选择不同。因为单纯地讲义和单纯地讲利都是不符合哲学的思维的。

义和利这对矛盾体在人生观和价值观的范畴内，向来为历代的思想家所看重。利源自人的动物天性，属于人的自然属性，是物质利益。义是群居产生的法则，是社会性的产物，简单说就是道德和信仰。这对矛盾体就像是一件器物的阴阳两面，相悖、不可调和也不可分割。

道德信仰作为“义”的具体诠释，产生在利益的基础上随着利益关系的变化而不断地变化着，同时也对起着基础作用的“利”有着巨大的反制作用：利益的增长、分配都要受到道德信仰的调节和制约。义和利在不同的境遇下相互扮演着目的和手段的角色，并在两个角色之间不停地转换。这个世界上如果存在那种只讲义不讲利的人，那么那种人在大家的眼中就会显得虚伪；但是反过来如果有人只讲利不讲义，那这种人就会损人利己、不择手段。要想让我们的人生变得有意义，我们有必要做好义与利在我们生活中的辩证统一。在辩证的观点中树立正确的义利观。早在两千多年前东方哲学的标志性人物孔子就对义利的关系做了明确而详尽的阐述。孔子说：“君子喻于义，小人喻于利。”这里的“小人”并不指向人格、品行，不过是那个时代对阶层的一个划分而已。这句话就是说智者更看重义，普通的百姓更看重实在的利，所以智者用义来调动，百姓用利来激励。但是智者或者百姓对义利只不过是“更”有所侧重而已。这里都是用统一辩证的义利观来看的。

课堂收获

用统一辩证的义利观来看待义和利的关系，我们就会明白义和利共生共灭，不可分割而又相互制约。用统一辩证的义利观观照自身，我们要奉行君子爱财取之有道，义字当先而后见利。如果用统一辩证的义利观观人处事，“君子喻于义，小人喻于利”就应当是我们的准则。辩证统一的正确义利观便真正为我们所用了。

树立正确的金钱观——是是非非说金钱

那些赚钱只为了维生的人，是最可悲的。

——梭罗

“金钱是好仆人、坏主人。”这句话出自法国著名作家小仲马的传世之作《茶花女》，这句名言清楚地反映了两种截然不同的世界观：做金钱的奴隶或者做金钱的主人。

金钱是什么？是人类等价交换的产物，一种等价交换的货币符号。一个客观存在而已。但是从货币的产生到现在这段漫长的时间里，这个等价交换符号的载体经历了从金银到纸币的种种变化，有一个称呼始终没变过：万恶之源。

不知道从什么时候开始金钱在代表某人占用多少资源的同时，还被蒙上一层不光彩的颜色。金钱和罪恶排在了一起，富有和不仁画上了等号。以至于正人君子羞于谈钱，生怕沾染一身的铜臭；亲朋好友不屑于谈钱，谈钱怕伤情感。人后千方百计地赚取金钱，人前还要绞尽脑汁跟金钱撇清关系。金钱是是非非难有定论，人对金钱也是又爱又恨莫衷一是。如此纠结的根本原因在于金钱代表资源的私有性和人性中的贪婪与扎根于社会性的道德文明之间的矛盾。尽可能多地占有就需要不择手段，这就势必与道德文明相悖。占有的欲望主宰了人生也会激发内心的各种负面因素。

很久以前，有个富有的人，通过大半辈子的打拼，他的财富绝对算得上是富甲一方，但是他天天守着大量的金钱却感受不到一点的快乐。这种不快乐让他非常困扰，最费解的是他不知道自已为什么不快乐。

苦恼不已的富人就去拜访一位远近闻名的智者，向他诉说自己的不快。智者为富翁沏上一壶茶让他平复一下情绪，然后带他来到一扇临街的窗户前。两个人站在窗前透过玻璃静静地望着熙熙攘攘的大街，智者突然发问：“透过这扇窗子你能看到什么？”

“人、车、各种店铺。一个花花绿绿的世界。”富人不太明白智者为何会有此一问。

智者又带富人来到一面镜子跟前问：“现在呢？透过这面镜子你又能看到什么？”

“只能看到我自己。”富人如实回答。

想知道这是为什么吗？窗户和镜子同样是玻璃，但是你无法透过镜子看着这个世界只是因为它的后面多了薄薄的一层银粉。

课堂收获

有人说金钱是万恶之源，滋生诸多罪恶。滋生罪恶这是个事实，但是被称作万恶之源的金钱本身是不恶的。只要我们在追求财富的同时不失本心，金钱同样可以绽开美丽的善良之花。对待金钱这个一般等价物，一种货币的符号，我们正确的认知就是看透是是非非，脱离罪恶善美。用一句东方古老的哲言来总结：君子爱财，取之有道，用之有度。如此而已。

什么使你成为你——忒修斯之船

如果用忒修斯之船上取下来的老部件来重新建造一艘新的船，那么两艘船中哪艘才是真正的忒修斯之船？

——托马斯·霍布斯

“人不能两次踏进同一条河流。”关于赫拉克利特的这句名言，我们向来是深信不疑的。不过我们是通过什么来判断这并不是同一条河流呢？到底是哪一部分决定了他们的不同？想要深入地回答这些问题，我们就得从一个著名的哲学悖论和一个物理学的“全同原理”一起说起。

先说下这个古老的哲学悖论吧，这个被叫作忒修斯之船的难题讲的是一艘可以在海上航行几百年的大船忒修斯号。这艘船之所以能够在数百年间在海上航行，取决于不停地维修和更换各种零件。但是最难的问题出在最后，经历了几百年海上航行，也经历了几百年的修复和更换之后。人们所看到的忒修斯号还是原来的那个忒修斯号吗？如果不是，那么又是什么时候开始不是的？是哪一次的维修或者是哪一个更换的零件让它变成了另外一艘船呢？如果用忒修斯之船上换下来的老旧的零部件组合在一起，重新造一艘船，又能不能算是忒修斯之船呢？

讲述忒修斯之船的难题，听起来好像是上一个河流问题的翻版。那是因为，这两个难题的答案都藏在一个物理学的理论中，这就是我们用来解决问题的——全同理论。

全同理论的核心，简单地说就是同类的粒子之间本质上是区分不开的。比如说氢原子，两个氢原子之间没有什么性质上的区别。你把水分子中的那个氢原子用别处的一个氢原子来代替，这个水分子的性质是不会改变的。

全同理论的成立需要满足两个条件：第一，一个个体不管发生什么样的变化，这种变化都只能是同一元素之间的微小变化，而不能是元素的替换，要保证事物的同一性；第二，这些同类元素之间的变化一定具备时空的连续性，若不具备时空连续性的元素结构，相同的事物也不能算是同一个事物。

现在我们可以用全同理论来解读忒修斯之船的问题了，忒修斯之船经过几百年不断地更新和修复，但是更换的木板和其他的零部件以及安装的位置都没有太大的区别。保证了事物的同一性。同时也保证了事物存在时空的连续性，那么人们就有理由得出几百年后的忒修斯之船还是原来的忒修斯之船的结论。但是把拆卸下来的零件重新组装起来，跟原来的忒修斯之船就不存在时空的连续性，不能满足全同理论成立的条件，也就是说重新组装的船是不能叫作忒修斯之船的。

再用全同理论来看一下赫拉克利特的那句名言，或许能得到不一样的答案。不同的答案，就在于我们从不同的角度选用了不同的衡量标准。

课堂收获

什么使你成为你？从生命特征上来说，活着的这些年我们的身体时时刻刻都在发生着变化，但是那只是同一细胞的替换，而又具有时空的连续性。所以我们不管身体怎么变都还是自己。从思想上来说，我们会随着阅历的丰富而变得成熟，但是我们性格中的因子不变，所以我们还是自己。但是对于一个性格因子发生变化的人，全同理论告诉我们，这已经不是我们之前认识的那个人了。我们需要重新打量。一个人如此，一个组织，一个企业也是如此。我们身处在变化的世界中，掌握了全同理论，无疑就等于手中多了一把判断变与不变、量变与质变的尺子。

第15章

幸福与快乐

幸福，一直是哲学家们所探讨的问题。

问题1.幸福是什么?

问题2.幸福是物质财富还是心理感受?

问题3.幸福是已获得的结果，还是追求幸福的过程?

问题4.幸福有什么特点?

问题5.幸福的构成要素是什么?

问题6.幸福是否有标准?

问题7.幸福和快乐也有秘诀吗?

生命需要追寻真正的美好
——快乐是幸福生活的起点和终点

茅草屋顶下住着自由的人；大理石和黄金下栖息着奴隶。

——塞涅卡

1994年，凯文·卡特凭借一张秃鹫守着女童等待她死亡的照片获得了普利策摄影奖，成为世界摄影界的一颗耀眼的明星。但是刚刚过去五个月的时间，就传来了他离开人世的噩耗。这颗刚刚升起的明星利用汽车尾气给自己的生命画上了句号。这其中的原因就像他的遗言中说的那样："对不起，生命中的悲伤远远超过了欢乐。"

快乐或者不快乐都是涌动在内心深处的能量，快乐的人也会体验到痛苦与悲伤，但是这些消极的情绪在快乐的人的生活中永远都只能是配角。

伊壁鸠鲁36岁的时候，创办了一所学校，这所与外部世界完全隔绝的学校就坐落在他自己住所的花园里。历史上把这所学校叫作"伊壁鸠鲁花园"，伊壁鸠鲁本人也被人称作"花园哲学家"。在这所花园学校的庭院入口处，伊壁鸠鲁立了一块告示牌，上面写着："陌生人，你将在此过着舒适的生活。在这里享乐乃是至善之事。"

他认为快乐就是最大的善，快乐就是指身体免遭痛苦和心灵不受干扰，身体健康和心灵宁静才是快乐的定义。他说："我们不用害怕死亡，因为死亡和我们没有关系，只要我们存在一天，死亡就不会来临，而死亡来临时，我们也不再存在了。"

伊壁鸠鲁十分看重哲学，看重学习的价值。对于如何才能获得心灵的宁静，他认为，哲学就是一服治疗灵魂疾病的药剂。对于不快乐的原因，他就指出了两点，即身体的不健康和心灵的不宁静。

对于很多人来说，保持内心的安宁就是幸福永恒的追求。这也是人生哲学最根本和最重要的事情，幸福的人生也正是需要以此为基础。心灵的宁静，是一种不为环境所左右的超然的境界！我们生活的世界始终都在处于永不停息的变动之中，跳出变动之外，在变幻莫测的环境中保持心灵的宁静，这份宁静才是一种真正的宁静。

人类应该回归心灵的宁静，这也是美国著名文学家罗斯·李普曼一贯的主张。他认为，只有从内心深处才能真正解读人生。

他的这个主张还有一个亲身经历的故事：

罗斯·李普曼年轻的时候曾偶遇一位智者。智者让他列出他所认为的人生最美好和最重要的事物。于是，他就把自己心中所向往的美好的东西都列了出来——爱情、才华、权利、财富和声望等，他看着自己列出的这份清单，自认为已经囊括了生命中不可或缺的美好事物。在他看来这无疑就是一份完美的人生答案。但是，面对罗斯·李普曼写下的答案，智者却轻轻地摇摇头说："你还缺少一样最重要的东西。"

智者稍微停顿了一下，看见罗斯·李普曼不解的眼神便接着说："如果你缺少这一点，你拥有的所有美好东西，都会变成可怕的痛苦，成为你整个人生中难以承受的沉重累赘。"于是，智者在罗斯·李普曼的答案后面，又郑重其事地加了一条——心灵宁静。

智者的点拨让罗斯·李普曼恍然大悟：世界上，能够拥有健康和名望的人不少，但是，真正一生难以寻得的却只有心灵的宁静。从此以后，智者的教诲也成了罗斯·李普曼一生的座右铭，也让他成为一位真正的智者。

可以说，心灵的宁静就是对人生的领悟与最好的诠释。这种宁静不但能为我们带来心灵的安宁，更能让我们享受生活的乐趣，感到一种前所未有的快乐和幸福。

课堂收获

每个人都有情绪波动，快乐与不那么快乐总是像水一样流动着。过度的满足和快乐很快就会转换成挫折与不满。当一个人感觉快乐的时候，好的情绪就会释放，并慢慢平复，不好的情绪也会慢慢显现。而只有内心的宁静，才能让内心的快乐持续而长久。修炼内心的宁静，以柔克刚，只要顺其自然，这样就能让自己更成熟、更自信。

为什么我们会感到不幸？
——目标与幸福是一个不等式

有人以为，只要道德上不失其善，则即使受酷刑或遭受极大的不幸，也依然是幸福的。这种说法是毫无意义的。

——亚里士多德

在我们讨论幸福的同时，其实我们还有意或者无意地关注另外一个话题，那就是不幸和苦难。我们说幸福其实就是说如何远离不幸和苦难，我们说幸福的方法更多的时候是在说面对苦难、摆脱苦难的方法。幸福和不幸，快乐和苦难是两个看似截然不同，实则如影随形的存在。粗看起来不满足感和苦难好像是获得幸福的障碍，但是它完全可以通过自身激发的动力来促成幸福。从古希腊到近代，幸福一再成为实践理性的论题。尤其对伦理哲学而言，幸福问题的引入，才使得它落实到了一个更加具体的层面。

所谓幸福是"对自身状况的满意"，对于幸福，康德做出了如此的阐述。这里所说的自身状况，是指自我的整个生活状况，而不是某一方面或者某一阶段的境遇。所谓的幸福或幸福感，那就意味着对整个生活状况的满意。遵照这一定义，我们所说的幸福最主要、最明显、最具体的表现便是幸福感。幸福感的形成来源于作为生活主体的自我对我的生活环境所做出的肯定的判断。也可以说幸福存在于主体存在的精神维度上，幸福往往与体验或感受联系在一起，以自我对生活的满意为主要内容。当某人说他感到很幸福时，这种幸福往往渗入了他对生活的感受或对存在的体验。这种幸福观所体现的就是一种取向，也就是“以……为幸福”。而幸福感是建立在幸福观基础上的一种主观体验，简单说就是一种感受。我们的努力方向靠幸福观来决定，而我们的努力程度则取决于我们的幸福感。

有一个做羊毛生意的人，因为操心生意的事儿而经常失眠。无奈之下只好跑去找心理医生，希望医生能帮助解决失眠的问题。“这件事很简单，”医生说，“你是做羊毛生意的，应该对绵羊很熟悉。今天晚上，你上床以后，就去数绵羊，不停地数下去，用不了多久你就会睡着的。”

第二天一大早，医生就看到那个患者怒气冲冲地冲进来，眼睛里像要喷出火来。医生吃惊地问：“怎么？还是没睡好觉吗？”

患者说：“不使用你的办法的时候，我一晚还可以睡两三个小时。但是开始数羊以后，我就一会儿也睡不着了。我一直在数，数啊数，可是数到了成千上万只羊，我还是睡不着。因为我在想，守着这么多的羊，我不能什么都不做。所以我就开始想着剪羊毛，一堆又一堆的羊毛堆成了山。之后我又想，这么多的羊毛我得想个办法处理好，所以我就开始用那些羊毛来做地毯。到现在，我的脑子里面已经积压了一万多件羊毛地毯等着销售。”

他喘了口气，接着说：“我都快被逼疯了。现在，这上万件的羊毛地毯压在我心里，但现在市场又不好，根本就找不到买主，你让我怎么办呀？”

我们不仅要决定自己的幸福观，更需要提升自己的幸福感。做一个幸福的人，必须有一个明确的可以带来快乐和意义的目标，然后努力地去追求。否则，有了幸福的方向也会因为需要在这个方向上走得太久、太难而无法到达。

课堂收获

幸福，是一种感觉，是人的一种满足感。幸福其实是很简单，幸福更是无处不在的。每个人都有属于自己的幸福，但是这幸福要靠自己去发现、去把握。然而，我们往往因为要求得太多，而在没有见到幸福本身之前就错过了幸福。因此，只有善于抓住幸福的人才懂得幸福的真谛——世上最珍贵的是把握住眼前的幸福，其他的，得不到的或者已经失去的都不算。

人为什么会有不幸
——幸福是若干快乐的集合

严肃的人的幸福，并不在于风流、娱乐与欢笑这种种轻佻的伴侣，而在于坚忍与刚毅。

——西塞罗

一个人活着幸福还是不幸福，不取决于拥有多少，而在于想得到多少。有两个问题人们在讨论幸福时是必须要注意的：一是社会方面，社会关系到幸福的客观条件；另一个是心理方面，心理方面关系到幸福的主观体验。

真心追求幸福的人都有这样的体验："幸福存在，我遇到过。"也许这种相遇转瞬即逝，但它至少表明幸福是可能的，是完全可以获得的。所以，对幸福的标准和价值取向不同，必然会导致对幸福感觉的差异。就像一句话说的："有的烧炭匠比有的国王更幸福。"

人们的渴求在获得满足或部分获得满足后的愉悦感觉我们称之为幸福；与此相反，不幸便是人们的渴求在没有获得满足时的不愉悦感觉。由此可以看出幸福或者不幸都来自人的不满足本性。我们从幸福与不幸的定义可以看出来，没有渴求就没有不幸；同时也就断送了幸福的可能。渴求就是人的不满足的心态，而不满足就是人的本性。

既然幸福被定义为人们的渴求在获得满足或部分满足后的愉悦感觉，那么不管是获得满足还是部分满足都需要一个或短或长的过程。这就决定了在幸福获得之前必然要经历一段或长或短的渴求不能被满足的时段，我们说不幸的时段指的就是这个过程。不幸时段是到达幸福必须经历的一个过程，幸福的产生更是要以此为基础。

如果我们可以预知人生阶段的幸福追求，我们便能在心理上提前做好幸福准备。那么不管是零零星星、点点滴滴的瞬间感动，还是长长久久、源源不断的真情表露，都能带来内心满足的情绪，进而化身为幸福。

幸福是实实在在存在的，也是可以追求和相遇的，同时我们也可以明确努力的方向。但是我们还是要承认幸福是一种太不确定的东西。譬如说我们明确了幸福的方向，并付出了足够的努力，我们的渴求在某一时刻得到了满足。即使如此，我们仍然不能保证接下来等待我们的便是幸福。就好比一个人把愿望的实现视为幸福，可是，真的等到愿望实现的那一刻，并不一定能感到幸福。萨特一生功成愿遂，实现了常人最企望的两件事——爱情和事业渴求的双重满足，但他在垂暮之年却说出了让人有些费解的话："生活给了我想要的东西，同时它又让我认识到这没多大意思。不过你有什么办法？"

我们所追求的幸福除了具有不确定性之外，还有一个特性让我们深感无奈。那就是幸福具有的时效性——"也就是我们通常所说的过期作废"的局限。但幸运的是，幸福的本原和本质不会发生太大的改变。只要我们能够追根寻源把幸福的脉搏紧紧抓在手里，把获得幸福看作自我实现的成长过程，我们就完全有可能拥有并维护好属于自己的幸福。

课堂收获

不幸与幸福处在两个双向可逆的位置上，都是思想或意识的感觉，在渴求获得一定满足的情况下，有些人会获得幸福感，那是因为他们感觉到了满足；但是有些人却仍不满足，那么这些人的感觉就将会持续地不幸。人类的最终追求是幸福，所以，当我们有了一些成绩时，及时地“行乐”一下，放松一下是很有必要的。在品尝过幸福的滋味之后，再一次开始对幸福的追求，那么我们的人生将会获得更多的幸福。

幸福就是要生活得好并做得好
——德行就是幸福，有德就有福

最优良的德行就是幸福，幸福是德行的实现，也是德行的极致。

——亚里士多德

关于幸福在哲学上的呈现，亚里士多德曾对幸福做过相对全面的论述，他把理性主义的幸福观做了进一步的发展和深化，认为“幸福就是要生活得好并做得好”。

弗莱明是苏格兰的一个穷苦但是善良的农夫，有一天他正在田间忙着农活，突然听到附近泥沼里有人发出求助的哭声。他连忙扔下手头的活计跑到泥沼边，发现一个小孩掉在沼泽里，孩子的身体随着挣扎而不停地往下陷。弗莱明不顾生死把这个小孩从死亡边缘救了出来。隔天，有辆新的马车停在农夫家，走出一位优雅的绅士，这位绅士便是昨天被救的孩子的父亲。

为了表达对弗莱明的谢意，孩子的父亲打算给出非常优厚的报酬，但是生活清苦的弗莱明却拒绝了。弗莱明的做法让这个绅士觉得很是意外，但同时也看到了他身上所具备的良好的德行。

就在这时，弗莱明的儿子从茅屋里走出来，绅士问：“这是你的儿子吗？”

农夫很骄傲地回答：“是”。

绅士说：“先生，既然您不肯接受我的报答，那么，我们可以订个协议。我带走这个孩子，并让他接受良好的教育。假如这个小孩具备跟您一样的德行，他将来一定会成为一位令你骄傲的人。”

这一次农夫爽快地答应了。

后来农夫的小孩从圣马利亚医学院毕业，这就是举世闻名的弗莱明·亚历山大爵士，也就是后来发明盘尼西林的人。

数年后，绅士的儿子染上了肺炎，正是弗莱明·亚历山大爵士发明的盘尼西林挽救了他的生命。那位绅士便是英国上议院议员丘吉尔。他的儿子是担任过英国首相的政治家丘吉尔爵士。

德行在人的幸福中所起的作用，绝不是“禁欲”，也不是“寡欲”或“节欲”。而是要人的欲望和享受接受一种规范，这个规范便是理智和道德。康德所认为的道德是“如何使我们配享幸福的学说”，也正是建立在这个意义的基础之上的。

所有的故事讲述出来便成了一个个案，我们也不能仅凭一个故事便断定有德行的人必然是幸福的。但在人的日常生活的层面上，一个有德行的人往往胸怀坦荡、宽容，心态平静、淡泊。这种特质往往会体现在对待个人的处境的态度上，得志时不会忘乎所以，失意时不会悲观沉沦。他们在与他人的交往中，总是能够与人为善，而不会因他人的成功而有嫉妒、失落之感。也不会生出算计、损害他人的阴暗想法，他们的心灵始终保持一种舒展的快乐。

个人在生活世界中的紧张与冲突完全可以凭借与人为善的交往原则来避免和缓解，这样就为达到幸福的实际境遇提供前提。坦荡荡的精神形态，就形成了幸福的一种内在的表征。正因为如此，才有了德国伦理学家石里克的那句话：“关于道德和幸福之间关系的论断只是说，好人总是比功利主义者更有希望过最快乐的生活，他比后者有更大的获得幸福的能力。”

人存在本身的完善是人在道德上进一步完善的义理所在，而这个义理所在又构成了幸福的内容。这样说来，幸福就包含在了人类道德的完善之中。所以，德行因为使人的生活更加人性化并能够使精神生活得到升华而成为幸福的前提。这样一来就避免了人们精神生活的低俗化，精神生活在整个生活中的位置也得到了提升，幸福的层次也就跟着得到相应的提升。而且，这种精神生活所带来的幸福感也不会因为享受而变得乏味，也不会因为感性需要的不满足而丧失幸福感。

幸福需要一定的财富，但是财富并不能决定幸福。在财富之外，幸福还需要有德行。幸福需要达成物质生活与精神生活的统一，因此，当自身与社会道德伦理相符时，获得幸福感的能力便会大幅度增强。

课堂收获

这里我们讨论幸福和德行的问题，就有必要回顾一下曾经讨论过的义与利的关系。这时候可以把“义”作为道德信仰，也就是德行来解释。那么相应的“利”讲的就不是原来所说的是物质利益了，在这里就成为幸福的代名词了。正确的义利观认为义和利互为目的和手段，只讲义不讲利，只能是虚伪的道德说教，不能满足自己的渴求也就无法获得幸福感；只讲利不讲义，就会损人利己、损公肥私，更是与理性的幸福观背道而驰。所以，有意义的、幸福的人生，就是义与利相统一的人生，更是正确处理德行与幸福关系的人生。

我们究竟想要怎样的生活
——在现实和期待中找到平衡

倘若一个人着眼于整体而非一己的命运，他的行为就会更像是一个智者而非一个受难者了。

——叔本华

关于人活着这一客观的存在，哲学上有两种不同的表述：生存和生活。两个截然不同的表述解释着同一种状态。他们的不同之处在于，生存是一种本能，一种等同于其他动物的本能。而生活则是一门艺术，这门艺术的核心便是相信幸福，选择幸福，然后为幸福而努力。

如果人只是活着，那生命便是最大的不幸，因为生命没有商量，也没得选择。不管你情愿不情愿，你都已经来到这个世上，不管你同不同意，生命给你安排好了出身。不管你是否做好了准备，生命总是一直向前，不做片刻的停留。活下去就是如此艰难，尤其是要把自己做得更像自己。

生命最残酷也是最有魅力的地方就在于，单向不可逆转。人没有两次生存的历史让你选择和加以纠正。唯一的一次还要匆匆忙忙往前赶，经常会让你慌不择路，时间一分一秒毫不客气地催动着你并不是那么稳当的脚步。在这个匆忙的过程中，人越是去想应该如何如何过，便越会感到手忙脚乱。于是很多时候我们索性什么也不想，随着时间去吧。但如此下去，人生也就没有了意思。

在岁月的催赶中，生命获得解脱的唯一途径就是把生存变成生活。这就需要我们先做一个选择，选择幸福并努力幸福。

向往幸福，是人们希望的组成部分，在原本只是生存的生命中加入了希望，生存就变成了生活；追求幸福，是人们努力的重要目标，生命如果有了目标，便会感受不到岁月的紧逼。追求幸福的生命不再受时间的催赶，而是自发地向岁月索要一个又一个的今天和明天。这些有限的今天和明天是我们追求和享受幸福的必要元素，十分有限也相当珍贵。

相信幸福，选择幸福，并为幸福而努力。这是生存和生活的区别所在，也是生命解脱的必要途径。不过，但凡要是让人们做出一个选择，首先得给出一个选择的理由。对于大众来说，哲学的理由无疑是形而上的，我们需要一个实实在在的，融入俗世生活中的，极其富有画面感的理由。谁能给出这样的一个理由，谁便能征服心中藏有幸福的生命，让他们相信，而后选择。

一份名为《漫画周刊》的刊物在刚刚创刊的时候，为了尽快打开市场，提升读者对刊物的关注热情和发行量。经过一番深思熟虑，就推出了一项极具诱惑力的“有奖征画活动”。活动设置了三个奖项，获奖者都将获得相当丰厚的奖励：一等奖奖金 10 万美金，二等奖奖金 5 万美金，就连三等奖也有 3 万美金的奖励。他们要求应征作品必须以《世界的最后时刻》为题表现人类最真实的，最具震撼力的生存状态：在世界即将毁灭的最后时刻，你或你的亲人们会干些什么呢？

征画活动的广告一出，当期的《漫画周刊》马上脱销，要求加印的电话不停地打到《漫画周刊》的印制部。在接下来的这段时间里，《漫画周刊》的编辑部里堆满了来自世界各地的应征作品。在高额奖金的吸引下，几乎全部的应征作者都将想象力发挥到了极致，也都有着不俗的表现：有的画在世界的最后时刻情侣紧紧抱在一起，一边喝酒一边接吻，让生命在弥漫着凄美的浪漫中终结；有的画在世界的最后时刻将钞票堆在大街上燃烧，那种绝望所带来的疯狂绝对真实、也有着绝对的震撼力；还有的画在世界的最后时刻坐上宇宙飞船逃离地球，也许这是所有人在面对末日时埋藏在心底最深处的、最微弱的希望……

这些出色的作品得到了评委和读者的肯定，也都获得了数额不等的奖金，但是他们都不是 10 万美金大奖的得主。最后这笔最诱人的大奖偏偏落在了一位家庭主妇的手里，她的作品竟然是用铅笔在一张包装纸上画的漫画：画面中她刚在厨房洗完碗筷，正准备关紧开关，她的丈夫坐在餐桌边一边读报一边品着咖啡，还有一杯冒着一缕热气的咖啡放在桌子上，那是细心的丈夫为她准备的。在餐桌旁的地板上，两个儿子，正在专心地玩着积木游戏……

毫不起眼的作者，极其常见的场景，就是这样的作品获得了征画活动的一等奖。这种原因，我们不妨看一下评委们的评语：我们震惊于这一家人的平静，他们在平凡的生活中找到了幸福，也就理解了世界存在的意义和人的最高追求。相信幸福，选择幸福之后即使世界马上就要毁灭，只要当下还没有毁灭，那么，我们就有理由获得当下的幸福，从容淡定的幸福。

对人来讲，最重要的是选择，而选择最重要的是理由。见证了幸福的力量，也就有了足够的理由。接下来你想做什么，想过什么样的生活，自己的生命历程定义为生存还是生活，就全在于你的选择了。

课堂收获

对幸福的皈依又需要我们摆脱文字和学术的阐释，只剩下一颗心以及在心灵掌控下的那双慧眼。慧眼打量生命，在平凡中发现和记录幸福的力量。力量渗入心间，皈依便有了缘由。生命也便有了希望。

每个人都是被上帝咬过的苹果
——人人都存在缺陷

自知说了或做了蠢事，那不算什么，我们必须吸取的更加充分而重要的教训是：我们都是大笨蛋。

——蒙田

我们生活中的多数人都不能轻易地感受到幸福。这其中不幸福的因素千奇百怪无所不有。就像那句话说的那样，天底下所有幸福的人都千篇一律，但是不幸的人却各有各的不同。有人为自己长得不够漂亮而苦恼；有人为自己长得不够高大而烦忧；更有人因为体形太胖而担心；还有人因为自己先天的残疾而自卑……这样的情况我们永远也说不完，但是不管是什么原因，结果只有一个：那就是让幸福感与我们渐行渐远。其实，这所有的问题那都不叫事，只要能彻底悟透一句话：每个人都是上帝咬过的苹果。是的，如果说我们每个个体都是一个苹果的话，那么我们在来到这个世界之前都被上帝或轻或重地咬过一口。只不过有的苹果咬过的痕迹很明显，有的咬痕很隐秘，但是不管怎样都是被咬过的，这一点绝对公平。在这个世界上并不存在十全十美的人，任何人身上都会存在着一定的缺陷。只不过那些缺点在自己的眼里被无限放大，使得我们在与他人进行比较的时候，总是会首先注意自己的缺陷，这时候被无限放大的缺点就会掩盖我们自身的种种优点，以至于我们最终否定了自己。哲人之所以成为哲人，跟常人的最大不同就在于他们看到了整个人生的全景和限度，既不无视自己的缺点又能发现自身的优点。因而能够站在整体的高度跟一切灾难、不幸、缺陷和痛苦拉开距离，达成和解。

著名哲人尼采曾经说过：“人的自我完成不是通过避免痛苦，而是通过承认痛苦是通向任何善的自然的、必经的步骤而达到的。”

无论你多么聪明、智慧，身上也会带着某种缺陷。同时不管你的身上有着什么样的缺陷，也总能找到能够让自己获得精彩的优点。这些缺陷和优势，有的是上帝同时加在我们身上的，它们从来都是结伴而行，从不独来独往。但是还有一些缺点或者优点却是后天修来的，这种后天的优点或者缺点跟先天的有些不同，它们既可以结伴而来，也有可能单独来到我们身边。后天的种种可能我们究竟会遇上哪一种，完全取决于我们对待先天的态度，尤其是对待先天缺陷的态度。对于那些与生俱来的、明显的，或者不明显的缺陷。如果我们过于看重因为这个而否定自己，那么我们就会招致后天的不幸和更多的痛苦，而且这时候的痛苦绝对是只身前来的，并没有相应的优点与之同行。这种情况下我们的生活就一定是充满痛苦的。相反，如果我们去采取包容的态度，客观地看待缺陷，努力活得精彩，从不向缺陷屈服，那么，我们也必定可以过得很精彩。

课堂收获

苹果被咬过一口，并不会改变甘甜可口的本质。但是，如果苹果从来不肯忘记那个伤口的疼痛，它会忘记自己还是个苹果的事实。对伤痛的惦记会让伤口不肯愈合，让各种细菌滋生，那么终有一天这个苹果就真的不再是一个苹果了。

对于我们，被上帝咬过了一口之后的境遇，就完全取决于肯不肯忘记和摆脱伤口的疼痛。到这里，苹果与人生，缺陷与幸福的话题就变得比较明朗化了。何去何从，就看个人的选择了。

让自己愉悦——心理自我主义

在大自然中，我们不需要任何东西就能过上幸福的生活；我们每个人都能够寻找到自己的幸福。

——塞内加

对幸福的追求是人生的一大理想，是人类本性的体现。但是幸福，我们很难用具体的语言或者文字来做一个具体而准确的表述。对于幸福的诠释，就像有一千个读者就有一千个哈姆雷特一样，一千个人就有一千种心灵感应。对，心灵感应。幸福的诠释不管是什么样的，不管相互之间有着什么样的区别，本质上来说是一种心灵感应是不会错的。幸福是一种心灵的感应，那么，我们从幸福的角度看“生活质量”和“生活水平”，就得说一说另外一个哲学和心理学共用的概念——“心理自我主义”。先来说说心理自我主义的特征：以自我为中心，以自己的行为、判断、想法为准则，以主观意识取代客观判断。发现并利用自我心理主义的人或者是虽然并没有意识到，但是却遵循了这一原理的人，都是幸福的，不管在世俗标准的衡量下，他们是不是够得上某种标准。

有一个著名牧师的故事，汉德·泰莱是纽约曼哈顿区一位享有盛誉的牧师。有一次他在教区医院主持一位生命垂危病人的临终忏悔。这个病人是一位黑人流浪歌手，他的境况看起来并不是那么美好。一把吉他既是他谋生的工具也是他的全部家当。他一生到处流浪，每到一处就把帽子放在地上，如痴如醉地唱歌，用他苍凉的歌声感染听众，从而换取那份并不丰厚的报酬。

但是，这位有些潦倒的黑人流浪歌手在临终前的一番话却让神父备感吃惊："仁慈的上帝，我喜欢唱歌，音乐是我的生命，我的愿望是唱遍美国。作为一名黑人歌手，我实现了这个愿望，我没有什么要忏悔的。现在，我只想感谢主，是您让我愉快地度过了一生，并让我用唱歌养活了六个孩子。我的生命就要结束了，但我死而无憾。仁慈的神父，我只想请您转告我的孩子，让他们做自己喜欢做的事吧，他们的父母会为他们骄傲的。"

无独有偶，幸福人的心都是相同的。就连他们将要离开这个世界之前的临终感言都是那么相似。黑人歌手的话，让泰莱牧师想起另一次临终忏悔。那是五年之前的事情了，那个做临终忏悔的人对神父说，他喜欢赛车，从小就摆弄它们，后来研究它们、改进它们，再后来就开始经营它们。他的一生都是跟喜爱的赛车一起度过的，一辈子都没离开过它们。他对这种爱好与工作难分、闲暇与兴趣结合的生活非常满意，并且从中赚到了大笔的钱让自己的生活更加富足，这样的人生他觉得没有什么可后悔的。

伟大的哲人卢梭在《忏悔录》中，以少有的笔触咏叹了生命的幸福时光："黎明即起，我感到幸福；清晨散步，我感到幸福；我在树林和小丘间游荡，我在山谷间徘徊，我在园子里干活，我采摘水果，我帮助料理家务——不论到什么地方，幸福步步跟随着我。"

从这段话的字里行间可以看出，卢梭是一个运用心理自我主义提升幸福感的高手。他的终极欲望触及生活的点点滴滴，也正因为如此他才能浑身洋溢着幸福。心理自我主义使他感受和体验得到隐藏于生活细节中的幸福因素，虽然他自己并没有确切地指出幸福发生的原因和情节，但是我们在今天用心理自我主义的原理来看待卢梭的这段话，一切便都了然于心了。

课堂收获

幸福是人的精神满足，这种满足来自内心，是长期而深刻的，是能够超越一切物质、财富和欲望的。心理自我主义便是这种源自内心的超越物质的幸福感知能力的心理机制。这种心理机制所生发的自由快乐的心境和没有负累的肉身与灵魂才是真正的幸福感。如果我们明了了其中的奥秘并具备掌握这种力量的能力，那么，我们的生命本身就是制造幸福的机器。这台幸福的机器会一个劲儿地把幸福输送给心灵、输送给所有的感官，并不需要太多外来的原料。至此，一个真理已跃然纸上：幸福其实并不是那么难，生活中也并不缺少幸福，只要我们认识到心理自我主义所具备的神秘魔力，并将其充分发挥。

肉欲的享受不妨碍心灵的救赎
——幸福是合理地满足欲望

肉欲的享受不妨碍灵魂的救赎。

——马丁·路德

伊壁鸠鲁曾说过："当来自欲望的痛苦解除时，简朴的菜肴和奢华的盛宴提供同样的愉悦。"在这样的语境中，"欲望"一词应该跟痛苦归为近义词，更进一步说就是欲望是痛苦的根源。

其实，客观地说快乐在我们的生活中扮演着非常重要的角色。我们所说的幸福就应该是健康的、正常的或安乐的状态。这种状态离不开快乐的体验，否则就谈不上什么幸福。

在《太阳照常升起》里，有个无能软弱又多愁善感的家伙叫科恩，他坐在咖啡馆里对杰克·巴恩斯说："日复一日，我却从来没有生活过。"

再有，在《伊凡·伊奇》里，伊凡·伊奇度过了富裕但却空虚的一生，在自己的生命即将画上句号的时候，心中突然似有所悟："也许自己未能像应该的那样活过。"

这些话不高深也不玄妙，却符合人们自省生活的常态。伊奇在生命的尽头能有这般思量，也总算是意识到了什么。一个富裕，一个贫困，欲望的满足程度有着巨大的区别，从他们都没能获得幸福的情况来看，欲望和幸福之间不存在必然的相悖关系。但是大多数的宗教都排斥甚至贬低感官的快乐，他们认为沉溺于感官快乐的人，不可能了解真理是什么，上帝是什么，爱是什么，所有至高无上的东西他们都无从感知。其实，追求快乐与道德之间并不存在着不可调和的矛盾，甚至从某些方面还可以说快乐是德行的前提，没有快乐就没有德行。如果没有条件获得愉悦的体验，那么维持道德也就变得困难起来。这其中的道理其实很简单：对于各生命体而言，生存是第一位的，缺乏生活上的必需品，生存面临难题，就必然会失去道德上的标准。

我们的心灵会向往崇高，向往一种纯粹的精神力的愉悦。但是，令人感到尴尬的是，我们还拥有一个非常现实的肉体，它是我们纯粹灵魂的依托。所以很多找到自己心灵的人常常会陷入各种纠结中，心灵和肉体各有各的需求，这不是对或错的问题。比如，一个失去了儿子的母亲终于停止哭泣，端起了饭碗，因为她饿了，这是一种比精神需求更紧迫的需求。那个含情脉脉的姑娘再怎么舍不得也要离开情人一小会儿，因为她需要上厕所。心灵和肉体，于我们而言两个同等重要地存在。它们共同构成了一个完整的人，它们之间的博弈，决定着人的生命状态。心灵过于强大，人生难免会陷于虚空和玄妙之中，得不着实实在在的生活。肉体的享乐主宰的人生，会找不到灵魂的所在，当心灵的黑洞吞噬一切物质带来的快感之后，便会沦为行尸走肉。心灵和肉体，心灵愉悦和感官体验，寻求它们和谐共处的方法便是幸福的一大要务。幸福的人生必须做到灵魂和肉体的和谐，不然，当我们的心灵在天堂享受幸福或在地狱体味悲伤时，肉体往往不合时宜地把它拉回到尘世。

我们就必须承认人的幸福就在人的感性生活中，就在欲望的满足与快乐之中。我们必须承认满足与快乐符合人性基本的特点，也是符合道德的幸福。当然，我们也不能过于放大这种特点，我们在承认它的合理性的同时，也要清醒地认识到要做到这种利己的幸福符合情理，就不能因利己而以自我为中心，打着幸福的旗帜损害他人利益。这里说的符合情理，就是要遵循特定的社会规范。不然的话，一切以"我"为中心的利己，最终都可能成为既不利人也不利己。

课堂收获

人情冷暖论到极致，不外乎天地间的一个情字；天下大道论到极致也逃不过饮食男女的柴米油盐。肉体和心灵的双重存在是人的一个客观属性，它们的共生共存造就了一个完整的人。肉体和灵魂的博弈是生命的一个存在特征，幸福的人生要求完整与和谐就必须承认和满足肉体和心灵的双重需求。唯其满足还远远不够，还要实现两种需求间的相互牵制，以达到一种最为稳定的平衡，这种平衡我们叫作和谐。在和谐状态下，它们之间的这种牵制算得上是相互的保护。也只有这样才能做到肉体和心灵的双重救赎，双重救赎之下，幸福实实在在，唾手可得。

第16章

公平与公正

公平与公正是有区别的！公正和公平并不完全是一回事。

从广义上讲，公正和公平两个概念可以通用，但不宜用于正式的场所。在狭义上讲，则它们各自有着明确的含义，两者之间存有明显的差别。

所谓公正，就是指每个人所应得的；而所谓公平，则是指对待人或事要“一视同仁”。很显然，公正带有明显的“价值取向”，所侧重的是社会的“基本价值取向”，并且强调这种价值取向的正当性。而公平则带有明显的“工具性”，所强调的是衡量标准的“同一个尺度”，用以防止对于不同的人不同的事采取不同标准的情形。

所以，凡是公正的事情必定是公平的事情，但是公平的事情不见得是公正的事情。这就是公正和公平最为重要的区别。

更多的平等，更多的利益 ——绝对公正的乌托邦

公正即是正义，从某种意义上来说也高于正义。它并不是总体上高于正义，而是高于法律的一般性所造成的错误。这就是公正的真正本质，它纠正了法律由于普遍性所造成的不足。

——亚里士多德

人类的发展其实一直在公正与效率之间走钢丝。因为公正和效率就像太阳和月亮，很难二者同辉。强调公正，必然牺牲效率。强调效率，很难兼顾公正。

那么，我们怎么样才能确定哪一个是比较好的制度？这就是全世界的人们一直在追求的目标，但这却是一个很复杂的目标。比如确定好的制度，我们相信它首先应该是一个公正的制度，这是众望所归的一个指标。但是，怎么才算是公正的呢？怎么样才能够达到公正？这个时候，我们就会很容易地发现，绝对的公正是不可能的。

对此，其原因就是这样的，我们这个世界上的每一个人都有不同的才能，每个人都有不同的天赋、不同的能力，很难说谁的能力是绝对比另外一个人高。比如，我们常见到的智商测试，这就是一种无比错误的测试方法，充其量只能称其为一种标准，当换到另一种标准那就很可能是完全相反了。

对于人来说，人都有很多种天生的才能是不一样的，但是，我们所生活的社会环境，它只能是特定的某个社会，它不可能是全部的社会，而人也只能在其中的一个社会中生活，一个人不可能同时出现在无数个社会中。

比如，一个人生活在古代，在古代的社会里面，这个人可以说是一个力大无比的壮士。在这个社会中，他就可能有机会去当将军。但是，如果这个人生活在我们现代社会中，他能干什么？他可能只能去举重。

再比如，现在社会规则中，像克林顿、布什等一些领导人，可以说都是得到大多数人喜欢的人，但是他们的智力并不一定都很高，然而他们却能当上总统。相反，如果是拿破仑生活在今天，那么他就很可能当不上总统。

实际上绝对公正在任何一个社会中都不可能实现。对于一个人来说，什么才能叫作才能？什么情况下才能叫作比别人强？这就完全要依据这个人在哪一种社会里出现。所以，既然没有一个制度能够表达我们全部人的优势和全部欲望，那么绝对的公正就是不可能的，而且是永远都不可能的。

我们不可能设计出一个满足全部人愿望的社会，所以在任何一个社会中都会有无数怀才不遇的人。因此，无论在什么样的社会中，每个人都应做一个比较坏的打算，

就是假定自己的处境不利。如果在这个时候这个制度仍能给你保障，那么这个社会的制度只能说是比较公正的。

任何一个社会都没有绝对的公正和公平，绝对公正和公平只是人类的幻想。人类社会的动力就来自差距，就像水一样，有落差才有动能、才能发电。所以，人关键的不是去寻找本来就不存在的天下大公，而应是如何正视现实，找到效率与公平的平衡点。

因此，为了达到比较公正，这就要充分利用好公平的“机会”。这样，当大家在相对同等的条件下起跑。那么，能否跑得过别人就成了每个人自己的事情。

课堂收获

社会并不能保证每个人都得到幸福，更不能避免两个男孩爱上同一个女孩。两个男孩子爱上同一个女孩，这其中至少会产生一位不幸者。所以，作为社会中的人，我们想问题办事情必须从实际出发，使主观符合客观，如果不能从实际出发，再美好的想法最终也会归于消失。

人生为何不同——物竞天择的结果

你明白，人的一生，既不是人们想象的那么好，也不是那么坏。

——莫泊桑

自然界就是经过亿万年进化出的一部惊心动魄的史诗，这里面就记录着万千物种的沉浮兴衰和风雨沧桑，而人们就可以从中悟出许多智慧和灵感。

从最古老的单细胞生物，到有着复杂生命结构与思维的人类诞生。在漫长的30多亿年生命行进征程中，形形色色的生物从出生到灭亡，从低等到高等。这其中，究竟是何种神奇的力量推动着生物的进化发展呢?

多少个世纪以来，人们绞尽脑汁，企图找到令人信服的答案，最终都以百思不得其解而告终。

就在对生命演进机理持不同见解的各门各派展开激烈论战、争论不休的时候，一个划时代的人物出现了。自古以来众说纷纭、莫衷一是的进化论思想终于在19世纪英国伟大的博物学家达尔文手中形成了具有无可争议的说服力的体系。到了1859年达尔文的《物种起源》一书出版后，生物普遍进化的思想以及“物竞天择，适者生存”的进化机制已成为学术界、思想界的公论。

对于狮子来说，非洲大草原是个好地方，因为那里有羚羊；但对于羚羊来说，非洲大草原不是个好地方，因为那里有狮子。

非洲大草原就是那么一块，但狮子也能活，羚羊也能活，除了个别逮不到羚羊的笨狮子和个别被狮子逮到的笨羚羊，大家还都普遍活得挺滋润。相反，逮不到羚羊的笨狮子如果不学得能干些，换到美洲平原难道就能逮到野牛了吗？被狮子逮到的笨羚羊如果不学得跑快些，换到美洲平原难道就能逃脱猎豹的追击吗？

由达尔文的“物竞天择”思想，就可联系到人类社会。在人类社会的生存竞争中，不思进取者必然处于不利的生存环境。大自然奉献给人类的实在有限。进取者富裕强盛，懈怠者贫困衰亡。因此，“物竞天择，适者生存”的法则在人类各民族间的发展也是适用的。

社会也是一个人类互相竞争的战场，在这场无休止的竞争当中，你想生存下来，就必须学会适应你周围的环境，找到适合自己的生存法门。

人类和动植物一样，从古到今，总是生活在各种各样的竞争之中。因此，竞争心理也普遍存在于人们心中。竞争心理就是人们为了谋生、发明创造或成就某一项事业，在同等范围及其他相近的条件下，需要获得更多的资源和信息，争取优势地位，就必须与自己的对手进行激烈的竞争。

在有竞争的情况下，人们能够最大限度地发掘自身潜能，创造更大的价值与财富。好胜心与成就动机，是人类普遍具有的本能，竞争对于积极性的激发和工作效率的提高都大有好处。力争上游的人，往往更具有开拓精神，能够创造新的价值。

在社会中，矛盾本来就无时不在、无处不在，所以一个人也不可能永远不与他人发生矛盾。可以说，与世无争就是一种消极被动的生活态度，更是消极失败的代名词。

课堂收获

世上很难存在与世无争的人，也不会出现与世无争的生活。人所向往的生活就需要自己去争取。因此，不要胆怯，不要逃避，更不要害怕。别人拥有的一切，我们照样可以拥有。保持心理健康，和对手公平竞争，争取过上自己理想中的幸福生活，这才是你应该做的。所以，聪明人得先琢磨透这个道理，去适应环境再利用环境，只有天真的人才会抱怨环境，幻想换个环境。

精英者的公正——差异让我们生活得更好

人的素质都相同，只是环境产生差异而已。

——利希滕伯格

大千世界本身就是一个充满矛盾的整体。世界上一切事物的构成都是矛盾的统一体，都是对立和同一的辩证统一。

两个人到森林里游玩，正当他们兴高采烈地玩耍时，一只大黑熊突然向他们跑了过来。他们顿时惊慌失措，但是其中一个人马上冷静下来，迅速地换上跑鞋。另一个人看着他这样做十分不解："你换鞋有什么用呢？难道你还能跑得过狗熊吗？"换跑鞋的人说："我不是要跑过熊，我只要跑过你就行了。"话音未落，他已经蹿了出去。

这个故事就说明了一个道理，能够安全地生存的人，就是永远比别人跑得快的人。要知道，藐视危机就是危险的开始。这是大自然的法则，更是生物进化的必然结果。

比如，如果把动物园关闭，让动物园里的野兽都回到原始森林——一个本应属于它们的天堂。我们就可以想象到，在那样一个物竞天择、弱肉强食的世界里，它们的适应力和竞争力必定无法与那些从未在动物园当过宠物的野兽相匹敌。

在今天，很多人都想得到社会的保障，但是这种保障真的就有效吗？其实是不一定的。有些人就意识到了社会是很难对一切负责的，自己才是解决问题的关键。于是，他们就强调运用自身的能力来保护自己，每当环境发生变化时，他们也会相应地跟随着改变。就像森林里的野兽，它们从来就是通过提高自己的实力来获得安全的。

对于人来说，总幻想着有人可以保护自己一辈子只能是徒劳。只有那些全力赢取个人保障的人才能取得更好的保障，他们绝不会轻易放弃任何机会，即使付出没有立刻的回馈，他们也会毫不在意。因为他们清楚：外来的保护，只能成就那些被动、无能、缺乏竞争力的人，而真正的保障是要靠自己来赢得的。

任何事物，"和"都是有差异、有对立的"和"，这就是事物间矛盾方面的辩证统一，就是"有差异才有和谐"的辩证法哲理。所以，在团队中如果没有差异，就不可能有真正的和，也不可能有有机的整合。

对于团队来说，就存在着两种不同的团结模式，一种是机械的团结，就是以同为主；另一种就是有机的团结，团结中存有多元多样性，因其团队成员存在差异性，所以被称作有机的整合。如何对待差异，使之成为有机的和的条件。这就要从团队的内部说起，在这里可以说"和"的前提就是"异"，其对立面就是"同"。因为通过差异来达到"和"，这不仅仅是整合，而且还有协调，进而才逐渐达到"和"的状态。

尊重对手，喜欢对手。向对手学习，与对手合作，这不仅是生存的需要，更是帮助自己获得动力并赢得比赛的策略。和更棒的人在一起比赛，你就会逼着自己打起精神，逼着自己保持斗志，逼着自己求新求变，逼着自己做得更好。

总之，从古至今，可以说人类就是自然逼出来的结果。所以，人类的进化才胜出了其他物种，人就是自然物种中的精英。而通过竞争，产生差异，这就是精英者的公正！

课堂收获

谁都愿意做自己喜欢的事，但是喜欢的事并不一定就是有用的事。所以，我们在做事之前必须在“喜欢做”和“必须做”之间做出选择，如果“喜欢的事”并不是必要的事，那么最好不要急着去做，而是去做“必须做”的事。因为，“必须做”的事才能使你进步，才能使你从竞争中胜出，使自己成为强者。因此，我们必须明白这样的道理：做必须做的事，投入其中，并试着去喜欢它。这就是竞争胜利的最佳策略。

过度和不及都是恶
——在竞争和合作之间找到平衡

人们为善的道路只有一条，作恶的道路可有许多条。

——亚里士多德

我们处于一种竞争性的文化当中，竞争是我们的天性，竞争会让我们看到人性中最善和最恶的部分。所以，只要人们在一起，就会存在个人差异和冲突。

对于亚里士多德来说，他就不仅关心事物的原因，同样也和苏格拉底一样，关注人生的幸福。他说：“作为幸福，我们为了它本身而选取它。”在他看来，钱财、权位、外物等都不是最后的目的，只有幸福才是最后的目的。因此，亚里士多德非常重视以人生幸福为研究对象的伦理学。

据记载，亚里士多德关于伦理学的著作就有三本：《尼各马科伦理学》《欧德米亚伦理学》和《大伦理学》。并且，他还提出了自己独到的伦理学说。他的伦理学就是古希腊德性伦理学的典型代表。亚里士多德就把德性分为两类：一类是与实践相关的伦理德性；一类是与理论相关的理智德性。伦理德性就来自社会风习，而理智德性则是出自思考。

亚里士多德认为，伦理德性的养成重在做有德性的行为。我们只有做公正、勇敢、节制的行为才能成为公正、勇敢、节制的人，这就好比我们只有从事建筑活动而变成建筑师一样。然而，如果一个人不知道建筑的技艺，那么，即使他天天在建房子，也不会成为一个好的建筑师。同样，如果你不知道行为公正、勇敢、节制的技艺，那么，你想成为一个公正、勇敢、节制的人，也是不可能的。可见，伦理德性是后天养成的，因而道德教育对于伦理德性至关重要。

对此，亚里士多德就提出了一个关于德性的普遍标准，那就是“中道即德性”。亚里士多德所谓的中道，就是指无过无不及的恰当适度的良好状态。

德性之所以是中道，因为一方面，德性是两种恶的中点，一边是过度，一边是不及。例如，关于健康，饮食过多或过少，同样有损健康，唯有适度饮食可以保持和增进健康。另一方面，德性能够在感情和行为方面发现和选择恰当的量，即在情感和行为方面能够命中恰当的时间、地点、方式、对象和目的。

比如，一个人无论什么时候，无论对什么对象都畏首畏尾、退缩不前，这就是懦弱。也就是，这个人在勇敢方面的不足；反之，如果一个人无论对什么都无所畏惧，敢冒一切危险，甚至冒着违背法律的风险去杀人，这就是鲁莽了，即在勇敢方面的过头。

所以，亚里士多德认为，过度和不及都是恶，而德性却只有一种情况，即命中中道。因此，亚里士多德说：“人们为善的道路只有一条，作恶的道路可有许多条。”并时常感叹：“善是难的！为善需要高超的实践智慧。”

事物就是矛盾，就是对立统一，矛盾就是对立统一的客观基础。所以，事物不可到极点，到了极点就会走向反面。就像谬误移动一点就成真理，性格移动一点就成德性。更像豪猪在冬天为了暖和而互相靠拢时，总是保持一定的距离。因为它们身上有刺，挨得太近，身上刺得痛；挨得太远，又冻得难受。

量变只有在一定范围和限度之内，事物才能保持其原有的性质。当我们需要保持事物性质的稳定时，就必须把量变控制在一定的限度之内，坚持适度原则。而人与人之间也是这样，人与人并不全是竞争，有时也会有合作，所以在竞争与合作时也应坚持适度和平衡的原则，否则过度或不及就会走向事物的反面。

理智德性就是德性的本质德性，理性就是德性的根本。要完成一个自我，在自我的内身上去求取有关这方面的成就，我们就要运用人的德性，这就是与科学知识的不同之处。这就是要靠自我创造，自我修养来取得，而无法盗用和继承。

所以，在日常的生活、学习和工作中，我们都必须善于把握分寸，防止和克服不顾分寸、盲目乱干的思想和行为。这样才能把握好平衡，不使事情向恶的方向发展。

课堂收获

作为一个有修养的人，总能够为自己把握到一个恰当的尺度。然而，有些人总是自命不凡，把精明智慧放在脸上，以为别人不知道。其实，智慧不是一个戴在脸上的华丽面具，不是老挂在嘴角旁的口头语，精明智慧只应体现在踏踏实实的行为之中。在待人接物时，要善于发现别人的长处，尊重别人，不要动辄就口无遮拦地对别人品头论足，议论别人的美丑、笨慧。否则，我们不学会尊重他人，就会影响人与人之间的关系，甚至还会带来不好的后果。

人的尊严在于思想
——思想形成人的伟大

真正重要的不是活着，而是活得好。

——柏拉图

哲学是明白学，许多事情只有学了哲学才能真正明白；哲学更是智慧学，学了哲学就可以使人变得聪明，脑子活、眼睛亮、办法多。

对于人来说，人的本性是原有的，而人格却是后天修为的。所以，人有自己的内心世界和精神世界，能够超越自我；而禽兽只有一个形体世界与物质世界，根本不能超越自我而有所成就。这就是人之所以成为人的根本原因。

帕斯卡尔曾说："人只不过是一根苇草，是自然界最脆弱的东西。"但他又说："人却是一根能思想的苇草……因而，人全部的尊严就在于思想。"

人的全部尊严就在于思想。那么，人的这种思想又是什么呢？这种思想就是，人能够认识到自己的可悲，比如一棵树它不可能认识到自己可悲，然而人却能做到。因此，能够认识到自己可悲是可悲的，但由于人能认识到自己之所以可悲，却是伟大的。因为，这一切的可悲其本身就证明了人的伟大。

人的思想很重要，健康的思想掌握着你人生的方向，人的未来走向哪里，选择一条怎样的人生之路，思想就左右着你的一切。人之所以为自己头上加了"人"这顶皇冠，就是人类比动物思想发达。人缺少了思想，就等于缺少了灵魂，没有了灵魂，就犹如一具行尸走肉。

人类文化的整体，就是精神与物质两方面的结合体，精神与物质的结合才构成了一个完整无缺的整体。精神文明的发展速度，赶不上物质文明的发展速度，这就逐步使人类的进化，走向了一个极端，这个结果也有可能使整个人类最终走向自我毁灭。但是，人类不会等待毁灭，因为人类有思想。

动物主要靠本能生存，而人主要靠思想生活；如果人没有高贵的思想，那这个人与动物没有本质的差别，差别仅仅在于形体的不同，就像蛇与马一样，它们都是动物，形体却不同。思想是伟大的，因为它是独立的、自由的，这本身就是一种可惊叹的无与伦比的东西。正是它使人如苇草一样脆弱的生命变得有力，是它使人高于其他万物，超越了一切貌似强悍的对手，成为万物灵长；是它使人拥有尊严，是它形成了人的伟大。

每时每刻人类都在追求着自己的尊严，但是人类却不是求之于空间，虽然宇宙便囊括了人并吞没了所有人。人类是求之于人的思想本身，正是因为人类有这样一个支点——思想，所以人囊括了宇宙。

思想是伟大的，但又是卑贱的。帕斯卡尔认为，欲念和强力就是我们一切行为的根源。所以，人类总是被许多虚幻、邪恶的欲念包围着，它驱使人们追求享乐，追求安逸，追求衣食温饱，追求天伦之乐。而且，人们永远不会满足于此，妄想得到更多的来自别人的关注，因此，正因为思想，所以人类也难以超越这些虚荣而真实的生活。

所以说，人类因思想而伟大，但只有思想还是不完整不完善的，还要有相应的行动来完成思想的完善。因而，这就需要思想和行动相统一。思想与行动，二者之间就是相辅相成辩证存在的。人如果只有行动而没有思想指明方向的话，那就谈不上出成绩。

同样，人若只有行动而没有思想，那么思想就无法表达出来，就谈不上成为一个伟大的人。人不能脱离行动谈思想，更不能只有思想而淡化行动，所以，有思想就要有行动，行动就是思想成为现实而使得一个人成为伟人的必然载体。

总之，在人类发展的过程中，任何人的思想没有得到行动的证实，就不会为更多的人接受，那么他也不能最终影响或者改变时代或者其他，也就更谈不上伟大了。

课堂收获

人生最重要的是思想。一个有思想的人，即便没有手、没有脚，天生残疾，他也能够成为巨人。否则，就只能是块顽石。一个人如果没有带着思想去生活，那么，他只能是活着，而不是生活。所以，对每天的工作、生活有所思、有所想、有所悟……任何一个灵感的到来，都会给心灵带去养分，让生命之花开得更灿烂。因此，我们“必须提高自己”“努力好好地思想”，这才是我们存在于世的意义，是人在自然中的崇高使命。

第17章

自由与意志

对于自由的渴望是与思考未来的能力直接联系在一起的，唯有人类拥有这种能力。

自由是人类的一项创造，就像尊严、权利或爱情一样。从我们意识到自身的存在开始，自由一直都是我们所构筑的现实存在中不可或缺的一部分。

从哲学层面来理解自由，其中最为关键的就是意志自由的问题。因为只有意志自由，人才从自然中独立起来，才从神祇下独立起来，作为人行使人的意志，作为人担当人的责任。

人不自由，却始终惦记着自由
——自由的悖论

承认人类的自由意志在不受法律约束的情况下能够影响历史事件，就如同在历史上天文学承认自由力量可以移动天体一样。

——利奥·托尔斯泰

自由是人类构词学中一个最美丽的词，却也是一个最不可能的词。

19世纪的匈牙利诗人裴多菲·山多尔，很多人认为他是一个真正懂得爱情的人，他说了一句名言相信大家都很熟悉，那就是："生命诚可贵，爱情价更高，若为自由故，两者皆可抛。"

从裴多菲·山多尔这段话看来，用爱情和生命拿来比，爱情的价格高过生命；而如果把自由放进来，则是两者都可以抛却了，因为自由无价！

人都想自由自在，都想随心所欲，但是，世界从来不会看任何人的眼色行事。相反，我们每个人却都在被动地做一些自己不想做的事。因为，我们不仅有自身还有环境，不仅有现在还有未来，不仅追求实现自我还在追求安全、友爱和形象。

要对自由下一个定义很难，这就需要考虑两个层面：一是要顺应现实社会，服从事物发展规律，并循序渐进、水到渠成地去生活，这就是一种活着的自由；另一种就是，脱离现实，追求独特的思想与感悟，按照自己的美学观念去解读世界，不屈从事物规律或主流文化态度，自行其是地生活可以获得一种存在的自由。

人们对自由的追求和崇尚，就来源于人类心灵中隐藏着的对死亡的恐惧，以及本能欲望、焦虑、依赖、安全需求、成就压力与害怕失去而约束……人们希望摆脱和逃离这些情绪体验，找到一种可以安抚心灵的感觉。所以，人们赞美随意的风、飘忽的云，赞美水中的鱼、飞翔中的鸟，因为这些东西让人联想到自由。

可以说，自由就是人类渴望永生的代名词。因此，对自由的渴望，也表明了人类对世界的无知。而自由的感觉正是由于无知的感觉，因此，当我们感知不到被约束的时候，就可以获得一种自由的假象。比如，风受气候摆布、云受风摆布、鸟受气流摆布、鱼受水流摆布，它们的自由只是一种文学象征。

对自由的渴望，其实就是一种悖论的情景，你越是需要自由的时候，你就越有可能容易失去自由。由于我们过于关注自由，所以让我们处处感觉到受限制。而当我们觉得自由并没有那么重要，顺应现实规律时，我们反倒可以获得某种意义上的自由。

同样，对自由的追求往往也有种悲情色彩，因为它本身并不存在。在现实生活中，自由往往与责任、决定、承担压力有关，一个人得到某种自己臆想的自由，那么他同时就有可能失去更多，甚至得不偿失。

对此，我们就可以想象到这样的情景：一个人为了获得某种自由，于是肆意行事，随意地破坏社会秩序，藐视一切。因此，他最终被抓进了监狱。然而，当他被关进一间不足五平方米的小房子里时，他反而突然像获得了某种神谕一般，其心灵开始变得宁静和超然起来。因为，在这里已经没有了人世间的那些烦心事，只有简单的吃饭、放风、睡觉的规则，反而会让他活得很自在。

在一个有序的世界里，自由必须顺应这个有序世界的规则。因为人们始终要生活在一种可凭借的被约束的规则中，这种规则既是自然界的，也是由人文所造成的，比如文化、宗教、环境、物质与人际关系等。所以，人只有一种办法可以让自己轻松地获得自由的感觉——当我们忘记追求自由时，我们反而正好在享用着它。

世界上不存在绝对的清醒，就像世界上不存在纯粹的真理一样，所以，世上也不存在绝对的自由。自由有时也是牢笼，这就是不可抗的悖论。

课堂收获

社会是人的社会，法律承认个人的个体自由，但是有个前提，个体的自由不能影响到他人的自由。这就是自由的一个基本原则。所以，自由是相对的，当个人的自由不违反法律、公共道德、他人自由时，你就可以充分享受这种自由，如果你影响到了别人，那么你的自由就要受到限制。只有这样，社会才能有秩序、有保障，才能有更多人的自由。

布利丹的驴子为什么会饿死？
——自由的困惑

当选择变为一种抉择的时候，自由对人来说无异于刑罚。

——海德格尔

人都是理性的，人的一切行为都是为了获得“最大化的利益”。

亚当·斯密在他的《国富论》中说：“我们每天所需要的食物和饮料，不是出自屠户、酿酒家和面包师的恩惠，而是出于他们自利的打算。我们不说唤起他们利他心的话，而说唤起他们利己心的话，我们不说我们自己需要，而说对他们有好处。”

根据亚当·斯密的理论，人在做出每一个行为和选择之前，都会运用自己的理性去权衡，分析一下自己将会得到多少利益，同时会失去什么，如果得到的多，失去的少，他也就有了行动的动力，否则他就不会去行动。

“经济人假设”作为一种经济学理论具有很重要的意义，但对我们的现实生活来说，好像就有点空泛和纸上谈兵的味道了。真实的情况是，在一些重大的选择面前，我们根本就无法权衡、比较得失，否则就不会出现所谓的“两难选择”。而且，在大多数情况下，时间也不允许我们在紧急的局势下分析、比较以后再做出抉择。

在哲学史上，就有一个非常著名的故事——“布利丹的驴子”。

在故事中，有一位名叫布利丹的哲学家养了一头驴，这头驴就和别的驴不同，它喜欢思考，凡事总喜欢问个为什么。

有一次，主人在它面前放了两堆体积、色泽都一样的干草，给它当午餐。这下可把它难住了，因为这两堆干草没有任何差别，它没法选择先吃哪一堆，后吃哪一堆。最后，这头驴子挣扎在两堆草料之间，竟然饿死了。

当然，这头驴也因此而名垂哲学史。

布利丹的驴子之所以会饿死，正是因为它是自由的。自由的它总想给自己找一个在两堆草之间选择其一的理由，但它没有找到。自由之所以如此沉重，是因为自由意味着选择。而选择，就意味着承担。人们不愿意自由，其实是不愿意承担。

其实，这头驴所面临的局势就是我们生活中经常遇到的。

据说，在某国首都曾举行过一个妇女座谈会，参加会议的有各界妇女代表。一位上了年纪的妇女在会上发表了她对选择爱人的看法，并说明她的丈夫就是她父母为她选定的，这使她至今都很高兴。

有位妇女不理解她的观点，问她：“为什么？”

“因为，”她说，“如果是自己选择的，我将悔恨终生。”

什么是自由？说得通俗一点，就是在你面前摆着很多条路，而你却只能选择其中的一条。这时候，问题出现了，困惑也来了，因为你选择其中的一条路就无法选择其他路了，而你又无法比较选择哪条路会对你更有利。两难选择让人很难受，但选择太多了，也未必是什么好事，因为在自由面前，你必须为自己的选择承担代价。

因此，现代很多人虽然获得了自由，然而在他们的内心深处却渴望着逃避自由。因为他们没有能够在自由的理性与爱之上营造一种有意义的生活，于是，他便想以顺从于领袖、民族或国家的方式，寻求新的安全感。

选择总是意味着要么这样，要么那样。它并不是说你有自由只选择好的。那样就没有自由了。如果你选择错了，自由就变成一次判决；但如果你选择对了，它就变成喜乐。这就取决于自己的选择：把你的自由变成判决还是变成喜乐。你的选择完全是你的责任。

可以说，有时自由并不轻松，反而是一种惩罚。在古希腊，“自由”一词本身就有“刑罚”的意思。所以，海德格尔说：“当选择变为一种抉择的时候，自由对人来说无异于刑罚。”

课堂收获

大自然的终极目的是人，自然界的一切都环绕着人这个中心而构成一个目的的体系。然而，抉择大多时候是不能等人的，所以我们不要为了奢望得到最理智、最正确的答案而犹豫不决，因为这个答案你根本得不到，而且也根本不存在。在刹那间你本能地认为应该的那就是正确的，而且永远都不要回头。这就是人类的理性在选择面前的苍白！

谁动了我们的自由？
——自由总是有局限的

从没有自由的信念中解放出来才能获得真正的自由。

——马丁·布贝尔

卢梭说："人生来是自由的，却无时不在枷锁之中。"

向往自由，曾经被视为人生不可或缺的理想。以至于要用轰轰烈烈的社会运动，来表达对自由的追求。

但对于生活在社会中的人来说，自由总是有局限的。当你的自由和别人的自由不相兼容的时候，那个叫作"约束"的东西就不免要出来了。这个东西叫作"法律"也好，"游戏规则"也好，其实都是这个所谓"约束"的别称。没有了规则，游戏就"gameover"了，同样，没有了约束，自由的命运也只能是"gameover"。

在电影中，我们常会看到这样的镜头，某人走到了一个诸如大峡谷之类的地方，站在一块面向虚空的岬角上，于是镜头旋转360°，让我们看到整个世界都匍匐在他脚下。这时我们就知道，这人走到了世界尽头，而且他自由了。

自由，一般的定义是，凭借自由意志而行动，并为自身的行为负责。非常明显，后半句就是前半句的前提，因为只有能负责才可以做自己喜欢做的事情，人的行为会对自身和他人造成影响，这个负责既是对自己负责，也是对别人负责。但有的人只提了前半句"凭借自由意志而行动"，却故意忽略了"并为自身的行为负责"，但这也改变不了事实——世界上从来没有绝对的自由！从来没有，以后也不会有！

自由来自责任。理想状态下，如果人人都承担自己行为的责任，大家都将得到最大的自由而不需要受他人约束。但地球不是天堂，你有你的自由，我有我的自由，如果你和我其中一个人做不到为自己的行为负责，这就必然会造成两个人的自由冲突。

如何解决这种冲突？答案就是——法治！人人生而平等与法治两者结合，才可以保证你的自由和我的自由和平共处。

自由是表示人类存在的一个特征。所以，不要在自己的利益受到威胁的时候，就大叫“谁动了我的自由？”只有在更宽广的视野之内权衡，才是重要的。所以，不要认为人可以为所欲为，只要人在规则和约束的前提下，界定好的范围之内，这才是现实的自由。

那么，理想的自由是什么样子的呢？不是人臆想的“想什么就是什么，要谁就是谁”，而是萨特所说的“被抛入的自由”“不得不自由”。当所有的东西都不能构成对自己的自由的限制的时候，自己就成为自己最大的限制。所以，有所限制、有所约束，就是自由最基本的应有之义。

自由，是建立与我们周围人的关系的可能性。因而，自由不是单独进行的。自由只有通过参照每个人在他人帮助下进行的自我构筑才可以被定义下来。因此，自由与为所欲为的可能性没有关系，后者只是出于唯一的一个理由：想要那样做。那其实是任性。

奥威尔在《1984》中说：“所谓自由就是说二加二等于四的自由。”言下之意，如果有人要宣布二加二等于五，而其他答案都是异端，那就不能叫自由。这句话就可以表明，自由的权利必须在某种原则指导下方可行使。

自由从来都不是永久享有的。它并非一件只需保卫就行了的战利品。所以，我们还必须不断地来定义它、实现它，使它适应不断变化着的世界的形势，这才是真正的自由。

课堂收获

自由不是为所欲为，自由的权利必须在理性、法治和道德原则的指导下才能行使，必须以不妨碍他人的自由为前提，否则，就有可能触犯刑责，受到法律的制裁。违法的行为侵害公序良俗，所以被大家视为恶行。因此，在一个民主社会里，自由固然是人人肯定的权利，但也必须受到法律与习俗的规范，这种规范表面上看来好像是一种限制，其实却是真正的保障。

什么才是真正的自由
——对客观世界的改造

一个人只有了解到不能依靠任何人只能依靠自己的时候才会有所作为；他一个人背负着世间无限的责任，没有人帮助，有的只是自己设定的目标，有的只是自己为此设置的命运。

——**萨特**

一个人的自由并不是政治意义上的，政治意义上的自由应该人手一份儿，而真正的自由应该是我们寻求和争取的能力。

争取自由历来是人们的一种基本愿望。但是，要争取自由，首先就要对自出有一个正确的理解。如果以为自由就是想干什么就干什么，那么，这种自由也是不存在的，是永远也得不到的。

举个例子，假如有人想不经过学习，就能掌握一切知识，能做到吗？假如有人想让时光倒流，今天过完了过昨天，昨天过完了过前天，不是愈长愈老，而是愈长愈小，这能做到吗？假如有人想拔着自己的头发飞上天，这能做到吗？当然都不能。

不要说这些异想天开的事情做不到，在现实生活中，人们也有许多想来或许能做到，其实很难做到的事！你在地上步行，平常每小时大约只能走五公里；走到十公里，人家就说你步履如飞了，要再快就很难做到了。农民种地，一亩地可以收一千公斤粮食，就是很高的产量了。如果你想一亩地收获几万公斤，这就很难办到了。到现在，人们还没有这个能耐。

世界上万事万物的发展变化都有一定的规律。你给皮球一个力，皮球就给你一个反作用力。你在这里移走一定数量的物质，在别处就要增加这么多物质。光每秒钟大约走 30 万公里。诸如此类，都是必然的，是人的意志改变不了的。那么，人还有没有自由呢？争取自由到底是什么含义呢？

自由是有的，自由就是对必然的认识和对客观世界的改造。我们认识了事物发展的规律，依照这种规律来办事，利用这种规律来达到自己的目的，这就昭示着在某种程度上获得了自由。

譬如说，当人们懂得了电的规律，就造出了电话机、收音机、电视机等。有了这些东西，人的耳朵就能听到千里之外的声音，人的眼睛就能看到万里之外的事物，人的自由也就扩大了。同样，人们掌握了造飞机的规律，人们就能在天空遨游，一天飞一万公里也不算稀奇。进而，人们掌握了宇宙航行的规律，就能真正地登上月球。

人类社会也有它发展的客观规律。人们对事物发展的客观规律的认识越丰富、越深刻，对客观世界的改造能获得越来越多的成功，人们的自由也就会日益扩大。所以，你想要获得真正的自由，既不能整天无所事事、胡思乱想，更不能为了个人的私利为非作歹、侵犯集体或者别人的利益，而只能刻苦学习，勇于实践，通过学习和实践，努力掌握有关自然界、人类社会和思维的客观规律，并且自觉地运用这些规律去改造客观世界和自己的思想。

总之，自由是有的，就在于我们能不能按照世界的规律不断地去争取，去把握。如果你想做一个自由的人，那么你就应该循着这条道路前进，前进，再前进！

课堂收获

自我约束是一种修养、一种风度、一种文化、一个现代人必需的品格。人类理性是有限理性，企图跳出这个理性去成为现实的，那只能是上帝。我们作为人，只有一条途径，自由才可以成为可能，就是当自己可以约束自己的时候，这就符合了人类理性本身，这才有了自由。同时，也正是因为有了这种自我约束，我们的道路才能变得越来越畅通，我们的工作才能变得越来越顺心，我们的生活才能变得井然有序，所有的事物才会在各自的空间内尽展它的美丽。

压力也是一种促进力——意志与痛苦

我倾向于相信，运气决定了我们一半的命运，而另一半命运由我们自己掌握。

——尼克尔·马基雅维利

人类是所有动物中最不能自立的。人类之所以能够适应自然，主要是靠学习的过程，而不是靠本能的决定。

人类初生时没有动物所具有的那种本能，可以做出适当的行为；人类依靠父母的时间，较任何动物都长，而他对环境的反应，不及自动调整的本能行为那么迅速和有效。于是，人类没有这种本能的能力，他可能因而要遇到许多危险及恐惧。

然而，就是人类的这种不能自立的现象才使得人类得以发展，因为这种压力促使人类产生了巨大的生的意志。意志之所以使一个人变得坚韧，就是因为它让人明白什么是他真正所渴求的。正是为着这渴求的东西，一个人才可以忍受旁人所不能忍受的，坚持旁人所不能坚持的。

有一部美国电影，片名叫作《肖申克的救赎》，肖申克是一个监狱的名字，影片中的主人公安迪蒙冤在这个监狱中服刑。

在监狱中，安迪不再是体面的银行家，而是失去自由的囚徒。不但如此，正所谓祸不单行，在狱中能洗脱安迪冤情的唯一机会也被人用诡计剥夺了，安迪沦为终身的囚徒。但是，囚徒却只是安迪身上一个外在的身份，它从来没有主宰安迪。安迪渴望自由的意志从来没有停止，他偷偷地在囚室的墙壁上凿洞。他所用的工具就是一把别人用来雕刻石头的小凿子，每天只能凿很少的一点儿土。

日复一日，年复一年，安迪从事着这项几乎没有前途的事业。唯其如此，他能忍受牢狱中的各种折磨与侮辱，因为他聆听着意志的声音，哪些必须坚持，哪些可以忍耐。就这样，他默默地、孤独地凿着。在那些日子里，他虽然每天都是囚徒，但他每天都是人，从没有放弃做人的尊严。

19年之后，在一个雷雨交加的夜晚，安迪从他的隧道中逃脱了。生命中最重要的一个19年，安迪没有用它来成就什么事业，而是用它来使自己保持为自己、保持为人，也许这正是他最重要的事业。

人生最大的悲哀莫过于看不到前进的道路，找不到属于自己的方向。而意志于黑暗无路之中开辟了希望与道路。所以，意志不仅教人以坚韧，还指导人以方向。没有意志的人生就像一艘没有航向的船，或者随波逐流，或者停在船坞里烂掉。在这里，意志就是这个航向。而且这个方向是真正属于自己的，因为它是自己的意志所选择的。

人都应该主动培养、发展自己的意志力，把事情看清楚，运用自己的意志力转瞬间就防止了压力变成阻力，很容易就会把压力变成动力。就算不能够把压力变成动力，也起码不会使它变成阻力。

做自己的主人，要凭借自由意志，自己命令自己，自己服从自己。这其实就是自己成为自己，自己超越自己，这就是意志与痛苦的意义！

课堂收获

已经发生的事我们无法挽回，只有接受它的存在，这是明智之举。但是，我们应该以此获得未来怎样生活得更好的养料。成功之路难免有坎坷和曲折，有的人把逆境和挫折看作退却的借口，也有人在逆境和挫折面前找到决心和勇气。不管遇到多大的困难，只要永葆朝气和活力，用意志去战胜不幸，用坚持去战胜失败，我们就能真正成为自己命运的主宰，成为掌握自身命运的强者。

失败可以当口香糖来嚼
——痛并快乐着

人生有两大悲剧，一是没有得到你心爱的东西，另一个是得到了你心爱的东西。

——萧伯纳

命运对每个人都是公平的，只是很多时候我们没有坚持到底，也许只需再坚持一下，我们就可以迈入成功的大门。在命运的门前，不妨多拿出一点耐心，哪怕多等一天、多等一个小时、多等一分钟，结果可能就会截然不同。

命运一直藏匿在我们的思想里，那么人生的哲理是怎样主导它，又是怎么来改变我们的命运的呢？下面让我们来看一则小故事吧！

有一个自以为是全才的年轻人，毕业以后屡次碰壁，一直找不到理想的工作。他觉得自己怀才不遇，对社会非常失望，因而他感到，是因为没有“伯乐”来赏识他这匹“千里马”。

痛苦绝望之下，他来到大海边，打算就此结束自己的生命。

在他正要自杀的时候，刚好有一位老人从这里走过，于是老人救了他。这位老人就问他为什么要走绝路，他说自己不能得到别人和社会的承认，没有人欣赏并且重用他……

老人听完后，从脚下的沙滩上捡起一粒沙子，让这个年轻人看了看，然后就随便地扔在地上。之后，对他说：“请你把我刚才扔在地上的那粒沙子捡起来。”

“这根本不可能！”年轻人说。

老人接着又从自己口袋里掏出一颗晶莹剔透的珍珠，也是随便地扔在了地上，然后对年轻人说：“你能不能把这个珍珠捡起来呢？”

“这当然可以。”

“那你就应该明白是为什么了吧？你应该知道，现在你自己还不是一颗珍珠，所以你还不能苛求别人立即承认你，如果要别人承认，那你就要由沙子变成一颗珍珠才行。”

在生活的实践中，我们常常感到有很多事情不能如意。简单点说，例如天气冷了，绝不会因为我们怕冷，气候就缓和一点。走出屋子，北风像刀一样刺着我们的肌肤，这时我们也许会有一种希望，希望北风不要吹得这样厉害，但我们的希望只是我们的希望，北风仍是北风。北风的冷酷绝不会因为我们心中的希望而减少下去。

这样简单的生活事实，这样简单的实践，就足以证明，我们周围的一切事物，都是独立在外的东西，它并不受我们的心意支配，不但不受心意的支配，还常常是违反着我们的心意，在外界独立地运动，独立地变化，甚至于会妨害我们的生活。

这时，我们要减少它的妨害，空空地用希望去希望它，是不行的。只有设法用物质的力量和它抗争，就得加添点衣服或是烧起火炉来，或是多做些运动，借此增加身体内部的热力。不这样做，就难以保全我们的生命，北风是不懂得体贴人的苦痛的！

这就是哲学，它的作用就在于：第一，使人认识到任何一种坏事都可能发生，从而随时做好准备；第二，帮助人理解已经发生的坏事，认识到它们未必那么坏。

课堂收获

坚持梦想永不放弃是人生的一种哲理，失意的时候学着换个角度看待问题，让自己的思想更成熟也是一种人生哲理。换个角度看自己，你就会从容坦然地面对生活，再也不会拿别人的错误来惩罚自己。当痛苦向你袭来的时候，你就会勇敢地面对这多舛的人生，就会在忧伤的瘠土上寻找到痛苦的成因，并得到教训及战胜痛苦的方法，从而让灵魂在布满荆棘的心灵上做出勇敢的抉择，找寻到人生的真谛。

只要找到了路，就不怕路远
——尽心竭力而为

要想向我学知识你必须先有强烈的求知欲望，就像你有强烈的求生欲望一样。

——苏格拉底

成功的人，讲求的是方法、途径；失败的人，讲求的是原因、理由。世界每个人都有问题，没有问题的人，是躺在坟墓里的死人。

努力的人，固然不一定成功；但是不努力的人，则必定不会成功。

有一次苏格拉底看到一个多年未见的老朋友时说道：“犹泰鲁斯，你是从哪儿来的？”

“苏格拉底，我是在战争结束后回家来的，现在我就住在这儿。”犹泰鲁斯回答道。接着，他说道：“自从我们的国外财产都丧失了以后，我的父亲在亚底该又没有给我留下什么，我就不得不亲手劳动来维持自己的生活，我想这样做比讨饭好些，尤其是像我这样的人根本没有什么抵押品可以向人家借贷。”

听后，苏格拉底问他：“你想你有气力来这样劳动，来维持自己的生活，还会有多久呢？”

“当然不会很久。”犹泰鲁斯说。

“要知道，当你年纪大起来的时候你是必须花钱的，到那时就没有人要你来工作给你报酬了。”苏格拉底提醒他。

“你说的是实情。”犹泰鲁斯回答。

“那么，”苏格拉底接着说道，“你最好赶快去找一种工作，使你老年时可以有所赡养；到一个需要助手的有钱的人家去，做他的管事，帮助他收集谷物，照管他的财产，你帮他，让他也来帮你。”

“苏格拉底，我可不愿意做一个奴隶。”犹泰鲁斯有点犹豫。

“不过，那些管理国家大事的人，人们并不因此而把他们看成奴隶，而倒是很尊敬他们啊！”苏格拉底说。

“但是，苏格拉底，总而言之，我是不愿意向任何人负责的。”犹泰鲁斯仍旧坚持自己的观点。

然后，苏格拉底告诫他：“可是，犹泰鲁斯，找一个不负责任的事是不容易的啊！无论一个人做什么，想不犯错误是很难的，即使是不犯错误，想避免不公正的批评也是很难的。我想，就是在你现在所担当的工作中，要想完全不受指责，恐怕也不容易吧！因此，你应该竭力避免那些好苛求的主人，而去找那些体贴人的主人，做你所能做的事，不做那些自己力量办不到的事。无论承担了什么任务，总要尽心竭力而为，因为我想，如果你这样做，你就可以避免受人家的指责，在困难时容易得到帮助，生活得舒适而安全，到年老无力时得到丰富的赡养。”

不要被不重要的人和事过多打扰。最重要的是厘清头绪，认准自己人生道路的目标方向。有的人一生千变万化，精彩绝伦；有的人则是安安稳稳，默默无闻；无论生活方式怎么变化，唯一不变的都应是人的奋斗之心。

人生道路，我们只有走一次的机会。走在这条路上，不仅需要不败的意志，更需要不屈的勇气。而无论选择了哪一条道路，都应朝着认准的方向，坚定不移地去探索，坚持不懈地去探索。只要找到了路，就不能怕路远。

所以，那些能够对自己做出合理规划的人，就能够及早适应社会变化。相反，只甘做齿轮组上一个小小齿轮，缺乏变化的人，终究是要落于人后。

课堂收获

认准自己人生道路的目标方向，合理规划以后的生活已是迫在眉睫。有许多人，难以从现在的工作中发现自己的优势，关键就是看不清人生道路和不能认清自己。其实，社会上有许多转换跑道的机会，当倾注精力去找寻自身的优势或潜力，并且确信已经掌握到真正的优势后，值得你投入整个身心的工作就会出现在面前。只要是自己想走的路，自己的理想所在，那么只要坚定地走下去，之后到来的便是成功。